中国机械工程学科教程配套系列教材

教育部高等学校机械类专业教学指导委员会规划教材

工程流体力学基础

宋锦春 主 编
陈建文 副主编

清华大学出版社
北京

内容简介

全书围绕实际流动讲述工程流体力学基础、工程中常见流动问及处理方法，使机械工程类专业读者具备解决他们常遇到的工程流体力学问题的能力，针对动力工程类专业中涉及的流动问题及相关的研究方法做较深入的介绍。本书第1章到第4章介绍流体力学的基本概念与基本理论；第5章到第7章讲解流体力学在工程中的技术应用基础；第8章到第9章阐述流体力学的分析与研究理论基础知识；第10章结合工程应用实例讲述工程流体力学的CFD计算仿真技术。

本书可作为机械类、能源动力类、力学类的专业教材，也可供工程技术人员参考。

图书在版编目(CIP)数据

工程流体力学基础/宋锦春主编. —北京：清华大学出版社，2023.3
中国机械工程学科教程配套系列教材　教育部高等学校机械类专业教学指导委员会规划教材
ISBN 978-7-302-62683-1

Ⅰ. ①工…　Ⅱ. ①宋…　Ⅲ. ①工程力学－流体力学－高等学校－教材　Ⅳ. ①TB126

中国国家版本馆CIP数据核字(2023)第025960号

责任编辑：许　龙
封面设计：常雪影
责任校对：薄军霞
责任印制：沈　露

出版发行：清华大学出版社
网　　址：http://www.tup.com.cn，http://www.wqbook.com
地　　址：北京清华大学学研大厦A座　　**邮　　编**：100084
社 总 机：010-83470000　　**邮　　购**：010-62786544
投稿与读者服务：010-62776969，c-service@tup.tsinghua.edu.cn
质量反馈：010-62772015，zhiliang@tup.tsinghua.edu.cn
印 装 者：三河市龙大印装有限公司
经　　销：全国新华书店
开　　本：185mm×260mm　　**印　张**：13　　**字　　数**：307千字
版　　次：2023年4月第1版　　**印　　次**：2023年4月第1次印刷
定　　价：39.80元

产品编号：096243-01

中国机械工程学科教程配套系列教材
教育部高等学校机械类专业教学指导委员会规划教材

编委会

丛书序言

PREFACE

我曾提出过高等工程教育边界再设计的想法，这个想法源于社会的反应。常听到工业界人士提出这样的话题：大学能否为他们进行人才的订单式培养。这种要求看似简单、直白，却反映了当前学校人才培养工作的一种尴尬：大学培养的人才还不是很适应企业的需求，或者说毕业生的知识结构还难以很快适应企业的工作。

当今世界，科技发展日新月异，业界需求千变万化。为了适应工业界和人才市场的这种需求，也即是适应科技发展的需求，工程教学应该适时地进行某些调整或变化。一个专业的知识体系、一门课程的教学内容都需要不断变化，此乃客观规律。我所主张的边界再设计即是这种调整或变化的体现。边界再设计的内涵之一即是课程体系及课程内容边界的再设计。

技术的快速进步，使得企业的工作内容有了很大变化。如从20世纪90年代以来，信息技术相继成为很多企业进一步发展的瓶颈，因此不少企业纷纷把信息化作为一项具有战略意义的工作。但是业界人士很快发现，在毕业生中很难找到这样的专门人才。计算机专业的学生并不熟悉企业信息化的内容、流程等，管理专业的学生不熟悉信息技术，工程专业的学生可能既不熟悉管理，也不熟悉信息技术。我们不难发现，制造业信息化其实就处在某些专业的边缘地带。那么对那些专业而言，其课程体系的边界是否要变？某些课程内容的边界是否有可能变？目前不少课程的内容不仅未跟上科学研究的发展，也未跟上技术的实际应用。极端情况甚至存在有些地方个别课程还在讲授已多年弃之不用的技术。若课程内容滞后于新技术的实际应用好多年，则是高等工程教育的落后甚至是悲哀。

课程体系的边界在哪里？某一门课程内容的边界又在哪里？这些实际上是业界或人才市场对高等工程教育提出的我们必须面对的问题。因此可以说，真正驱动工程教育边界再设计的是业界或人才市场，当然更重要的是大学如何主动响应业界的驱动。

当然，教育理想和社会需求是有矛盾的，对通才和专才的需求是有矛盾的。高等学校既不能丧失教育理想、丧失自己应有的价值观，又不能无视社会需求。明智的学校或教师都应该而且能够通过合适的边界再设计找到适合自己的平衡点。

我认为，长期以来，我们的高等教育其实是"以教师为中心"的。几乎所有的教育活动都是由教师设计或制定的。然而，更好的教育应该是"以学生为中心”的，即充分挖掘、启发学生的潜能。尽管教材的编写完全是由教师完成的，但是真正好的教材需要教师在编写时常怀“以学生为中心”的教育理念。如此，方得以产生真正的“精品教材”。

教育部高等学校机械设计制造及其自动化专业教学指导分委员会、中国机械工程学会与清华大学出版社合作编写、出版了《中国机械工程学科教程》，规划机械专业乃至相关课程的内容。但是“教程”绝不应该成为教师们编写教材的束缚。从适应科技和教育发展的需求而言，这项工作应该不是一时的，而是长期的，不是静止的，而是动态的。《中国机械工程学科教程》只是提供一个平台。我很高兴地看到，已经有多位教授努力地进行了探索，推出了新的、有创新思维的教材。希望有志于此的人们更多地利用这个平台，持续、有效地展开专业的、课程的边界再设计，使得我们的教学内容总能跟上技术的发展，使得我们培养的人才更能为社会所认可，为业界所欢迎。

是以为序。

2009 年 7 月

前言

FOREWORD

本书是基于供高等学校机械类工程流体力学本科教学使用的讲义稿，结合编者长期的教学与科研实践经验编写而成。针对机械类专业的需求，本书侧重于工程应用能力的培养，在编写过程中，力求以简明的文字说明相关内容的物理意义。本书系统地介绍了流体的平衡、运动、能量转换的研究的基本方法、理论和工程实践等相关知识。使读者能够掌握流体的平衡和运动的基本规律，学会必要的流体力学分析、计算方法。通过学习，掌握一定的流体力学实验技能，培养独立的分析问题、解决问题的能力，为学习后续课程如液压气动技术基础、计算流体力学及应用、车辆液压及液力传动控制技术、液压与气动、液压伺服系统、液压比例控制技术等提供必需的基础知识和理论基础。

全书共分10章：第1章流体力学的相关背景知识；第2章流体的主要物理性质；第3章流体静力学的基础知识；第4章流体动力学；第5章流动损失计算；第6章孔口出流及缝隙流动和第7章液压冲击与空穴现象分别介绍了在机械领域中常见流体力学问题的分析方法；第8章相似理论基础；第9章黏性流体力学基础是深入学习研究流体力学理论的必要知识准备；第10章计算流体力学基础介绍流体力学的计算机仿真分析与实验测试分析基础，为读者从事科研和工程实际问题的研究提供必要的支持。

本书的编写坚持理论联系实际，注重基本概念，注意加强理论基础，注重对学生能力的培养，全书论述简洁明了、深入浅出，物理概念清楚。各章均有一定数量的例题以及结合教材内容的习题，有助于读者的理解及自主学习。

本书立足于机械类本科教学需要，适应工程技术的发展，强化基础知识支撑。注重文化传承的思想性，具备构架体系的完整性，兼顾教学内容的先进性。

本书由宋锦春主编，陈建文副主编。参加编写的有宋锦春（第1章）、周娜（第2,3章）、王长周（第4,7章）、周生浩（第4,9章）、林君哲（第5,8章）、陈建文（第6章）、岳向吉（第10章）。

由于编者水平有限，本书存在的疏漏和不足之处，诚望读者不吝指正。

编　者

2022年7月

目　录
CONTENTS

第 1 章

概　　述

工程领域所依托的基础理论主要有三大力学知识，即理论力学、材料力学和流体力学，缺一不可。工程流体力学是研究宏观流体的平衡、运动规律及其在工程中的应用的一个力学分支。流体物质广泛地存在于自然界中，人类对于流体的平衡与运动规律以及流体与固体间的相互作用规律进行着不懈的探索，形成了日益完善的学科体系。

1.1　工程流体力学的研究对象

所谓的流体，一般意义上是指具有流动性的物质，这种物质在受到拉伸或剪切作用时，会产生极大的变形。在工程流体力学的研究范畴内，宏观上通常将流体视为由单一均质无空隙的连续的流体质点组成的集合体，即保持流动性的连续性介质。

1.1.1　流体的连续性假设

我们知道，实际流体是由大量不间断无规则热运动的分子所组成的。微观上看，分子间有空隙，在空间上是不连续的；同时，由于分子做无规则热运动，分子具有的各种物理量(如温度、位置等)在时间上的分布也是不连续的。这就会给我们的研究工作造成困难，所以，在工程流体力学的研究中，根据工程应用的实际需求，对其进行合理的简化。

从微观上讲，流体的分子体积及分子间距极小。例如在标准状态下，$1m^3$ 的液体中约含有 3.3×10^{28} 个分子，相邻分子的间距约为 0.31nm；$1cm^3$ 的气体中约含有 2.7×10^{19} 个分子，相邻分子的间距约为 3.2nm(图 1-1)。可见，分子间距是相当小的，在很小的体积里已包含了难以计数的分子。如此微小的分子间距与工程应用中的最小测距单位相比，至少要小几个数量级。在实际工程中往往是要解决流体的宏观特性而不是微观运动的特性，为便于分析研究，1753 年欧拉提出了以连续介质的假设作为宏观流体模型，即，忽略流体分子的间距，把流体视为由无间隙的微小流体体积构成的连续集合体，这就是流体的连续性假设。这种微小的流体体积称为流体质点。

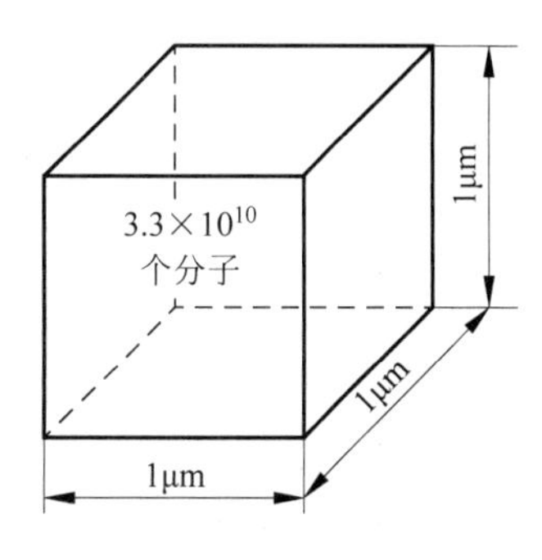

图 1-1　液体分子所占空间示意图

对于连续的流体介质，流体的运动空间(流场)中的各物理量均可视为空间和时间的连续函数。这样，就可以利用数学中的连续函数分析方法来研究流体运动问题。实践表明，采用流体的连续介质模型，对于解决一般工程中的流体力学问题是可以满足要求的。

1.1.2 流体的流动性

与固体不同，流体具有很强的流动性，在受到拉力与剪切力作用时，主要靠分子间作用力抵抗变形，而分子间作用力有限，故流体呈现出流动性。这种变形即为“动”，连续的剪切变形即为“流动”。由于具有流动性，因而流体没有固定的形状。

不同种类的流体，在受到拉伸与剪切作用时，所产生的抵抗变形的特性也不同。在工程领域中，由于应用环境的复杂性，即便是同一种流体，其流动性也会发生较大的改变，甚至失去流动性。例如，在 1 个大气压下，当环境温度低于 0℃时，水将转变为固体；而常温条件下，当承受的压力达到 1GPa 时，水也将转变为固体。除环境温度、压力因素的影响以外，流体中侵入的杂质以及由此所产生的化学变化等，都可能影响流体的流动性，在工程应用中需要对此加以留意。

1.2 流体力学的研究方法

1. 理论研究方法

利用物理规律建立流体力学的数学模型，利用数学方法进行求解与研究。这种方法能够揭示流体运动的物理规律，研究的结论具有普遍适用性。

2. 数值计算方法

建立简化的流体力学的数学方程，采用计算机数值计算技术进行求解，得出相应的结果。由于数学模型以及计算技术等的局限，通常把计算结果与实验结果进行对照。

3. 实验研究方法

由于实际流体力学问题的复杂性，即便是在目前计算技术高度发展的条件下，许多实际问题仍难以完全依赖理论计算解决，仍然需要依靠实验的方法。实验研究中常采用实物实验、比拟实验和模型实验等方法。

1.3 流体力学的工程应用与发展历程

在人类文明的发展过程中，对于流体的特性以及流体与固体等的相互作用的研究一直没有间断，从而积累了丰富的流体力学方面的应用经验，创造了灿烂的成果。从铜壶滴漏、水排、水磨，到蒸汽机、现代工业技术航空航天技术等，均与流体力学的发展与应用有着密不可分的联系。流体力学的发展是与人类的生活与生产劳动密切相关的。

原始人们的石器投掷、弓箭应用中已涉及空气中物体运动的经验总结。开沟引渠的技术应用，更是与流体的流动现象紧密相关。例如，早在新石器时代的马家浜文化时期，浙江吴兴邱城遗址的下层(公元前 4700 年前后),在其建筑遗址附近发现了 9 条排水沟以及 2 条宽 1.5～2m 的引水渠,可见当时的原始居民已掌握了利用木、石、骨等工具开挖引排沟渠的技术。早在 4000 多年前的大禹治水,说明我国古代已有大规模的治河工程。

我国古代三大水利工程(都江堰、郑国渠、灵渠)修建于公元前 256—公元前 210 年,这些大型工程的建造与应用,说明我们的先辈对明渠水流和堰流流动规律的认知非常精深。都江堰水利工程迄今屹立两千四百余年(图 1-2),依然发挥着应有的作用,为亿万炎黄子孙造福,堪称人类文明史上的奇迹。大约与此同时,古罗马人建成了大规模的供水管道系统。

图 1-2　都江堰水利工程

在公元前 250 年,阿基米德发表学术论文《论浮体》,提出了著名的阿基米德原理。这是关于流体静力学的第一部著作,标志着流体力学的开端,是流体力学发展史上的重要里程碑。

东汉杜诗(公元 37 年)创造水排,用水驱动鼓风囊,进行冶金,较西欧约早了 1100 年。北宋(960—1126)在运河上建成真州(现江苏仪征)船闸,是全世界首次出现的复闸工程,解决了船只翻越不同高度的河流(翻坝)的技术难题,是世界航运工程的重要发明创造,至今仍是现代船闸节水技术中重要的手段。比 14 世纪末荷兰的同类船闸约早 300 多年。

公元 17 世纪至 20 世纪是流体力学初步形成与发展的时期,以欧拉方程和伯努利方程的提出为主要标志,逐步建立起流体力学的理论体系与实验方法。1653 年,帕斯卡(1623—1662)提出了帕斯卡原理。1687 年,牛顿(1642—1727)在《自然哲学的数学原理》中提出了流体内摩擦定律,为黏性流体力学初步奠定了理论基础。清朝雍正年间(1722—1735),何梦瑶在《算迪》中提出流量等于过水断面积乘以断面平均流速的算法。1738 年,伯努利(1700—1782)出版了《流体动力学》,建立了伯努利方程。

1755 年,欧拉(1707—1783)发表了《流体运动的一般原理》,提出了流体的连续介质模型,建立了理想流体的运动微分方程。1822 年,纳维建立了黏性流体的基本运动方程;1845 年,斯托克斯又以更合理的基础导出了这个方程,这组方程就是沿用至今的纳维-斯托克斯方程(简称 N-S 方程),它是流体动力学的理论基础。1883 年雷诺(1842—1912)利用实验方法证实了流体的两种流动状态——层流和紊流,找到了雷诺数,以及临界雷诺数,为流动阻力的研究奠定了基础。

20 世纪初,飞机的出现极大地促进了空气动力学的发展。航空事业的发展,期望能够揭示飞行器周围的压力分布、飞行器的受力状况和阻力等问题。1935 年以后,人们综合了水动力学和空气动力学两方面的知识,建立了统一的体系,统称为流体力学。这个时期的主要研究成就促进了流体力学在实验和理论分析方面的进一步发展。

1904 年,普朗特(1875—1953)建立了边界层理论。之后又针对紊流边界层,提出混合长度理论。

1911—1912 年,卡门(1881—1963)在连续发表的论文中提出了带旋涡尾流及其阻力的理论,人们称这种尾涡的排列为卡门涡街。1940 年,美国华盛顿州的塔科马峡谷中一座主跨度为 853.4m 的大桥,建成 4 个月后,于当年 11 月 7 日损毁。研究认为,由于气流流经边墙后产生的卡门涡街引起了与流动方向垂直的交变扰动分力，导致桥梁发生共振而受到破坏。

1930 年，卡门又提出了计算紊流粗糙管阻力系数的理论公式。在紊流边界层理论、超声速空气动力学、火箭及喷气技术等方面都有不少贡献。

1933 年，尼古拉兹公布了对砂粒粗糙管内水流阻力系数的实测结果——尼古拉兹曲线。

1938 年，钱学森在发表的论文中，提出了平板可压缩层流边界层的解法——卡门-钱学森解法。他在空气动力学、航空工程、喷气推进、工程控制论等技术科学领域做出过许多开创性的贡献。

1944 年，莫迪给出管道的当量糙粒阻力系数图——莫迪图。

20 世纪下半叶以来，随着大工业的形成，高新技术工业的出现和发展，特别是电子计算机的广泛应用，大大地推动了科学技术的发展。采用电子计算机利用数值计算方法，可探讨用以往的分析方法难以研究的课题，计算流体力学这一新的分支学科应运而生。同时，由于民用和军用生产的需要，液体动力学等学科也有很大进展。

从 20 世纪 60 年代起，由于工业生产和尖端技术的发展需要，促使流体力学和其他学科相互浸透，形成新的交叉学科，如物理-化学流体动力学、磁流体力学等。流体力学的研究内容也更为广泛，开始研究气象、海洋、石油、化工、能源、环保和建筑等领域中的流体力学问题，形成了许多边缘学科，使这一古老的学科发展成包括多个学科分支的全新的学科体系，焕发出强盛的生机和活力。

依据现行国家标准《学科分类与代码 GB/T 13745—2009》，力学类(130)中，流体力学(130.25)包含以下 20 余种分类：理论流体力学(130.2511)；水动力学(130.2514)；气体动力学(130.2517)；空气动力学(130.2521)；悬浮体力学(130.2524)；湍流理论(130.2527)；黏性流体力学(130.2531)；多相流体力学(130.2534)；渗流力学(130.2537)；物理-化学流体力学(130.2541)；等离子体动力学(130.2544)；电磁流体力学(130.2547)；非牛顿流体力学(130.2551)；流体机械流体力学(130.2554)；旋转与分层流体力学(130.2557)；辐射流体力学(130.2561)；计算流体力学(130.2564)；实验流体力学(130.2567)；环境流体力学(130.2571)；流体力学其他学科(130.2599)。

1.4 计算流体力学概述

流体力学的发展和其他学科一样，主要的研究方法也是理论分析和实验研究，分为理论流体力学和实验流体力学两大分支。20 世纪初期提出了用数值方法求解流体力学的思想，但限制于问题的复杂性和计算工具的落后，一直发展缓慢。直到计算机技术迅猛发展，为流体进行数值模拟提供了强有力的手段，流体主要应用的学科是计算流体动力学(computational fluid dynamics，CFD)，它以计算机为载体，融合了近代流体力学、数值数学和计算机科学等学科，应用多种离散化数学方法，可以对所有涉及流体流动、热量交换、分子运输等现象的具体问题进行分析和模拟，是一个具有强大生命力的学科。

CFD 是利用计算机程序求解流体流动及传热问题的一门交叉学科，是在流体基本方程

(质量、动量、能量的守恒方程)控制下对流动的数值模拟。其基本思想是把在时间及空间上连续的物理量的场,如速度场、压力场,用一系列有限个离散点上的变量值的集合代替,通过一定的原则和方式建立起这些离散点上场变量之间关系的代数方程组,然后求解代数方程组以获得场变量的近似值。

进入21世纪后,近十多年以来,CFD技术有了很大的发展,各种商业软件层出不穷,功能越来越完善,应用范围也越来越广。其基本思想是应用流体力学三大基本方程,把连续的物理量用有限个离散点上的变量集合来表示,通过求解代数方程组的方式就能够得到每个离散点所代表连续物理量的近似值。CFD技术不仅可以作为一个求解流体问题的研究工具,还可以作为设计工具在航空航天、石油化工、工业制造、海洋结构工程、水利工程、环境设计、生物工程、气象学等领域发挥重要作用,逐渐成为流体力学领域的研究热点。

本书第10章首先介绍了CFD分析的理论基础,包括控制工程及其通用形式、物理边界条件、控制方程的离散、代数方程的数值求解等;其次,在简要介绍常用CFD商业软件后,给出了CFD分析的一般过程;最后,以作者开展的滚动转子压缩内制冷剂的流动分析为例,详细介绍了CFD方法用于流动分析的工程实践。

思考题与习题

1-1　工程流体力学的研究内容是什么?

1-2　流体是什么?流体质点与几何学中的点有何不同?

1-3　流体可以承受哪些作用力?力有三要素,那么流体所受的作用力大小如何?方向怎样?作用点在哪里?

1-4　真实的流体是连续的吗?为什么在本课程中我们可以把流体看作连续介质?

1-5　流体力学的研究方法有哪些?

第 2 章

流体的物理性质

2.1 流体的概念

流体是液体和气体的总称，是由大量的、不断地做热运动而且无固定平衡位置的分子构成的，它的基本特征是没有一定的形状和具有流动性。在流体的形状改变时，流体各层之间也存在一定的运动阻力（即黏滞性）。当流体的黏滞性很小时，可近似看作理想流体（仅在理论上假设存在的没有黏滞性的流体）。流体都有一定的可压缩性，液体可压缩性很小，而气体的可压缩性较大。当流体的黏滞性和可压缩性都很小时，可近似看作不可压缩理想流体。不可压缩理想流体是为了便于研究工作而人为引入的理论上的假设模型。

2.2 密度和相对密度

流体同其他物体一样，具有质量。流体的密度和比容是流体的重要属性。

2.2.1 密度

流体的密度以单位体积流体所具有的质量来表示，它表示流体在空间的密集程度，以符号 ρ 表示。

取包围空间某点微元体积 ΔV，其中所含流体质量为 ΔM，比值 $\Delta M/\Delta V$ 即为 ΔV 中之平均密度。若令 $\Delta V \to 0$，即当 ΔV 向该点收缩趋近于零时为该点的流体密度，即

$$\rho = \frac{M}{V} \tag{2-1}$$

式中，ρ——流体的密度，kg/m^3；

M——流体的质量，kg；

V——流体的体积，m^3。

流体的密度 ρ 随着它所处的压力 p 和温度 T 而变化，即 $\rho=\rho(p,T)$。又因为压力和温度都是空间点坐标和时间的函数，所以，密度也是空间点坐标和时间的函数，即 $\rho=\rho(x,y,z,t)$。水、空气和水银在不同温度下的密度值见表 2-1。

表 2-1　不同温度下水、空气和水银的密度(kg/m³)

流体	温度/℃						
	0	10	20	40	60	80	100
水	999.87	999.73	998.23	992.24	983.24	971.83	958.38
空气	1.29	1.24	1.20	1.12	1.06	0.99	0.94
水银	13 600	13 570	13 550	13 500	13 450	13 400	13 350

2.2.2　相对密度

某均质流体的质量与 4℃同体积纯水的质量的比率称为该流体的相对密度,用符号 d 表示,即

$$d=\frac{\rho V}{\rho_W V}=\frac{\rho}{\rho_W} \tag{2-2}$$

式中,ρ_W——4℃纯水的密度(kg/m³)。显然,d 为一个无量纲量。

表 2-2 列出了几种常见流体在 1atm 下的密度和相对密度。

表 2-2　常见流体的密度和相对密度

流　　体	温度/℃	密度/(kg/m³)	相 对 密 度
空气	0	1.293	0.001 29
氧	0	1.429	0.001 43
氮	0	1.251	0.001 25
一氧化碳	0	1.250	0.001 25
二氧化碳	0	1.976	0.001 98
水蒸气	0	0.804	0.000 80
蒸馏水	4	1000	1
海水	15	1020～1030	1.02～1.03
普通汽油	15	700～750	0.70～0.75
石油	15	880～890	0.88～0.89
酒精	15	790～800	0.79～0.80
水银	0	13 600	13.6
甲醇	4	810	0.81
煤油	15	750	0.75
矿物系液压油	15	850～900	0.85～0.90

2.3　压缩性和温度膨胀性

2.3.1　压缩性

液体受压力的作用发生体积变化的性质称为可压缩性,常用体积压缩系数 K 表示。其物理意义是单位压力变化所造成的液体体积的相对变化率,即

$$K=-\frac{\frac{\Delta V}{V_0}}{\Delta p} \tag{2-3}$$

式中，K——体积压缩系数，Pa^{-1}；

ΔV——液体的体积变化量，m^3；

V_0——液体的初始体积，m^3；

Δp——液体的压力变化量，Pa。

因为压力增大即 $\Delta p>0$ 时，液体的体积减小即 $\Delta V<0$，为使 K 取正值，故在式(2-3)右端加一负号。常用矿物油型液压油的体积压缩系数值为$(5\sim7)\times10^{-10}Pa^{-1}$。

体积压缩系数 K 的倒数称为体积弹性模量，以 β_e 表示，即

$$\beta_e=K^{-1} \tag{2-4}$$

液压油的体积弹性模量 $\beta_e=(1.4\sim2.0)\times10^9 Pa$，为钢的体积弹性模量的 0.67%～1%。当液压油中混有空气时，其体积弹性模量将显著减小。

2.3.2 温度膨胀性

液体的温度膨胀性由温度膨胀系数 K_t 表示。K_t 是指单位温度升高值(1℃)所引起的液体体积变化率。

$$K_t=\frac{\frac{\Delta V}{V_0}}{\Delta t} \tag{2-5}$$

式中，Δt——温升，℃。

K_t 是压力与温度的函数，由实验决定。水和矿物油型液压油的温度膨胀系数如表 2-3、表 2-4 所示。

表 2-3 水的温度膨胀系数 $K_t\times10^6$(1/℃)

压力/MPa	温度/℃				
	1～10	10～20	40～50	60～70	90～100
0.1	14	150	422	556	719
10	44	166	422	548	704
20	73	184	426	539	—
50	130	237	429	523	660
90	150	291	437	514	619

表 2-4 矿物油型液压油的温度膨胀系数 K_t(1/℃)

15℃时的密度/(kg/m^3)	700	800	850	900	920
K_t	8.2×10^{-4}	7.7×10^{-4}	7.2×10^{-4}	6.4×10^{-4}	6.0×10^{-4}

2.4 黏　　性

2.4.1 黏性的物理本质

流体在外力作用下流动时，由于流体分子间的内聚力作用，会产生阻碍它相对运动的内摩擦力，流体的这种特性称为黏性。

2.4.2 流体内摩擦定理

如图 2-1 所示，两平行平板间充满液体，下平板固定，上平板以速度 v_0 右移。由于液体的黏性，下平板表面的液体速度为零，中间各层液体的速度呈线性分布。

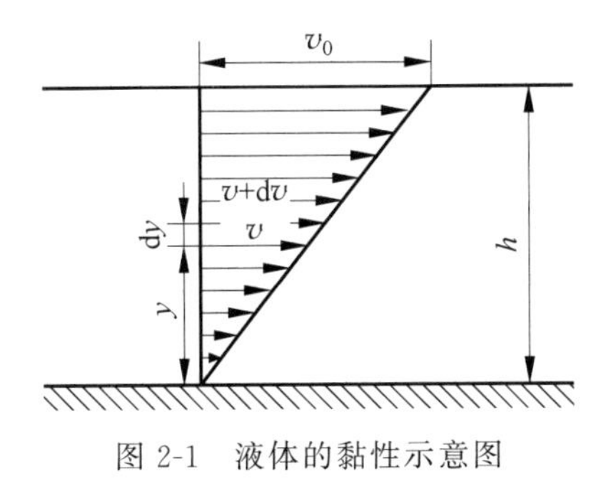

图 2-1　液体的黏性示意图

根据牛顿内摩擦定律，相邻两液层间的内摩擦力 F_f 与接触面积 A、速度梯度$\frac{\mathrm{d}v}{\mathrm{d}y}$成正比，且与液体的性质有关，即

$$F_f = \mu A\,\frac{\mathrm{d}v}{\mathrm{d}y} \tag{2-6}$$

式中，μ——液体的动力黏度，Pa·s；

A——液层间的接触面积，m^2；

$\frac{\mathrm{d}v}{\mathrm{d}y}$——速度梯度，$\mathrm{s}^{-1}$。

将上式变化成

$$\mu = \frac{F_f}{A\,\dfrac{\mathrm{d}v}{\mathrm{d}y}} = \frac{\tau}{\dfrac{\mathrm{d}v}{\mathrm{d}y}} \tag{2-7}$$

式中，τ——液层单位面积上的内摩擦力，Pa。

由式(2-7)可知，液体黏度的物理意义是：液体在单位速度梯度下流动时产生的内摩擦切应力。

2.4.3 黏度

黏性的大小用黏度来衡量。工程中黏度的表示方法有以下几种：

1. 动力黏度

式(2-7)中的 μ 称为动力黏度，其法定单位为 Pa·s。

2. 运动黏度

液体的动力黏度与其密度的比值，无物理意义，因其量纲中含有运动学参数而称为运动黏度，用 ν 表示。即

$$\nu=\frac{\mu}{\rho} \tag{2-8}$$

我国液压油的牌号均以在40℃时运动黏度的平均值来标注。例如，N46号液压油表示它在40℃时，平均运动黏度为 $46\mathrm{mm}^2/\mathrm{s}$。

3. 相对黏度

相对黏度是指液体在某一测定温度下，依靠自重从恩氏黏度计的 $\phi2.8\mathrm{mm}$ 测定管中流出 $200\mathrm{cm}^3$ 所需时间 t_1 与20℃时同体积蒸馏水流出时间 t_2 的比值，用符号 $°E$ 表示

$$°E=\frac{t_1}{t_2} \tag{2-9}$$

相对黏度与运动黏度的换算关系为

$$\nu=\left(7.13°E-\frac{6.13}{°E}\right)\times10^{-6}\mathrm{m}^2/\mathrm{s} \tag{2-10}$$

2.4.4 黏度的主要影响因素

1. 温度

温度升高液体体积膨胀，液体质点间的间距加大，内聚力减小，在宏观上体现为液体黏度的降低。一般矿物油型液压油的黏温关系如下：

$$\nu=\nu_{40}\left(\frac{40}{\theta}\right)^n \tag{2-11}$$

式中，ν——液压油在 θ℃时的运动黏度；

ν_{40}——液压油在40℃时的运动黏度；

n——指数，见表2-5。

表 2-5 矿物油型液压油指数 n

$°E_{40}$	1.27	1.77	2.23	2.65	4.46	6.38	8.33	10	11.75
$\nu_{40}/(\mathrm{mm}^2\cdot\mathrm{s}^{-1})$	3.4	9.3	14	18	33	48	63	76	89
n	1.39	1.59	1.72	1.79	1.99	2.13	2.24	2.32	2.42

续表

$°E_{40}$	13.9	15.7	17.8	27.3	37.9	48.4	58.8	70.4	101.5
$\nu_{40}/(mm^2 \cdot s^{-1})$	105	119	135	207	288	368	447	535	771
n	2.49	2.52	2.56	2.76	2.86	2.96	3.06	3.10	3.17

几种国产液压油的黏温特性如图 2-2 所示。

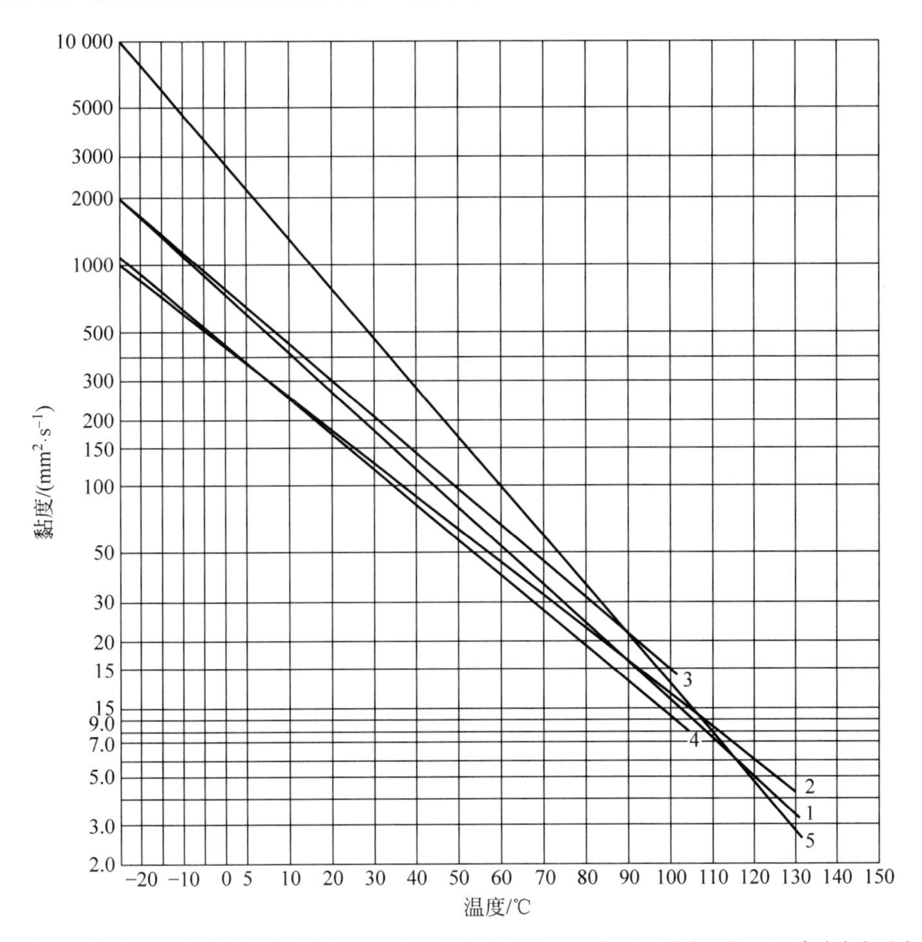

1—普通矿物油；2—高黏度指数矿物油；3—水包油型乳化液；4—水-乙二醇液压液；5—磷酸酯液压液。

图 2-2　几种国产液压油的黏温特性

与液体不同，气体的黏度随温度升高而增大。原因在于，气体的黏度是由气体分子间的动量交换产生的，温度升高时，气体分子间的碰撞加剧，动量交换增加。

2. 压力

随压力升高流体的黏度增大，一般可用下式表示：

$$\mu = \mu_0 e^{\alpha p} \tag{2-12}$$

式中，μ——压力为 p 时的动力黏度，Pa·s；

μ_0——压力为 1 个大气压时的动力黏度，Pa·s；

α——黏压指数，Pa^{-1}。

一般矿物油型液压油 $\alpha \approx \frac{1}{432}\text{Pa}^{-1}$。

流体的黏度还与介质本身的组成成分如含气量、多种油液的混合情况有关。

2.5 比热、导热系数与散热系数

在液压系统中，油温过高会引发诸多问题。要正确分析发热的原因及散热的办法，就必须对液压油的比热、导热性和散热系数有所了解。

2.5.1 热量和热功当量

温度仅仅表示物体受热的程度，而热量则表示物体温度变化时物体本身所含有的能量(热能)的变化。热量和功一样，都是度量能量变化的物理量，二者具有相同的量纲——L^2M/T^2。

热量的度量单位为“焦”(J)或“千焦”(kJ)。过去在工程上常用“卡”(cal)或“大卡”(kcal)来作为热量的单位，1大卡是1kg水由14.5℃升到15.5℃所需的热量。

$$1\text{kcal}=1000\text{cal} \tag{2-13}$$

“卡”与“焦”的换算关系为

$$1\text{cal}=4.1868\text{J} \tag{2-14}$$

2.5.2 比热

实验证明，物体受热时所吸收的热量 Q 与其温度变化(t_2-t_1)成正比，同时与物体的质量 M 成正比，即

$$Q=c(t_2-t_1)M \tag{2-15}$$

式中，c——物体的比热，J/(kg·K)或kJ/(kg·℃)。c 的物理意义是1kg物体温度升高1℃时所吸收的热量。严格地说，比热 c 不是常数，是随温度变化的，但当温度变化范围不大时，例如0～100℃，则可用一个平均值来表示这一范围内的比热，因此可把比热看作常数。

液压系统中所用矿物油的比热为1.88～2.1kJ/(kg·℃)，一般取1.88kJ/(kg·℃)。水的比热为4.187kJ/(kg·℃)。

至于气体的比热，在0～100℃的范围内可视为不随温度变化。但热力过程不同时，比热值差别较大。对定容过程，其比热称为定容比热，用 c_V 表示，定压过程的比热称定压比热，以 c_p 表示。不同气体的 c_V 和 c_p 是不同的。空气在0～100℃范围内 $c_p=1.00\text{kJ/(kg·℃)}$，$c_V=0.720\text{kJ/(kg·℃)}$。

例 2-1 在流动过程中，由于受到流动边界的阻碍，流体的机械能会受到损失而减少。这部分被损失掉的机械能会转化成热能(总的能量是守恒的)。若流过某阀门后，单位体积的流体能量转换所产生的热量为 10MJ/m^3，试计算流过阀门后流体的温升 Δt。[流体的密

度 $\rho=900\text{kg/m}^3$，比热为 1.88kJ/(kg·℃)]。

解：设流过阀门的流体体积为 V，按式(2-15)可得

$$\Delta t=\frac{Q}{Mc}=\frac{10\times10^6\times V}{900\times V\times1.88\times10^3}=5.91(℃)$$

由本例题可知，流体系统中，流体流过阀门、管径变化处等位置时，由能量转换所产生的热量将使流体的温度升高。尽量减少这种能量转换(机械能的损失)，对于降低流体的温升、提高流体系统的工作效率是有益的。

2.5.3　导热系数

首先要介绍"热流量"q_{TH} 的概念，热流量 q_{TH} 代表单位时间内流过某一表面的热量 Q，即

$$q_{\text{TH}}=\frac{Q}{\tau}\tag{2-16}$$

或

$$Q=q_{\text{TH}}\tau\tag{2-17}$$

式中，τ——时间，s 或 h；

q_{TH}——热流量，J/s 或 kJ/h。

显然，热流量与功率是相同的。

在液体内若有温差，则高温区的热量一定要流向低温区，这种现象就是液体的导热性引起的。实验证明，由高温区流向低温区的热流量 q_{TH} 与高低温区的接触面积 A 成正比，与温度梯度$\frac{\mathrm{d}t}{\mathrm{d}l}$成正比。

即

$$q_{\text{TH}}=\lambda_{\text{TH}}A\frac{\mathrm{d}t}{\mathrm{d}l}\tag{2-18}$$

或

$$Q=\lambda_{\text{TH}}\text{A}\tau\frac{\mathrm{d}t}{\mathrm{d}l}\tag{2-19}$$

式中，λ_{TH}——液体的导热系数，W/(m·K)或 kJ/(m·℃·h)。其物理意义为当温度梯度为每单位长度降低 1℃时，在单位时间内通过单位面积的热量。

水的导热系数 $\lambda_{\text{TH}}=2.14\text{kJ/(m·℃·h)}$。

液压矿物油的 λ_{TH} 在常温下可近似取 $\lambda_{\text{TH}}=0.46\text{kJ/(m·℃·h)}$。

2.5.4　散热系数

当两种介质的分界面上(例如油箱油面与空气)有温度差 Δt 时，也将有热流量穿过分界面，该热流量为

$$q_{TH}=\alpha_{TH}A\Delta t \tag{2-20}$$

或

$$Q=\alpha_{TH}\tau A\Delta t \tag{2-21}$$

式中，A——散热面积，m^2；

τ——散热时间，h；

α_{TH}——散热系数，$W/(m^2\cdot K)$或$kJ/(m^2\cdot ℃\cdot h)$，其物理意义为当界面的温差为1℃时单位时间通过单位面积界面所流过的热量。

液压系统中油箱的散热系数可参照表2-6。

表2-6 油箱的散热系数 α_{TH}

周围环境	$\alpha_{TH}/[kJ/(m^2\cdot ℃\cdot h)]$
周围通风很差时	29～33
周围通风良好时	54
用风扇冷却时	84
用循环水冷却强制冷却时	398～628

例2-2 设油箱四壁的面积为$1m^2$的正方形，油箱中油液深度为0.8m，液压系统单位时间内的总发热量为41.8kJ/min，周围温度为20℃，通风较差，忽略其他部件散热，试问油温稳定值为多少？

解：当系统发热量与油箱散热量刚好平衡时，油温就稳定不变了。油箱底面由于有沉淀物及通风较差，油箱盖板与油面之间有空气层隔热，故顶面及底面散热性能很差，一般不考虑其散热量，而只考虑油箱侧面的散热量。

所以油箱散热面积为

$$A=4\times0.8\times1=3.2m^2$$

根据式(2-20)有

$$\Delta t=\frac{q_{TH}}{\alpha_{TH}A}$$

按表2-6选$\alpha_{TH}=33$，则

$$\Delta t=\frac{41.8\times60}{33\times3.2}=23.75℃$$

则，油温=20+23.75=43.75℃。

2.6 湿空气

含有水蒸气的空气称为湿空气。空气中的水蒸气在一定条件下会凝结成水滴，水滴不仅会腐蚀元件而且对系统的稳定性带来不良影响。因此常采取措施防止水蒸气进入系统。湿空气中所含水蒸气的程度用湿度和含湿量来表示。

2.6.1　空气分离压

液压介质中压力降低到一定数值时，溶解于介质中的空气将从介质中分离出来，形成气泡，此时的压力称为该温度下该介质的空气分离压 p_g。空气分离压 p_g 与液压介质的种类有关，也与温度及空气溶解量有关。温度越高，空气溶解量越大，则空气分离压 p_g 越高。一般液压介质的空气分离压为 1300～6700Pa。

当液压介质的压力低于一定数值时，液压介质将因沸腾现象而产生大量蒸汽，此压力称为该介质于此温度下的汽化压力，汽化压力的大小与介质的种类以及介质所处的环境温度有关。汽化形成的蒸汽与尚未汽化的液体形成两相混合物，当液体的汽化速率与蒸汽的凝聚速率相等时达到动态平衡状态，此时蒸汽中的蒸汽分子密度不再增加称为饱和蒸汽(此时的液体称为饱和液体)，此时的液气混合物所承受的环境压力称为饱和蒸汽压。对于同一种液体，其饱和蒸汽压随温度的升高而增加，图 2-3 为水的饱和蒸汽压与温度的关系曲线。

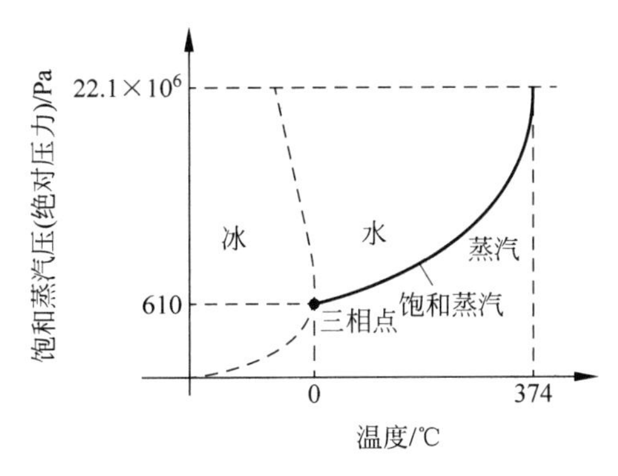

图 2-3　水的饱和蒸汽压与温度的关系

2.6.2　饱和蒸汽压

当液压介质的压力低于某值时，液压介质自身将汽化而产生沸腾，生成大量蒸汽，此压力称为该介质在此温度下的饱和蒸汽压。

矿物油型液压油的饱和蒸汽压，20℃时为 2000Pa 左右。乳化液的饱和蒸气压与水相近，20℃时为 2400Pa。

2.6.3　湿度及含湿量

1. 绝对湿度

每立方米湿空气中所含水蒸气的质量称为湿空气的绝对湿度，用 χ 表示，即

$$\chi=\frac{m_s}{V} \tag{2-22}$$

或由气体状态方程导出

$$\chi=\rho_s=\frac{p_s}{R_sT} \tag{2-23}$$

式中，m_s——水蒸气的质量，kg；

V——湿空气的体积，m^3；

ρ_s——水蒸气的密度，kg/m^3；

p_s——水蒸气的分压力，Pa；

R_s——水蒸气的气体常数，$R_s=462.05J/(kg\cdot K)$；

T——热力学温度，K。

2. 相对湿度

在某温度和总压力下，湿空气的绝对湿度与饱和绝对湿度之比称为该温度下的相对湿度，用φ表示

$$\varphi=\frac{\chi}{\chi_b}\times 100\% \tag{2-24}$$

式中，χ、χ_b——绝对湿度与饱和绝对湿度，kg/m^3。

3. 含湿量

1）质量含湿量

在含有1kg干空气的湿空气中所含水蒸气质量，称为该湿空气的质量含湿量，用R_H表示

$$R_H=\frac{m_s}{m_g}=622\frac{\phi p_b}{p-\phi p_b} \tag{2-25}$$

式中，m_g——干空气的质量，kg；

p_b——饱和水蒸气的分压力，MPa；

p——湿空气的全压力，MPa。

2）容积含湿量

在含有$1m^3$干空气的湿空气中所含水蒸气质量，称为该湿空气的容积含湿量，用$R_{H'}$表示

$$R_{H'}=R_H\rho \tag{2-26}$$

式中，ρ——干空气的密度，kg/m^3。

4. 露点

湿空气的饱和绝对湿度与湿空气的温度和压力有关，饱和绝对湿度随温度的升高而增加，随压力的升高而降低。一定温度和压力下的未饱和湿空气，当其温度降低时，也会成为饱和湿空气。未饱和湿空气保持水蒸气压力不变而降低温度，达到饱和状态时的温度称为露点。湿空气降温至露点以下，便有水滴析出。

2.6.4 自由空气流量及析水量

1. 自由空气流量

气压传动中所用的压缩空气一般是由空气压缩机提供的，经压缩后的空气称为压缩空

气。未经压缩处于自由状态下(101 325Pa)的空气称为自由空气。空气压缩机铭牌上注明的是自由空气流量。自由空气流量可由下式计算：

$$q_Z = q\frac{pT_Z}{p_ZT} \tag{2-27}$$

式中，q，q_Z——压缩空气量和自由空气流量，m^3/min；

p，p_Z——压缩空气和自由空气的绝对压力，MPa；

T，T_Z——压缩空气和自由空气的热力学温度，K。

2. 析水量

湿空气被压缩后，单位容积中所含水蒸气的量增加，同时温度也升高。当压缩空气冷却时，其相对湿度增加，当温度降到露点后便有水滴析出。压缩空气中析出的水量可由下式计算

$$q_m = 60q_Z\left[\varphi R_{H'1b} - \frac{(p_1 - \varphi p_{b1})T_2}{(p_2 - p_{b2})T_1}R_{H'2b}\right] \tag{2-28}$$

式中，q_m——每小时的析水量，kg/h；

φ——空气未被压缩时的相对湿度；

T_1——压缩前空气的温度，K；

T_2——压缩后空气的温度，K；

$R_{H'1b}$——温度为 T_1 时饱和容积含湿量，kg/m^3；

$R_{H'2b}$——温度为 T_2 时饱和容积含湿量，kg/m^3；

p_{b1}，p_{b2}——温度 T_1、T_2 时饱和空气中水蒸气的分压力(绝对压力)，MPa。

2.7　流体中的作用力

任何物体的平衡和运动都是受力作用的结果。因此，在研究流体的力学规律之前，必须首先分析作用在流体上的力的种类和性质。

2.7.1　质量力

处于某种力场中的流体，它的所有质点均受到与质量成正比的力，这个力称为质量力。如重力就是在力学中常见的质量力，它是由重力场所施加的。当所研究的流体作加速运动时，根据达朗伯原理虚加于流体质点上的惯性力，和作匀速旋转运动的流体所受到的离心力均属于质量力。为研究方便起见，前者常称为外质量力，后者称为惯性力。

在流体力学中，常采用单位质量力作为分析质量力的基础。单位质量力是指单位质量的流体所受的质量力。显然，单位质量力的数值即为流体质点的加速度值，如 a，ω^2r。设单位质量力 f 在直角坐标系中三个坐标轴 x，y，z 方向的分量分别为 X，Y，Z，则 X，Y，Z 就是加速度在三个轴向的分量。如在流体中取体积 ΔV，所含质量为 ΔM，在重力场中(取直角坐标系的 z 轴垂直于水平面)单位质量力的分量为

$$\begin{cases} X=0 \\ Y=0 \\ Z=\dfrac{-\Delta Mg}{\Delta M}=-g \end{cases} \tag{2-29}$$

式中,负号表示所取坐标轴 z 的方向与重力加速度方向相反。

由此可以看出,由流体受力状态很容易确定单位质量力的分量。因此,质量力或单位质量力通常是已知的。采用这种分量形式为流体力学的研究提供了许多方便。

2.7.2 表面力

表面力是指作用在所研究流体外表面上与表面积大小成正比的力。

在流体力学的研究中,常常自流体内取出一个分离体作为研究对象。这时,表面力指的是周围流体作用于分离体表面上的力。对于整个流体,这种表面力属于内力,彼此抵消。

表面力与作用面积成正比,单位面积上的表面力称为应力,它是表面力在作用面积上的强度。为研究方便,常将应力分为切向应力和法向应力。切向应力 τ 是流体相对运动时因黏性内摩擦而产生的,因此,静止流体中不存在切向应力,即这时流体作用面积上只有法向力作用;又因为流体几乎不能承受拉力,所以静止流体中的法向力只能沿着流体表面的内法线方向,称为压力,其单位面积上的压力,即法向应力,称为压力。

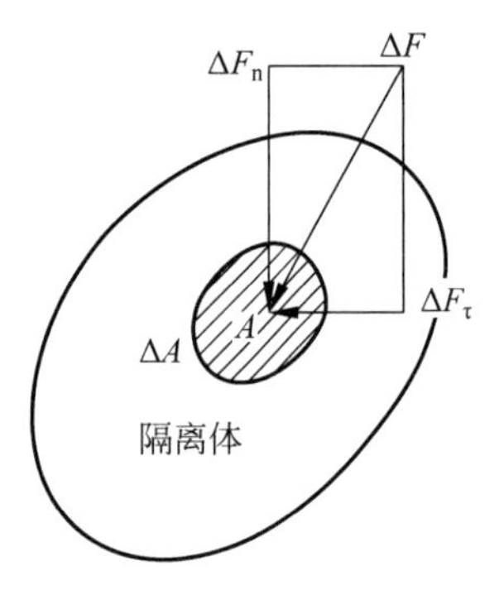

图 2-4 流体微元的受力示意

在所取分离体表面上,取包围某点 A 的面积 ΔA,如图 2-4 所示。作用于 ΔA 上的总表面力为 ΔF,其法向分量为 ΔF_n,切向分量为 ΔF_τ。当 ΔA 向 A 点收缩趋近于零时,得到 A 点的应力、压力和切应力分别为

$$\begin{cases} f_A=\lim\limits_{\Delta A\to 0}\dfrac{\Delta F}{\Delta A} \\ p_A=\lim\limits_{\Delta A\to 0}\dfrac{\Delta F_n}{\Delta A} \\ r_A=\lim\limits_{\Delta A\to 0}\dfrac{\Delta F_\tau}{\Delta A} \end{cases} \tag{2-30}$$

表面张力也是表面力的一种,它是作用在流体自由表面沿作用面法线方向的拉力(单位长度)。

2.8 流体的物理性质在工程中的应用示例

2.8.1 密度的应用

1. 液压介质的净化

基于帕斯卡原理的液压传动系统以其独有的技术优势在工程领域中有着广泛的应用,

液压介质是液压传动系统必不可缺的重要组成。在液压系统的运行过程中，由于可动部件之间的摩擦、外部污染物（如水、粉尘等）的侵入等，回到油箱里的介质可能混有杂质。这些污染物会造成系统运行故障，因此需要予以剔除，除了在系统中安装过滤装置以外，油箱的设计也要充分考虑这一点。

如图 2-5 所示的油箱中，在回油管与供油管之间设置隔板，利用污染物和液压介质的密度差异，使得漂浮在液面上部的低密度污染物隔离在回油区内，防止这部分杂质进入供油区间；类似地，回油区密度较大的污染物（水分、固体颗粒等）沉积在油箱底部，这样保证了供油区内液压介质的清洁状态。

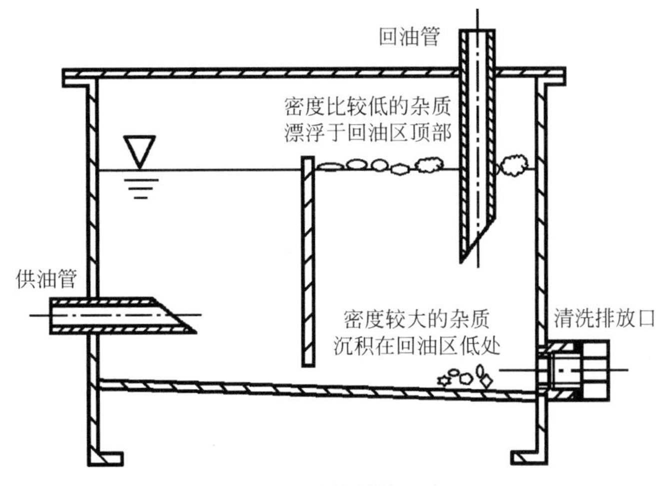

图 2-5　油箱结构示意

2. 潜艇在水下的升降控制

虽然潜艇的体积是基本不变的，但是通过调节压载水舱的工作状态就可以对潜艇的总体质量进行控制，如图 2-6 所示。向压载水舱内注水，潜艇的总体质量增加，从而总体密度增大。当潜艇的总体密度大于海水的密度时，潜艇即可下潜。向压载水舱中输入高压气体，将舱内的海水排放到艇外，潜艇的总体密度降低，低于海水的密度时，潜艇即可上浮。

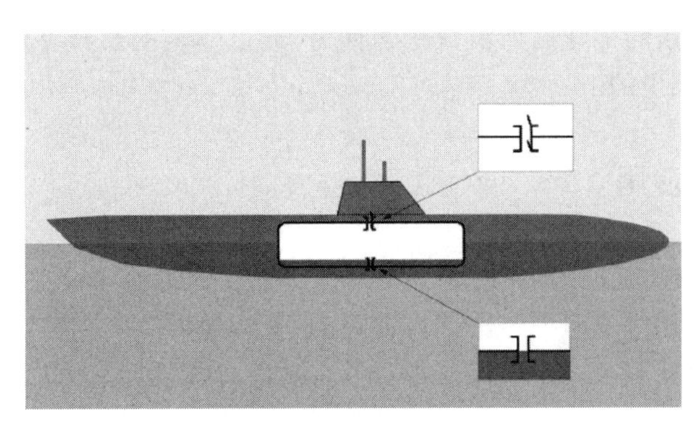

图 2-6　潜艇的升降原理

2.8.2 可压缩性的应用

1. 压力表的校准

图 2-7 所示的压力表读数的校准装置就是利用了液体的可压缩性原理。根据式(2-3)，校准仪的缸筒与活塞之间的初始容积就是式(2-3)中的 V_0。当旋转手轮时，通过丝杠驱动活塞移动，活塞面积 A 与活塞的移动距离 s 之积 As 就是式(2-3)中的 ΔV。通过逐步改变活塞的位移量，就可以获得各种不同的测试压力。把被测的压力表的读数和标准压力表同时测量的结果进行对比，就可以校准被测压力表的读数。

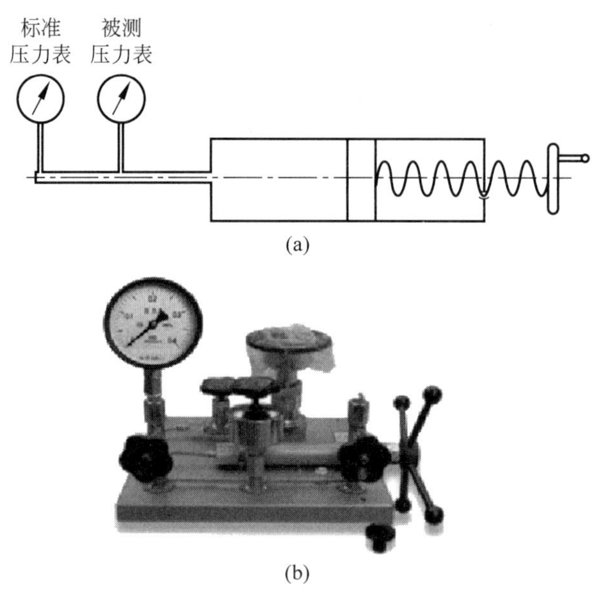

图 2-7 压力表校准装置

2. 轮胎的缓冲减振

由于气体的可压缩性较大，车辆运行过程中来自路面的颠簸导致车辆上下运动。车辆的总体质量与上下颠簸的加速度所形成的惯性力，通过车辆的悬挂系统与车轮的压缩变形得到抑制，从而改善乘坐的舒适性。

2.8.3 黏性的应用

阻尼器就是黏性在工程中的常见应用之一。如图 2-8 所示，当飞机降落时，来自地面的冲击力导致阻尼活塞相对于阻尼器缸体快速运动，受到活塞的挤压推动，阻尼器缸体内的液体通过阻尼小孔流向低压腔。由于流体本身具有黏性，在高速流过阻尼孔时，产生很大的速度梯度，从而形成与地面冲击力方向相反的减速作用力；与此同时，由于黏性摩擦产生的热能，通过阻尼缸体散失到大气中，使冲击能量得到了衰减。

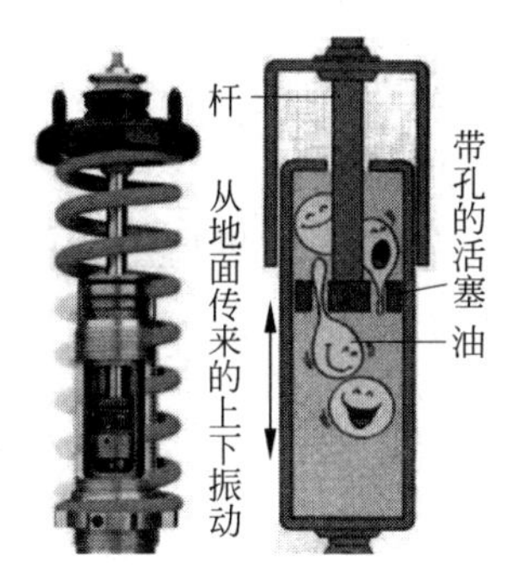

图 2-8　起落架的阻尼缓冲

思考题与习题

2-1　流体的密度跟哪些因素有关？其关系如何？

2-2　流体具有哪些特点？

2-3　连续介质假设包括哪几个要点？采用该假设有什么好处？

2-4　流体的黏性是什么？所有的流体都有黏性吗？黏性的度量方法有哪些？

2-5　黏性力是如何产生的？其大小与哪些因素有关？

2-6　如何理解流体的内摩擦力这一概念？

2-7　黏度大小与哪些因素有关？对于液体和气体，其影响规律有何不同？

2-8　实际流体都是黏性流体，为什么还要建立理想流体模型？

2-9　表面张力是如何产生的？它有何特点？

2-10　流体受力是如何分类的？各有何特点？

2-11　为什么气体的可压缩性大？

2-12　什么是空气的相对湿度？

2-13　高空 11km 处的大气压为 2.263×10^4 Pa，温度为 -56.5℃，其密度、动力黏度和运动黏度分别是多少？

2-14　密闭容器内液压油的体积压缩系数为 $1.5\times10^{-3}\text{MPa}^{-1}$，压力在 1MPa 时的容积为 $2\times10^{-3}\text{m}^3$。在压力升高到 10MPa 时液压油的容积是多少？

2-15　某液压油的运动黏度为 $68\text{mm}^2/\text{s}$，密度为 $900\text{kg}/\text{m}^3$，计算其动力黏度与恩氏黏度。

2-16　20℃时 200mL 蒸馏水从恩氏黏度计中流尽的时间为 51s，如果 200mL 的某油液在 40℃时从恩氏黏度计中流尽的时间为 232s，已知该油液的密度为 $900\text{kg}/\text{m}^3$，试计算该液压油在 40℃时的恩氏黏度、运动黏度及动力黏度。

2-17　计算深度为 5000m 处海水的密度。设海面上海水的密度为 $1.026\times10^3\text{kg}/\text{m}^3$，海水的体积弹性模量为 2.1×10^3 MPa。

2-18　液压缸内径为 150mm，柱塞直径为 100mm，液压缸中充满油液，如果柱塞上作用 50 000N 的力，不计油液的质量影响，计算液压缸内的液体压力。

2-19　如题2-19图所示，在液压缸中充满黏度为0.065Pa·s的油液，已知缸径为120mm，活塞与缸筒内壁间隙为0.4mm，活塞长度为140mm。若对活塞施加8.6N的力，试求活塞的运动速度。

2-20　如题2-20图所示微压计度数精度为0.5mm，当测压范围为100～200mm液柱时，要求测量误差小于±0.2%，试确定倾角θ。

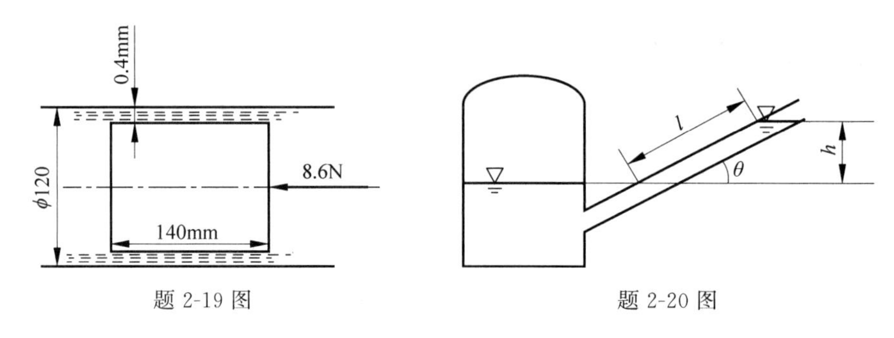

题2-19图　　　　题2-20图

第 3 章

流体静力学

所谓“静”力学是指研究液体处于受力平衡状态时的力学规律的学科。

流体中的作用力有两类：一类是与流体质量有关的作用力，称为质量力；另一类是与流体表面积有关的作用力，称为表面力。

质量力作用于所研究的流体体积内的所有流体质点，流体所受的重力、惯性力均属质量力。单位质量的流体所受的质量力称为单位质量力，其数值等于加速度。

由于流体属于连续性介质，因此，所研究的流体体积之外的流体质点对研究对象存在作用力，此类作用力仅作用于所研究对象的外表面，为表面力。表面力的大小与作用表面的面积成正比。按作用的方向表面力分为切向力与法向力。

3.1 流体静压力及其特性

3.1.1 流体静压力

处于受力平衡状态的流体所受到的作用在内法向方向上的应力称为流体的静压力。

3.1.2 流体静压力的特性

图 3-1 表示平衡流体。分析其内部某点 M 的应力，过 M 点沿任意方向作剖面 1-1，把上半部去掉，分析下半部的受力情况，上半部一定对下半部有作用力。则 M 点处的流体所受应力 p_1 垂直于 1-1 面且指向流体内部。若不垂直于 1-1 面，则存在剪力；若指向外部，会表现为拉力。由流体的定义，流体质点会出现相对运动，这就破坏了流体的平衡。反过来说，要是流体处于平衡状态，就不可能受拉力或剪力作用，唯一可能是压力。而压力的方向一定是垂直于作用面而且指向流体内部，也就是作用面的内法线方向。

由此得出结论：平衡流体中的应力总是沿作用面的内法线方向，即只能是压力。这是流体静压力的第一个特性。

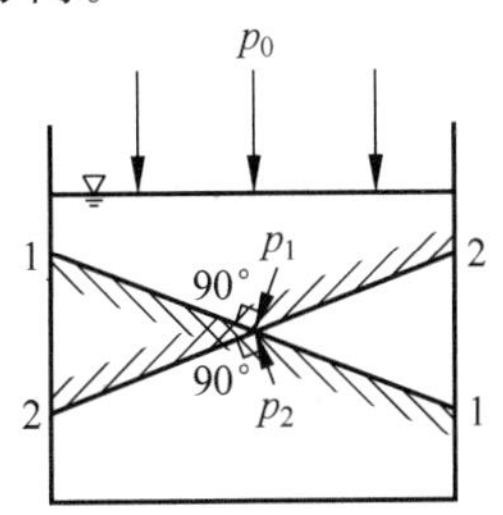

图 3-1　任一点 M 的静压力

流体力学中称这种压应力为流体静压力，简称“压强”或“压力”，以小写的 p 表示。

在静止流体中划分出一四面体 $OABC$，其顶点为 O，三条分别平行于直角坐标系 x、y、z 轴的棱边长为 dx、dy、dz，如图 3-2 所示。

四面体任一表面上各点处的压力虽不是常数，但在各表面都是微面积条件下，可以认为表面压力均匀分布。假设作用于$\triangle OBC$、$\triangle OAC$、$\triangle OAB$及$\triangle ABC$上的压力分别为p_x、p_y、p_z和p_n。那么，这4个表面上作用的压力分别为$\frac{1}{2}p_x\mathrm{d}y\mathrm{d}z$、$\frac{1}{2}p_y\mathrm{d}x\mathrm{d}z$、$\frac{1}{2}p_z\mathrm{d}x\mathrm{d}y$及$p_n\triangle A_n$，这里$\triangle A_n$指$\triangle ABC$的面积，4个微面积表面上的压力将与各表面垂直并从外部指向表面。

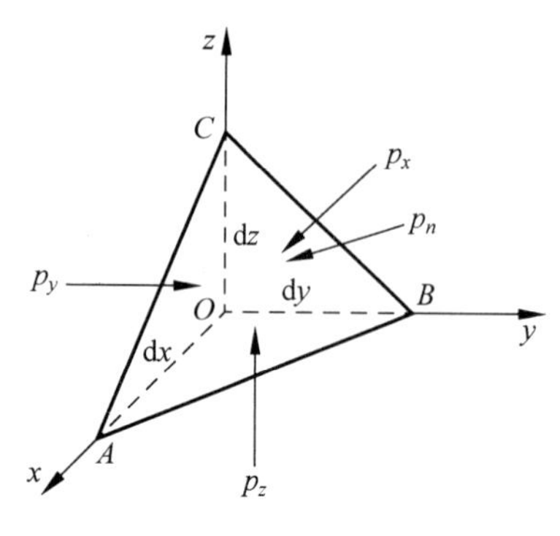

图 3-2 静止流体中的微四面体

在x轴方向上，表面OAC和OAB上的压力投影显然为0。ABC上总压力在x轴方向的投影为$-p_n\triangle A_n\cos(n,x)$，这里$\cos(n,x)$表示表面$ABC$的外法线方向和$x$轴方向夹角的余弦，由数学分析可知，$\triangle A_n\cos(n,x)$等于$\triangle ABC$在$yz$平面的投影即$\triangle OBC$的面积$\frac{1}{2}\mathrm{d}y\mathrm{d}z$，于是$-p_n\triangle A_n\cos(n,x)=-\frac{1}{2}p_n\mathrm{d}y\mathrm{d}z$。作用于$\triangle ABC$上的压力在$x$轴上的分量应沿着$x$轴负向，这是上面表达式中出现负号的原因。$\triangle OBC$上压力在$x$轴上的投影为$\frac{1}{2}p_x\mathrm{d}y\mathrm{d}z$。

设单位质量流体所受质量力在x、y、z坐标轴上的投影分别为X、Y、Z，如果z轴正向沿垂直方向，其余两坐标轴水平设置，在这一特殊条件下，显然有$X=0$、$Y=0$、$Z=-g$，因而四面体所受质量力在x轴的投影为$X\rho\mathrm{d}x\mathrm{d}y\mathrm{d}z/6$。

四面体流体微团处于静止状态，因而作用于这一体积的外力(包括表面力和质量力)，在任一坐标轴上投影之和为0，在x轴方向上有

$$(p_x-p_n)\mathrm{d}y\mathrm{d}z/2+X\rho\mathrm{d}x\mathrm{d}y\mathrm{d}z/6=0 \tag{3-1}$$

上式中第二项相比第一项是高阶无穷小，略去后得到

$$p_x=p_n$$

同样可以证明

$$p_y=p_n$$

$$p_z=p_n$$

由此得到

$$p_x=p_y=p_z=p_n \tag{3-2}$$

上面的证明中并未规定$\triangle ABC$的方向。

由此可得流体静压力第二个特性：平衡流体中某点的压力大小与作用面的方向无关。

应当说明：虽然同一点的压力各方向都相等，但不同点的压力则是不一样的。也就是说，压力是坐标的函数。

3.1.3 静止流体的力平衡微分方程

下面来考查当静止流体中的压力不均匀时流体微团上的作用力。如图3-3所示，在静

止流体中取一边长分别为 dx、dy、dz 的微元六面体，记其中心点 A 的静压为 $p(x,y,z)$。可以将其沿 x、y、z 三个方向邻域内应用泰勒级数展开，并略去 dx、dy、dz 的二阶以上小量。

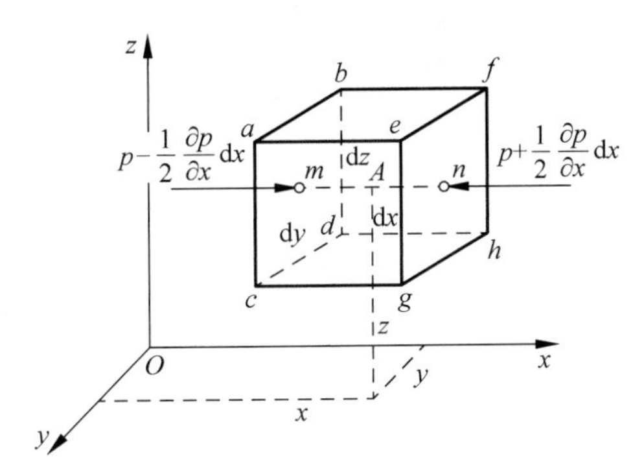

图 3-3　流体力平衡微分方程的推导图示

首先分析 x 轴方向的表面力和质量力。由静止流体的受力特征可知，该流体微团承受的表面力中只有法向的静压力。作用在左侧 $abcd$ 面的静压力为

$$F_m=\left(p-\frac{1}{2}\frac{\partial p}{\partial x}\mathrm{d}x\right)\mathrm{d}y\mathrm{d}z$$

作用在右侧 $efgh$ 面上的静压力为

$$F_n=\left(p+\frac{1}{2}\frac{\partial p}{\partial x}\mathrm{d}x\right)\mathrm{d}y\mathrm{d}z$$

因此，x 方向上的力平衡方程为

$$\left(p-\frac{1}{2}\frac{\partial p}{\partial x}\mathrm{d}x\right)\mathrm{d}y\mathrm{d}z-\left(p+\frac{1}{2}\frac{\partial p}{\partial x}\mathrm{d}x\right)\mathrm{d}y\mathrm{d}z+\rho f_x\mathrm{d}x\mathrm{d}y\mathrm{d}z=0 \tag{3-3}$$

式中，f_x 是单位质量力在 x 方向的分量。因坐标长度都不为 0，由上式可得

$$f_x=\frac{1}{\rho}\frac{\partial p}{\partial x} \tag{3-4a}$$

考查 y 轴和 z 轴方向的力平衡，同理可得

$$f_y=\frac{1}{\rho}\frac{\partial p}{\partial y} \tag{3-4b}$$

$$f_z=\frac{1}{\rho}\frac{\partial p}{\partial z} \tag{3-4c}$$

或写成单位质量力的合力形式：

$$\boldsymbol{f}=\boldsymbol{f}_x\boldsymbol{i}+\boldsymbol{f}_y\boldsymbol{j}+\boldsymbol{f}_z\boldsymbol{k}=\frac{1}{\rho}\left(\frac{\partial \boldsymbol{p}}{\partial \boldsymbol{x}}\boldsymbol{i}+\frac{\partial \boldsymbol{p}}{\partial \boldsymbol{y}}\boldsymbol{j}+\frac{\partial \boldsymbol{p}}{\partial \boldsymbol{z}}\boldsymbol{k}\right)=\frac{\nabla \boldsymbol{p}}{\rho} \tag{3-4d}$$

式(3-4d)即为流体静力平衡微分方程。它是由瑞士学者欧拉(L. Euler)于 1775 年首先推导出来的，因此又称欧拉方程。欧拉方程是流体静力学的重要方程，静力学的其他方程都是以它为基础推导出来的。式中，$\nabla \boldsymbol{p}=\mathrm{grad}\boldsymbol{p}$ 称为压力的梯度。其中算符(直角坐标系中)$\nabla \boldsymbol{p}=\boldsymbol{i}\frac{\partial}{\partial \boldsymbol{x}}+\boldsymbol{j}\frac{\partial}{\partial \boldsymbol{y}}+\boldsymbol{k}\frac{\partial}{\partial \boldsymbol{z}}$称为哈密顿算子。

将式(3-4a)～式(3-4c)分别乘以 dx、dy、dz 并相加，得

$$\rho(\boldsymbol{f}_x \mathrm{d}\boldsymbol{x} + \boldsymbol{f}_y \mathrm{d}\boldsymbol{y} + \boldsymbol{f}_z \mathrm{d}\boldsymbol{z}) = \frac{\partial \boldsymbol{p}}{\partial \boldsymbol{x}}\mathrm{d}\boldsymbol{x} + \frac{\partial \boldsymbol{p}}{\partial \boldsymbol{y}}\mathrm{d}\boldsymbol{y} + \frac{\partial \boldsymbol{p}}{\partial \boldsymbol{z}}\mathrm{d}\boldsymbol{z} \tag{3-5}$$

注意到，同一时刻压力 p 沿空间点的全微分为

$$\mathrm{d}\boldsymbol{p} = \frac{\partial \boldsymbol{p}}{\partial \boldsymbol{x}}\mathrm{d}\boldsymbol{x} + \frac{\partial \boldsymbol{p}}{\partial \boldsymbol{y}}\mathrm{d}\boldsymbol{y} + \frac{\partial \boldsymbol{p}}{\partial \boldsymbol{z}}\mathrm{d}\boldsymbol{z} \tag{3-6}$$

于是有

$$\rho(\boldsymbol{f}_x \mathrm{d}\boldsymbol{x} + \boldsymbol{f}_y \mathrm{d}\boldsymbol{y} + \boldsymbol{f}_z \mathrm{d}\boldsymbol{z}) = \mathrm{d}\boldsymbol{p} \tag{3-7}$$

对式(3-7)进行积分就可以得到压力 p 的空间分布。

对于均质不可压缩流体，密度 ρ 为常数，这时，式(3-7)左边括号内的三项之和也应该是某个函数 $\Pi(x,y,z)$的全微分，记作

$$\mathrm{d}\Pi = f_x \mathrm{d}x + f_y \mathrm{d}y + f_z \mathrm{d}z \tag{3-8}$$

因此有

$$f_x = \frac{\partial \Pi}{\partial x},\quad f_y = \frac{\partial \Pi}{\partial y},\quad f_z = \frac{\partial \Pi}{\partial z} \tag{3-9}$$

即，质量力的分量等于函数 Π 的偏导数。Π 称为力势函数。存在力势函数的质量力称为有势力，如重力。式(3-8)表明：不可压缩流体只有在有势力的作用下才能保持静止。

3.2 压力的度量

3.2.1 压力的单位

压力的法定度量单位是 Pa($1\mathrm{Pa}=1\mathrm{N/m^2}$)或 MPa($1\mathrm{MPa}=1\times10^6\mathrm{Pa}$)。

工程中为了应用方便曾使用过的主要单位有 bar($1\mathrm{bar}=10^5\mathrm{Pa}$)、液柱高和“大气压”。

1. 液柱高

静止液柱由于重力的作用，在底面上将产生压力(图 3-4)。设液柱的断面积为 A，则底面上所受的总压力 $F=\rho g h A$，故所受的压力为

$$p = \frac{F}{A} = \rho g h \tag{3-10}$$

或

$$h = \frac{p}{\rho g}$$

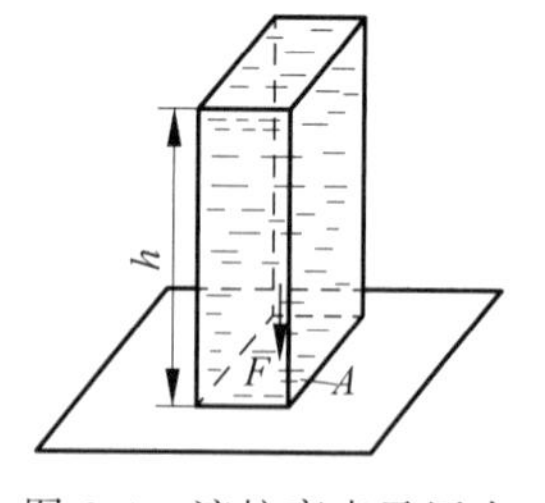

图 3-4 液柱高表示压力

例 3-1 压力为 $1\mathrm{N/m^2}$，则用水柱高表示为

$$h = \frac{p}{\rho g} = \frac{0.1\times10^6}{1000\times9.81} \approx 10.2\mathrm{m}\ 水柱$$

2. 大气压

在物理中，大气压的精确值为

1 标准大气压(atm)=760mmHg=10.33mH_2O=101 325Pa

工程上为计算方便

1 工程大气压(at)$=10mH_2O=735.5mmHg=9.81\times10^4Pa$

3.2.2 绝对压力、相对压力、真空度

按度量压力的基准点(即零点)不同,压力有下列三种表达方法:

(1) 绝对压力:以绝对真空作为零点。这是热力学中常用的压力标准,流体力学中也常用来计算气体的压力。

(2) 相对压力:以大气压力为零点。一般压力表所显示的压力都是相对压力,因此也称为“表压力”或“示值压力”。

相对压力与绝对压力的关系为

$$p_r = p_m - p_a \tag{3-11}$$

式中,p_r——相对压力,Pa;

p_m——绝对压力,Pa;

p_a——大气压力,Pa。

(3) 真空度:当绝对压力小于大气压时,其小于大气压的数值称为真空度。即

$$p_v = p_a - p_m \tag{3-12}$$

式中,p_v——真空度,Pa。

比较式(3-11)、式(3-12)可得

$$p_v = -p_r \tag{3-13}$$

式(3-13)表明真空度是相对压力的负值。因此,真空度也称为“负压”。绝对压力、相对压力和真空度的关系如图 3-5 所示。同一压力值以不同的基准起量时,就有不同的数值。

在实际工程问题中,流体各点所受的大气压力是相互平衡的,因此真正起作用的还是绝对压力与大气压之差,即相对压力。因此,在大多数工程问题中压力都是以相对压力来表示的。

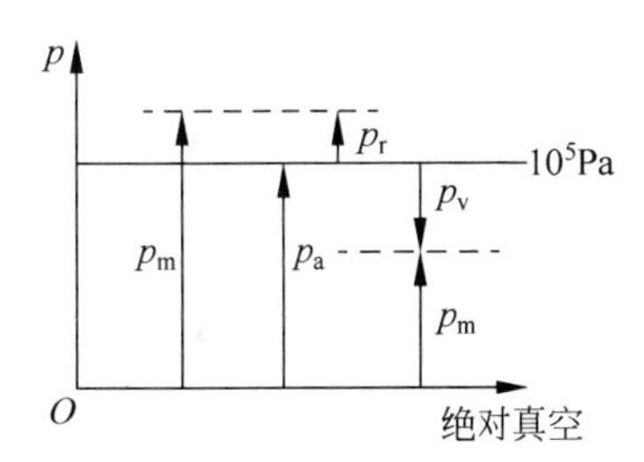

图 3-5 绝对压力、相对压力和真空度的关系

3.3 流体静力学基本方程

流体质点所受的静压力与该质点所在的空间的位置有关。如前所述,压力是坐标的函数。流体静力学基本方程就是这一函数关系的表述。

3.3.1 流体静力学基本方程

如图 3-6 所示,在静止流体中,取一断面为 dA,长度为 l 的微小柱体。该柱体轴线 n 与水平线的夹角为 α,其垂直高度为 h,则

$$h = l\sin\alpha \tag{3-14}$$

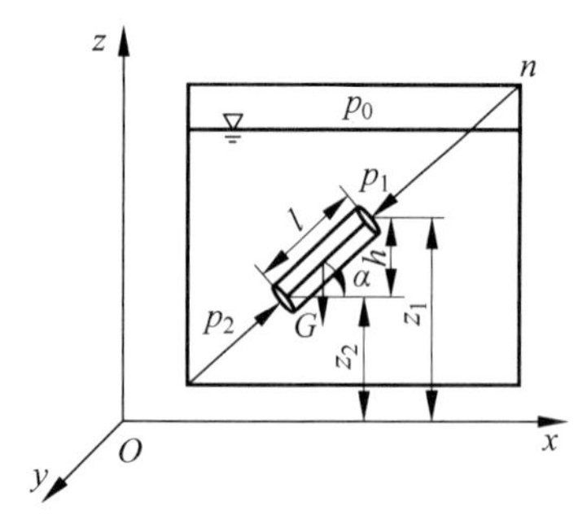

图 3-6　静止流体中的压力

根据静压力第一个特性，周围流体对该柱体的作用力垂直于柱体表面，因此在柱体两端的压力 p_1 和 p_2 应当垂直于两个断面，也就是沿着 n 方向。而柱体周围的流体压力垂直于该柱体的周界面，也就是说与 n 方向垂直，在 n 方向没有分力。该柱体的重力 G 则在 n 方向分量为 $G\sin\alpha$。由于断面 $\mathrm{d}A$ 是无穷小量，可认为在断面上压力不变，故总压力分别为 $p_1\mathrm{d}A$ 及 $p_2\mathrm{d}A$。沿 n 方向受力平衡

$$p_2\mathrm{d}A - G\sin\alpha - p_1\mathrm{d}A = 0$$

而

$$G = \rho g l\,\mathrm{d}A$$

$$G\sin\alpha = \rho g l\sin\alpha\,\mathrm{d}A = \rho g h\,\mathrm{d}A$$

故

$$p_2 - p_1 = \rho g h \tag{3-15}$$

若柱体的上端取在自由面上，则 $p_1 = p_0$，任取柱体的长度 l 可得不同深度处的压力 p 与 h 的关系为

$$p = p_0 + \rho g h \tag{3-16}$$

式(3-15)或式(3-16)称为流体静力学基本方程。式(3-15)说明静止流体中任意两点(这两点不一定在同一铅直线上)的压差就等于这两点之间的垂直高度乘以单位质量流体的重力 ρg。式(3-16)说明在液体自由面下任意点的压力就等于自由面的压力加上自由面至该点的垂直深度 h 与该液体单位质量流体的重力 ρg 的乘积。

若点 1 及点 2 的垂直坐标分别为 z_1 及 z_2，则按图 3-6，可见

$$h = z_1 - z_2$$

故式(3-15)可写成

$$p_2 - p_1 = \rho g(z_1 - z_2)$$

或

$$\frac{p_1}{\rho g} + z_1 = \frac{p_2}{\rho g} + z_2$$

由于点 1 和点 2 是任意取的，故在静止流体中任意两点的 $\frac{p}{\rho g} + z$ 都相等。也就是说，在静止流体中各点

$$\frac{p}{\rho g} + z = 常数 \tag{3-17}$$

这也是流体静力学基本方程的一种形式。

在应用式(3-15)时，应当注意它只能适用于连续的同一种流体。如图 3-7 所示，假如点 x_1 和点 x_2 之间流体不同，则不能用式(3-15)直接计算 $p_2 - p_1$，即 $p_2 - p_1 \neq \rho g h$，而应当分别计算密度不同的各段液体柱的重力。

对于图 3-7(a)的情况：

$$p_2 - p_1 = \rho_1 g h_1 + \rho_2 g h_2 \tag{3-18}$$

对图 3-7(b)所示的情况，虽然点 x_1 与点 x_2 这两点都是同一种流体，但不连续，中间有

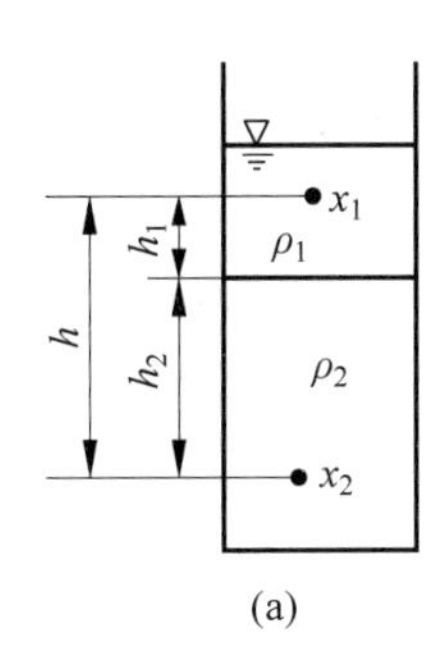

(a)

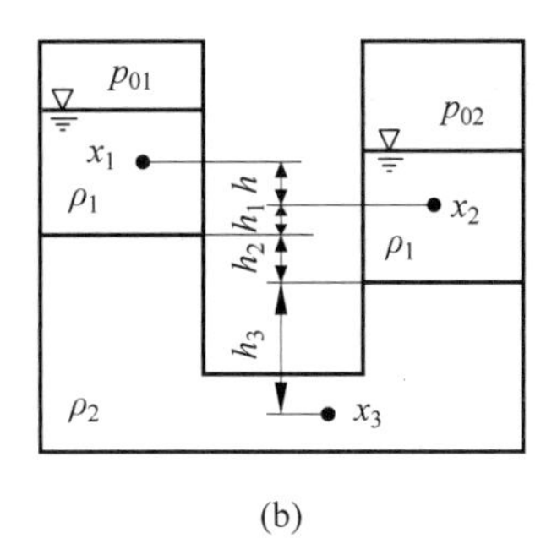

(b)

图 3-7 不同流体中压差计算

密度为 ρ_2 的另一种流体。这时我们可以在第二种流体中选一个参考点 x_3,先计算点 x_3 与点 x_1 的压差;

$$p_3 - p_1 = \rho_1 g(h + h_1) + \rho_2 g(h_2 + h_3)$$

再计算点 x_3 与点 x_2 的压差

$$p_3 - p_2 = \rho_1 g(h_1 + h_2) + \rho_2 g h_3$$

两式相减可得

$$p_2 - p_1 = \rho_1 g(h - h_2) + \rho_2 g h_2 = \rho_1 g h + (\rho_2 g - \rho_1 g)h_2$$

还应当说明一下,在空气中不同高度的两点压差也可用式(3-15)计算,即

$$p_2 - p_1 = \rho_{气} gh$$

但由于在常压下空气的密度很小(20℃,1大气压时,$\rho_{气} = 1.2\text{kg/m}^3$),因此相对于液体中不同高度引起的压差来说,$\rho_{气} gh$ 可忽略不计。因此一般就认为空气中不同高度各点的压力也是相等的。但是,当压力比较高时(例如 $p_{气} > 20 \sim 300\text{MPa}$),则 $\rho_{气}$ 的值较大,就不能忽略了。例如液压系统的蓄能器中的气压可以达到 20～30MPa 以上,此时空气中各点的压力差就不能忽略了,否则可能引起较大的误差。

流体静力学计算中,为了便于分析计算,常会使用等压面的概念。等压面是压力相等的各点所组成的一个面。根据式(3-16)可知:

$$h = \frac{p - p_0}{\rho g}$$

自由表面的压力 p_0 是常数。可见,当流体密度保持不变时,在静止流体中等压面是一个水平面。同样,这一结论只适用于连续的同种介质。如图 3-8(a)中 1 与 2 是等压面,而图 3-8(b)中 1 与 2 就不是等压面了。

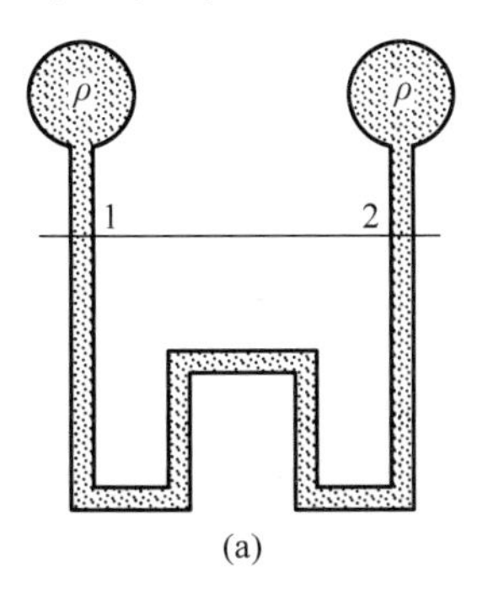

(a)

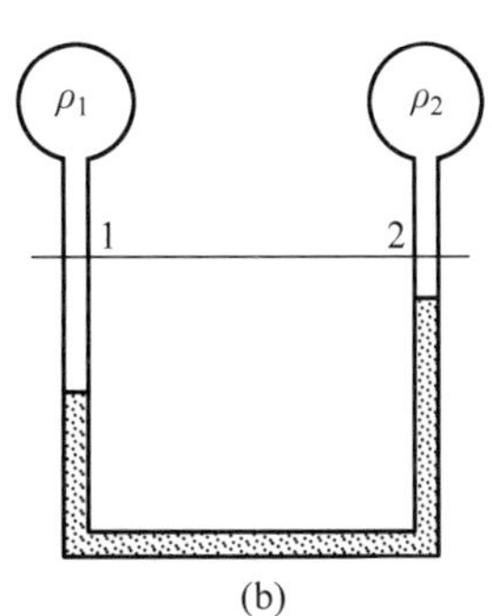

(b)

图 3-8 等压面

3.3.2 液体式测压计

测压计是用来测量流体中的压力大小的仪器。

工程上测量压力的仪器大致分为三类。①金属弹性元件式，如用弹簧管、波纹管等作为传感元件的测压计；②电测式：如以电阻应变片作为传感元件的测压压头；③液体式：各种U形管测压计等。测压计测出的压力都是相对压力。我们可以利用流体静力学基本方程来分析常用的液体式测压计测量原理。

1. 测压管

如图3-9所示，根据静力学基本方程式(3-16)，有

$$p=\rho gh \tag{3-19}$$

只要量出液柱高度 h，就可以算出所测点的压力 p。

2. U形测压计

当测量气体或较大的液体压力时，常用U形测压计，其原理如图3-10所示。

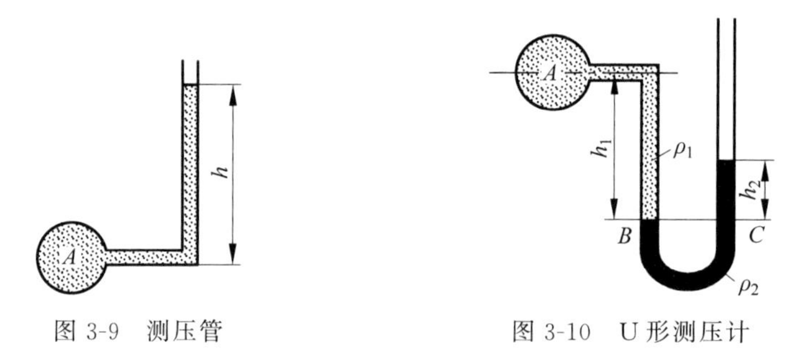

图3-9 测压管　　图3-10 U形测压计

被测流体的密度为 ρ_1，U形管中的测量液体密度为 ρ_2，被测点 A 点与 B 点的压力有如下关系：

$$p_B=p_A+\rho_1 gh_1$$

C 点处压力为

$$p_C=\rho_2 gh_2$$

BC 为等压面，所以

$$\rho_2 gh_2=p_A+\rho_1 gh_1$$

或

$$p_A=\rho_2 gh_2-\rho_1 gh_1$$

当测量气体压力时，$\rho_1 g$ 很小可忽略不计，式(3-19)写成

$$p_A=\rho_2 gh_2 \tag{3-20}$$

3. 多支测压计

把几个U形测压计连在一起就构成了多支测压计，如图3-11所示。可用来测量较大的压力。

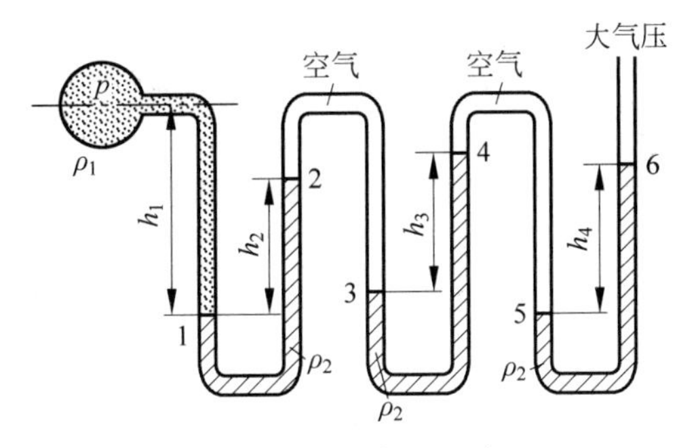

图 3-11　多支测压计

利用静力学基本方程可得

$$p_1 = p + \rho_1 g h_1$$

$$p_1 = p_2 + \rho_2 g h_2$$

在空气中

$$p_2 = p_3$$

又

$$p_3 = p_4 + \rho_2 g h_3$$

在空气中

$$p_4 = p_5$$

又

$$p_5 = \rho_2 g h_4$$

联立这些方程式解出

$$p = -\rho_1 g h_1 + \rho_2 g (h_2 + h_3 + h_4) \tag{3-21}$$

4. U 形压差计

U 形压差计可用来测量两个容器中流体的压差。

如图 3-12 所示，流体系统在重力场中处于受力平衡状态时，在 U 形压差计连通的同种液体中取等压面 Ⅰ-Ⅰ。在该等压面上，$p_C = p_D$。

U 形管左侧支管中

$$p_C = p_A + \rho_A g h_1$$

U 形管右侧支管中

$$p_D = p_E + \rho_1 g h = p_B + \rho_B g (h_2 - h) + \rho_1 g h$$

所以

$$p_A - p_B = \rho_B g (h_2 - h) + \rho_1 g h - \rho_A g h_1 \tag{3-22}$$

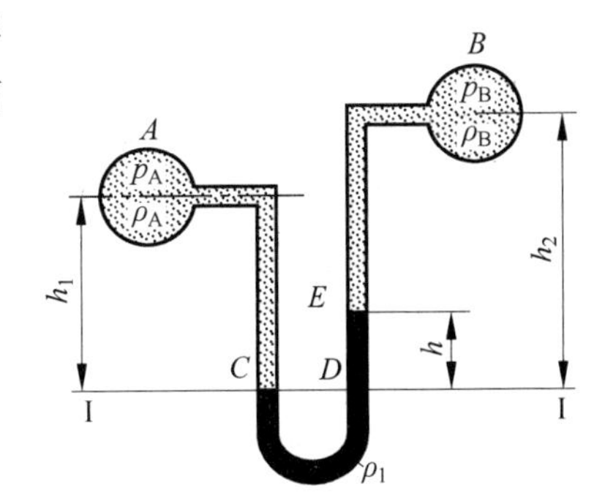

图 3-12　U 形压差计

式(3-22)中，如果介质 A 和介质 B 的密度相同（工程中多为这种情况），则可简化为

$$p_A - p_B = \rho_A g (h_2 - h_1 - h) + \rho_1 g h = \rho_A g (h_2 - h_1) + (\rho_1 - \rho_A) g h$$

如果 A 点和 B 点处在同一水平线上，则 $h_1 = h_2$。在这种情况下，式(3-22)将变成

$$p_A - p_B = (\rho_1 - \rho_A)gh$$

当测量压差较大时，可选用密度较大的测试介质，加大 ρ_1 的量值，可以避免加大压差造成的 U 形测压管过长而带来的测量不便；如果测量的压差较小，可以选择密度 ρ_1 与工作介质密度(ρ_A 或 ρ_B)相差较小的测试介质，这样可以获得较大的读数 $h=(p_A-p_B)/(\rho_1-\rho_A)g$，便于提高测量精度。

5. 倾斜式微压计

在测量很微小的压差时，常把压差计的玻璃管倾斜放置，以提高测量精度。图 3-13 就是一种倾斜式微压计。

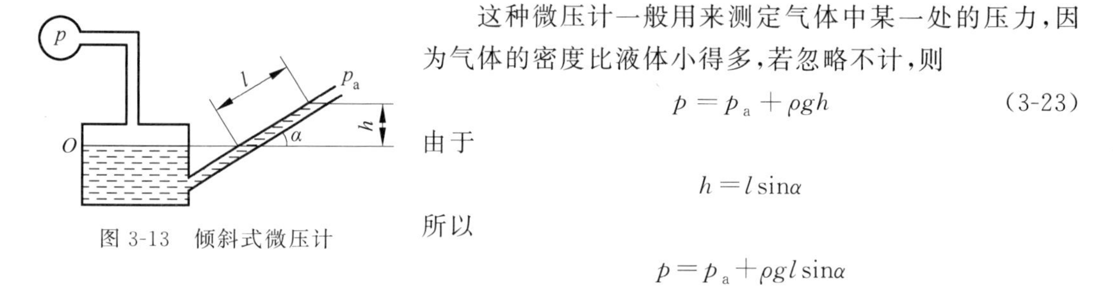

图 3-13　倾斜式微压计

这种微压计一般用来测定气体中某一处的压力，因为气体的密度比液体小得多，若忽略不计，则

$$p = p_a + \rho gh \tag{3-23}$$

由于

$$h = l\sin\alpha$$

所以

$$p = p_a + \rho gl\sin\alpha$$

3.4　帕斯卡原理

帕斯卡原理亦称为静压传递原理。该原理表明：密闭容器中的平衡流体，其边界上任何一点的压力变化都将等值地传递到流体内各点。

应用帕斯卡原理时，需要注意以下几点：

(1) 受压流体是处于密封容腔(该容腔容积可变)内的；

(2) 容器中的流体是连续的；

(3) 流体是静止的。

帕斯卡原理揭示了流体静压力的传递规律，是流体传动技术的理论基础。如图 3-14 所示，在重力场中，面积分别为 A 和 S 的两个可上下移动的活塞与固体边界构成了一个容积可变的密封容腔。根据流体静力学基本方程，左侧活塞正下方深度 h 处的压力为 $p=\rho gh+F/A$。流体仅受重力作用时，等压面为水平面。设该水平面距右侧活塞的垂直深度为 h'，对于右侧的流体进行同样分析可得 $p=\rho gh'+W/S$，即 $\rho gh+F/A=\rho gh'+W/S$。

根据帕斯卡原理，当左侧活塞上的作用力 F 增加到 $F+\Delta F$ 时，右侧活塞上的作用力 W 也将随之加大，即 $\rho gh+(F+\Delta F)/A=\rho gh'+(W+\Delta W)/S$。可见，$\Delta F/A=\Delta W/S$，亦即 $\Delta W=(S/A)\Delta F$。这样，较大面积的右侧活塞就可以驱动较大的负载 W。万吨水压机和液压千斤顶就是利用这个原理工作的。

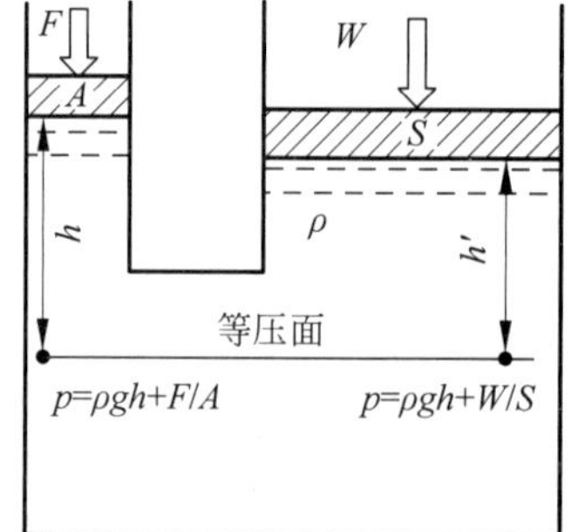

图 3-14　帕斯卡原理应用示例

3.5　流体对壁面的作用力

3.5.1　流体对平面的作用力

在工程实际中，常常不仅需要了解流体内部的压力分布规律，还需要知道与流体接触的不同形状、不同几何位置的固体壁面所受到流体对它作用的总压力，以及这种力的计算方法。

本节首先讨论流体在重力作用下对固体平面壁的总作用力及其压力中心。

如图 3-15 所示，假设 ab 为一块面积为 A 的任意形状的平板，它与液体表面成 θ 角倾斜放置，设液体自由表面上的压力为 p_0。

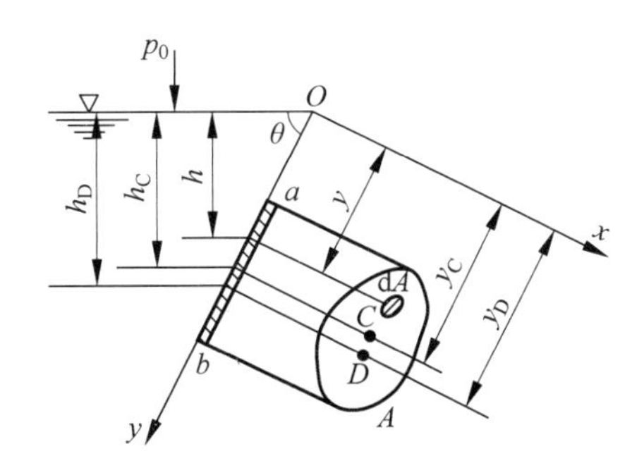

图 3-15　流体对平面的作用力

我们分析作用在平板 ab 上的力。为了便于分析，将平板 ab 绕 Oy 轴转动 90°，如图 3-15 所示。在平板上取一微元面积 $\mathrm{d}A$，其中心点距自由表面的距离为 h，作用在 $\mathrm{d}A$ 中心点上的压力为 p，则 $p=p_0+\rho gh$。因此，作用在 $\mathrm{d}A$ 面上的合力应为

$$\mathrm{d}F=p\mathrm{d}A=(p_0+\rho gh)\mathrm{d}A=p_0\mathrm{d}A+\rho gy\sin\theta\mathrm{d}A$$

作用在整个平板 ab 上的合力应为

$$F=\int_A\mathrm{d}F=\int_A p_0\mathrm{d}A+\int_A\rho gy\sin\theta\mathrm{d}A$$
$$=p_0A+\rho g\sin\theta\int_A y\mathrm{d}A$$

式中，$\int_A y\mathrm{d}A$——平板面积 A 对于 x 轴的静力矩，N·m。若设 C 点为平面 A 的形心，则根据静力矩定理有

$$\int_A y\mathrm{d}A=Ay_C$$

式中，y_C——C 点至 x 轴的垂直距离，m。可得

$$F=p_0A+\rho gy_C\sin\theta A=(p_0+\rho gh_C)A \tag{3-24}$$

式中，$(p_0+\rho gh_C)$——面积 A 的形心点处的静压力，Pa。式(3-24)表示静止液体作用在平面壁上的合力大小等于平面形心处的静压力与平面面积的乘积。

下面讨论总压力 F 的作用点，即压力中心。

设 D 点为平面 A 的压力中心。因为作用在平面 A 上的每一微小面积 $\mathrm{d}A$ 上的压力是相互平行的,因此所有微小面积所受的力对 x 轴的静力矩之和应等于作用在面积 A 上的合力对 x 轴的静力矩,即

$$Fy_{\mathrm{D}}=\int_A y\mathrm{d}F$$

式中,$\mathrm{d}F$——作用在微小面积 $\mathrm{d}A$ 上的力,N;

y——$\mathrm{d}A$ 的中心到 x 轴的距离,m;

y_{D}——合力作用中心到 x 轴的距离,m。

将 F 和 $\mathrm{d}F$ 的表达式代入上式得

$$(p_0+\rho g h_{\mathrm{C}})Ay_{\mathrm{D}}=\int_A(p_0+\rho g y\sin\theta)y\mathrm{d}A$$

或

$$(p_0+\rho g h_{\mathrm{C}})Ay_{\mathrm{D}}=\int_A p_0 y\mathrm{d}A+\rho g\sin\theta\int_A y^2\mathrm{d}A \tag{3-25}$$

式中,

$$\int_A p_0 y\mathrm{d}A-p_0 y_{\mathrm{D}}A \tag{3-26}$$

根据材料力学中惯性矩的定义可得

$$\int_A y^2\mathrm{d}A=I_x \tag{3-27}$$

再根据平行移轴定理得

$$I_x=I_{\mathrm{C}_x}+y_{\mathrm{C}}^2A \tag{3-28}$$

式中,I_x——平面 A 对 x 轴的惯性矩;

I_{C_x}——平面 A 相对于通过形心 C 并与 x 轴平行的轴的惯性矩。常见平面图形的 y_{C} 和 I_{C_x} 可查表 3-1。

表 3-1 常见图形的 y_{C} 和 I_{C_x}

图形名称		y_{C}	I_{C_x}
半圆		$\frac{4}{3}\frac{R}{\pi}$	$\frac{(9\pi^2-64)R^4}{72\pi}$
圆		R	$\frac{\pi R^4}{4}$
圆环		R	$\frac{\pi(R^4-r^4)}{4}$

续表

图形名称		y_C	I_{C_x}
矩形	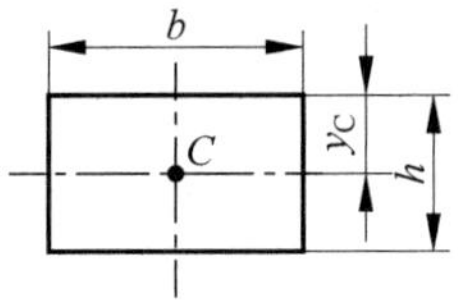	$\frac{h}{2}$	$\frac{bh^3}{12}$
等边梯形	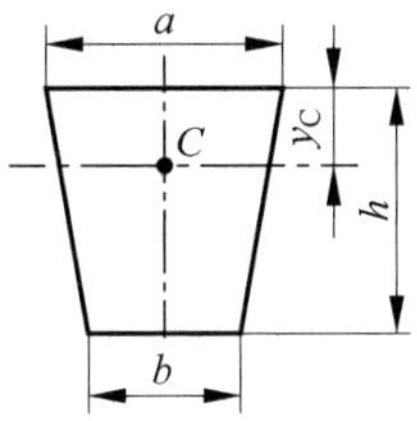	$\frac{h(a+2b)}{3(a+b)}$	$\frac{h^2(a^2+4ab+b^2)}{36(a+b)}$
三角形	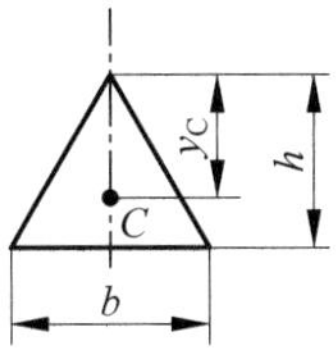	$\frac{2h}{3}$	$\frac{bh^3}{36}$

将式(3-26)、式(3-27)、式(3-28)代入式(3-25)得

$$y_D=\frac{p_0 y_C A+\rho g\sin\theta(I_{C_x}+y_C^2 A)}{(p_0+\rho g h_C)A}=y_C+\frac{I_{C_x}\rho g\sin\theta}{(p_0+\rho g y_C\sin\theta)A} \tag{3-29}$$

当 $p_0=0$ 时，得

$$y_D=y_C+\frac{I_{C_x}}{y_C A} \tag{3-30}$$

因为$\frac{I_{C_x}}{y_C A}$恒为正值，故有 $y_D>y_C$，即压力中心 D 永远处于形心 C 的下面，它们之间的距离为$\frac{I_{C_x}}{y_C A}$。

3.5.2　流体对曲面的作用力

本节将着重讨论流体在重力作用下对曲面壁的总作用力。

作用在曲面上各点的流体静压力都垂直于容器壁，但对于曲面壁上不同的点，作用力的大小和方向都发生变化，这就形成了一个复杂的空间力系，求总压力的问题可以看作空间力系的合力问题。工程上常用二维曲面，下面以二维曲面为例，讨论静止流体作用在曲面壁上的合力，从而得出求曲面壁合力的一般方法。

如图 3-16 所示，设有一承受液体压力的二维曲面，其面积为 A，且沿宽度方向是对称的。令参考坐标系的 y 轴与二维曲面的母线平行，则曲面在 xOz 平面上的投影便成为曲线 ab。在曲面 ab 上任意取一微小面积 dA，它到液面的距离为 h，则液体作用在它上面的总压力为

$$\mathrm{d}F=(p_0+\rho gh)\mathrm{d}A$$

为计算方便，我们将 dF 分解为水平方向与垂直方向的分力 dF_x、dF_z，并将此二力分别在整个面积 A 上进行积分，这样便可求得作用在曲面上的总压力的水平分力与垂直分力 F_x、F_z，并求出总压力的大小、方向及作用点。

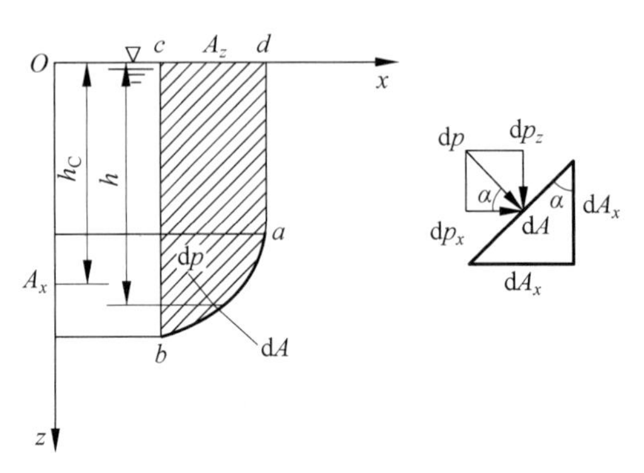

图 3-16　流体对曲面的作用力

1. 总压力的水平分力 F_x

设 α 为微元面积 dA 的法线与 x 轴的夹角，则微元水平分力为

$$\mathrm{d}F_x=(p_0+\rho gh)\mathrm{d}A\cos\alpha$$

式中，$\mathrm{d}A\cos\alpha=\mathrm{d}A_x$，则总压力的水平分力为

$$F_x=\int_A(p_0+\rho gh)\mathrm{d}A_x=p_0A_x+\rho g\int_A h\,\mathrm{d}A_x$$

式中，$\int_A h\,\mathrm{d}A_x=h_CA_x$，为面积在 yOz 坐标面上的投影面积 A_x 对 y 轴的面积矩，故上式可写成

$$F_x=p_0A_x+\rho g\int_A h\,\mathrm{d}A_x=(p_0+\rho gh_C)A_x \tag{3-31}$$

式(3-31)即为流体作用在曲面上的总压力的水平分力计算公式，即液体作用在曲面上的总压力的水平分力，等于流体作用在该曲面对垂直坐标面 yOz 的投影 A_x 上的总压力。同液体作用在平面上的总压力一样，水平分力 F_x 的作用点通过 A_x 的压力中心。

2. 总压力的垂直分力 F_z

由图 3-16 可见，微元垂直分力为

$$\mathrm{d}F_z=(p_0+\rho gh)\mathrm{d}A\sin\alpha$$

式中，$\mathrm{d}A\sin\alpha=\mathrm{d}A_z$，则总压力的垂直分力为

$$F_z=\int_A(p_0+\rho gh)\mathrm{d}A_z=p_0A_z+\rho g\int_A h\,\mathrm{d}A_z \tag{3-32}$$

不难看出式中 $\int_A h\,\mathrm{d}A_z=V$ 为曲面 ab 的体积 $abcd$（图 3-16 的阴影部分）。通常称体积 V 为压力体，这样式(3-32) 变成

$$F_z=p_0A_z+\rho gV \tag{3-33}$$

式(3-33)表明了流体作用在曲面上的垂直分力，等于压力体中的流体所受重力与表面力作用在该曲面对自由液面的投影 A_z 上的总压力之和。

求出流体对曲面的分力 F_x、F_z 后，就不难求出流体对曲面的总作用力。总作用力的大小为

$$F=\sqrt{F_x^2+F_z^2} \tag{3-34}$$

总作用力的作用方向与垂直方向之间的夹角可由下式确定

$$\tan\theta=\frac{F_x}{F_z} \tag{3-35}$$

总作用力的作用点可以这样确定：如图 3-17 所示，曲面 ab 上的垂直分力的作用线通过压力体的质心而指向受压面，水平分力的作用线通过 A_x 平面的压力中心面指向受压面，总作用力的作用线必通过两条作用线的交点 D'，且与垂线成 θ 角。这条总作用力的作用线与曲面的交点 D 就是总作用力在曲面上的作用点。

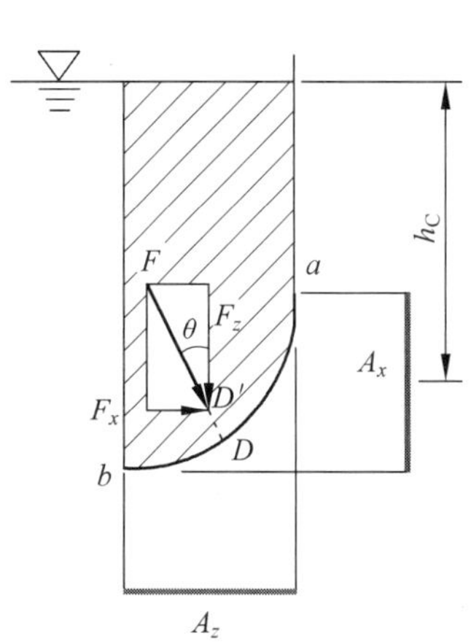

图 3-17 总作用力的作用点

对于求取三维曲面在流体作用下所受总作用力的方法，与以上讨论的二维曲面情况完全相同，即用求总作用力各坐标分量的方法来确定曲面所受的作用力。其中 x 轴方向与 z 轴方向的分力 F_x、F_z 与以上求取方法完全相同，y 轴方向的分力 F_y 为

$$F_y=(p_0+\rho g h_C)A_y \tag{3-36}$$

总作用力为

$$F=\sqrt{F_x^2+F_y^2+F_z^2} \tag{3-37}$$

3. 压力体

在求取流体作用在曲面壁上的垂直分力时，我们引出了压力体的概念。压力体是从积分式 $\int_A h\,\mathrm{d}A_z$ 得到的一个体积，这是一个纯数学的概念，即压力体本身并不计较其内部是否有流体存在。所以对压力体可进一步定义为：由所研究的曲面，通过曲面周围所作的垂直柱面和压力等于大气压的流体的自由表面(或其延伸面)所围成的封闭体积叫作压力体。

流体作用在曲面上的垂直分力在不同情况下是不同的，可能向下，也可能向上。在图 3-18 中，不难分辨流体作用在曲面 A 上的力的作用方向，(a)、(c)两种情况垂直分力向下，而(b)、(d)两种情况垂直分力向上。当以相对压力表示(表面压力 p_0 为零)时，曲面 A 上的流体在垂直方向的作用力大小为

$$F_z=V\cdot\rho g$$

式中，$V\cdot\rho g$ 从形式上看，它表示具有体积为 V 的流体的重力，一般认为重力是向下的，但图 3-18(b)、(d)两种情况流体作用的结果中，垂直分力却是向上的。所以图 3-18(b)、(d)这种情况的压力体称为虚压力体，图 3-18(a)、(c)这两种情况的压力体称为实压力体。即，当所讨论的流体作用面为压力体的内表面时，称该压力体为实压力体；而当流体作用面为压

力体的外表面时,称该压力体为虚压力体。

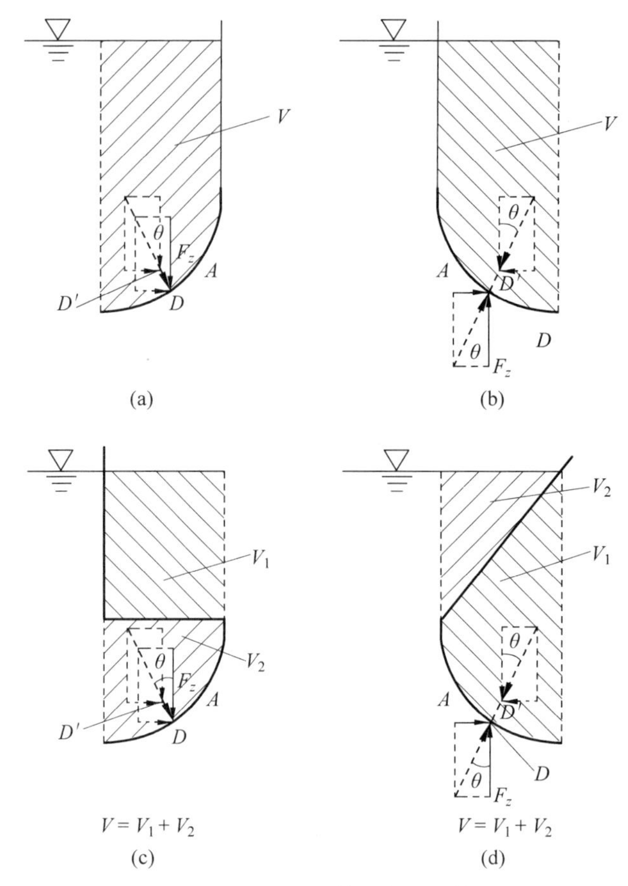

图 3-18 实压力体与虚压力体

在计算流体对作用面上的总作用力时,在很多场合下(包括液体存在其他质量力的情况),如能灵活运用压力体的概念,会给计算带来方便。

3.6 流体静力学知识在工程中的应用示例

3.6.1 等压面的应用

巧妙地利用等压面的特点,可以方便地确定设备的水平安装问题。利用"重力场中,连通的静止流体中的等压面是水平面"这一流体静力学知识,工人师傅在安装机床等要求水平安置设备时,即使没有水平测量仪器可用,也能够精准地确定基座的水平状态(即"找平")。如图 3-19 所示,工人师傅借助一条透明塑料软管找平。向管中注入水以后,管中的水面(自由表面)是等压面,软管两端的液面就处于同一个水平面上了。

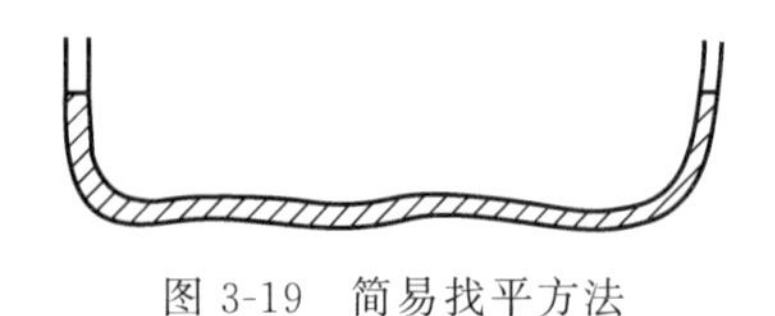

图 3-19 简易找平方法

3.6.2 帕斯卡原理的应用

工程中常用的液压千斤顶就是根据帕斯卡原理(在连通的密闭容器内的静止流体,其边界上任何一点的压力变化都将等值地传递到流体内各点)举起重物的。如图3-20所示,当操作者在左侧的活塞上施加下压作用力 F 时,将使连通的容腔内的流体产生 $p=F/A_1$ 的压力。该压力 p 等值地传递到右侧活塞处,产生向上的推力 pA_2,从而举升起重物($W=pA_2$)。由于举升重物的活塞面积 A_2 比产生压力的活塞面积 A_1 大得多,所以操作者可以用较小的力举起很重的重物。

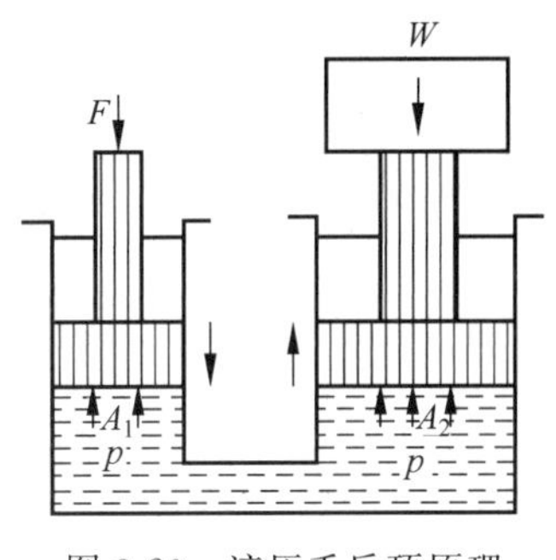

图3-20 液压千斤顶原理

3.6.3 静力学基本方程的应用

民居屋舍的建筑设计中也体现着流体力学的相关原理。如图3-21所示的房屋,向阳的一侧在阳光的照射下,空气温度较高。由于气体体积膨胀的原因,相应的向阳面的空气密度较低。而背阴的一面由于缺少阳光的直射,空气的温度较低,从而该处的空气密度就高一些。根据流体静力学基本方程式(3-16),在离地面同样的高度处,房屋背阴面的气压大于向阳面的气压。在这个压力差的作用下,空气会从背阴面的窗户流向向阳面的窗户,从而起到为室内通风降温的作用。

图3-21 房舍的通风降温

3.6.4 流体对壁面作用力的应用

在车辆涉水行驶的过程中,如果因特殊情况需要开启车门时,可能会出现打不开车门的情况。这里,用流体对壁面的作用力计算式(3-24),可以估算开启车门时所需要克服的流体的作用力。车门尺寸如图 3-22 所示。假设水面刚好淹没到车窗的下边沿(即图中的矩形部分)。

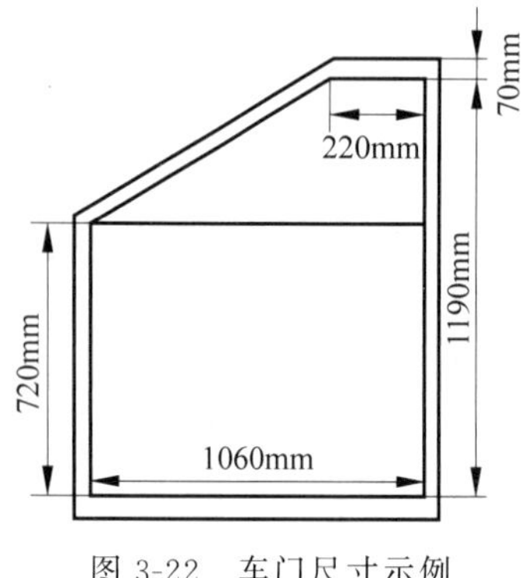

图 3-22　车门尺寸示例

车外的水作用在车门上的作用力为

$$F=(p_0+\rho g h_C)A \tag{3-38}$$

因为车辆内外均有大气压的作用,式(3-38)中自由表面的压力 p_0 被车内等值的气压抵消,故有

$$F=\rho g h_C A$$
$$=1000\times 9.81\times 360\times 10^{-3}\times 720\times 10^{-3}\times 1060\times 10^{-3}$$
$$\approx 2695(\mathrm{N})$$

可见,车外的水作用在车门上的力是很大的,普通人很难直接把车门推开。

思考题与习题

3-1　静止流体的压力具有哪些特征?

3-2　静压平衡方程(欧拉方程)的实质是什么?

3-3　流体静压的物理含义是什么?其大小与哪些因素有关?

3-4　流体内的静压力由哪两部分组成?它们是否都能在连通的流体内到处传递?

3-5　静力学基本方程的物理意义是什么?什么是等压面?等压面一定是水平面吗?为什么?

3-6　液体内部压力的分布规律是什么?此规律是否也适用于气体?为什么?

3-7　表压力、当地大气压、真空度是怎样定义的?其关系是什么?

3-8　压力的测量方法主要有哪些?各有何特点?

3-9　试阐述倾斜式微压计的原理和优缺点。

3-10　液体对平面壁的总压力有何特点?其压力中心如何确定?

3-11　压力体有何特点?如何利用压力体计算曲面的受力情况?

3-12　如题 3-12 图所示,用 U 形管测量容器中气体的绝对压力和真空度。U 形管中工作液体为四氯化碳,密度 $\rho=1594\mathrm{kg/m^3}$,液面差 $\Delta h=900\mathrm{mm}$,求容器内气体的真空度和绝对压力。

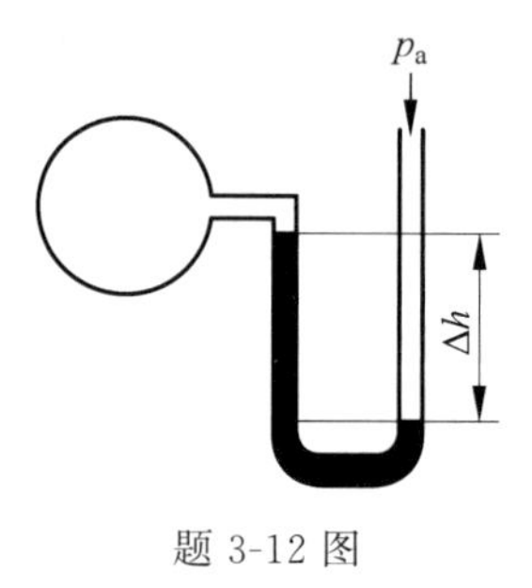

题 3-12 图

3-13　如题 3-13 图所示，串联的 U 形管与两容器连接。已知 $h_1=600\text{mm}$，$h_2=510\text{mm}$，$\rho_{油}=830\text{kg/m}^3$，$\rho_{水银}=13\,600\text{kg/m}^3$。试求同一水平面上 A、B 两点的压力差。

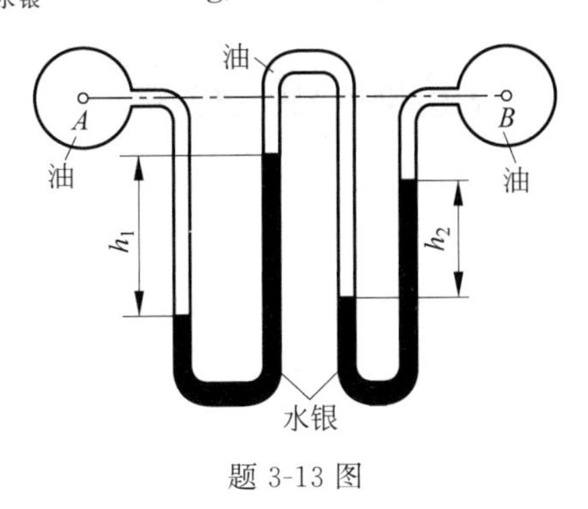

题 3-13 图

3-14　双杯测压计如题 3-14 图所示，A、B 两杯的直径均为 $d_1=50\text{mm}$，用 U 形管连接，U 形管的直径为 $d_2=5\text{mm}$。A 杯盛酒精，密度 $\rho_1=870\text{kg/m}^3$，B 杯盛煤油，密度 $\rho_2=830\text{kg/m}^3$。当两杯的压力差为零时，酒精煤油的分界面在 0-0 线上；当分界面上升到 0′-0′线，$h=280\text{mm}$ 时，两杯的压力差 $\Delta p=p_1-p_2$ 是多少？

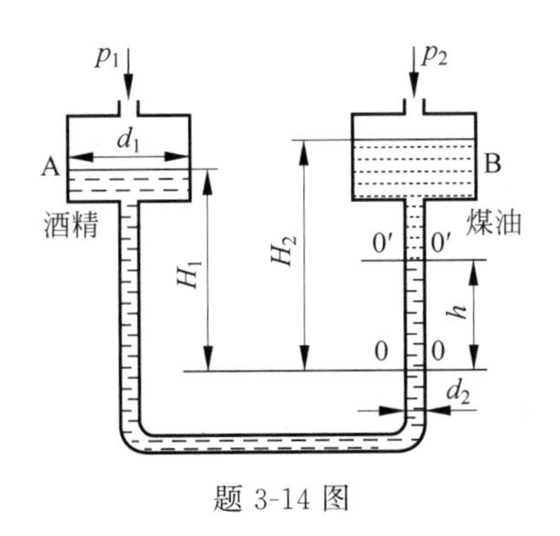

题 3-14 图

3-15　如题 3-15 图所示，活塞的直径为 $D=100\text{mm}$，活塞杆的直径为 $d=30\text{mm}$，活塞右侧的相对压力 $p'=9.81\times10^4\text{Pa}$。如果活塞和活塞杆的总摩擦力为活塞杆推力的 10%，欲使活塞产生 $F=1848\text{N}$ 的推力，活塞右侧需要输入的压力 p 应为多少？

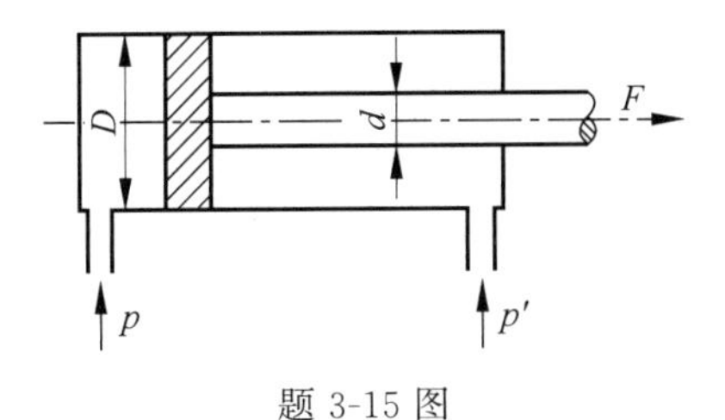

题 3-15 图

第4章

流体动力学

4.1 流体动力学的基本概念

流体动力学主要研究流体运动时的力学规律，以及如何根据力学规律分析工程问题。本章所讨论的知识是分析工程中的各种流体力学现象的理论基础。‘

4.1.1 理想流体

所有流体都有黏性，在运动中就表现出黏性力。但是，在有些问题中，黏性力比较小，相对于其他力而言可以忽略不计；在有些问题中，虽然黏性力不能忽略，但是在处理问题时若一开始就考虑黏性，分析起来过于复杂，难以从理论上求解，因此，在此类问题的研究中，先不考虑黏性，从理论上加以分析并得出一些结论后，再考虑黏性的影响并对结论加以修正。这种没有黏性的流体，仅仅是为了便于研究而人为假定的流体，在自然界中并不存在。这种人为假设的没有黏性的流体，称为“理想流体”。

4.1.2 稳定流与非稳定流

在流体运动的空间内，任一空间点处流体的运动要素（流体的压力、速度、密度等反映流体运动特征的物理量）不随时间变化的流动称为稳定流。反之，空间点的运动要素中有一个或几个随时间而变化的流动称为非稳定流。

4.1.3 迹线与流线

迹线是流体质点在一段时间内的空间运动轨迹。

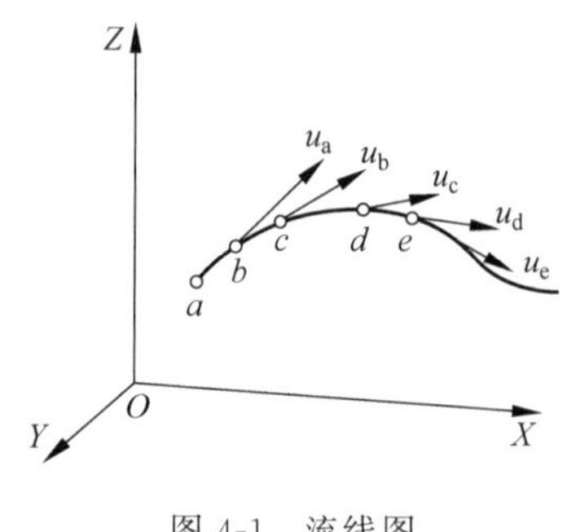

图 4-1 流线图

流线则是流动空间中某一瞬间的一条空间曲线，在该曲线上各点的流体质点所具有的速度方向与曲线在该点的切线方向相重合。

为了进一步理解流线的概念，下面从极限的角度来说明流线的作法。如图 4-1 所示，设在某一瞬间 t_1 时，流动空间中一流体质点 a 的速度为 u_a；沿 u_a 方向离 a 无穷小距离的 b 点有另一流体质点，它在同一瞬间 t_1 时的速度为 u_b，由于速度是坐标的连续函数，故 u_b 的方向和大小都不

一定和 u_a 相同。在 u_b 方向离 b 点无穷小距离的 c 点在 t_1 时的速度为 u_c，沿 u_c 方向离 c 点无穷小距离的 d 点速度为 u_d。以此类推，则在 t_1 时可得到一条空间折线 $abcde\cdots$，当 a、b、c、d、e、…之间的距离趋近于零时，其极限为一条光滑的曲线。该曲线上每一点的速度都与该曲线相切，这条曲线就是流线。

通过流动空间中其他空间点，也可以用上述的方法作出流线。因此，整个流动空间被无数流线所充满。

流线和迹线有以下性质：

流线是某一瞬间的一条线，而迹线则一定要在一段时间内才可能产生。

流线上每一个空间点都有一个流体质点，因此每条流线上有无数个流体质点。而每条迹线则只能是一个流体质点的运动轨迹。

在非稳定流中，由于流速是随时间而改变的。因此，流线的形状（与流速相切）也是随时间而变化的。不同瞬间有不同的形状，因此流线与迹线不能重合。而在稳定流中，各点速度不随时间变化，因此流线的形状也不随时间变化，所以流线和迹线就完全重合。

图 4-2 所示的孔口出流过程中，可以很清楚地看到流线与迹线的关系。

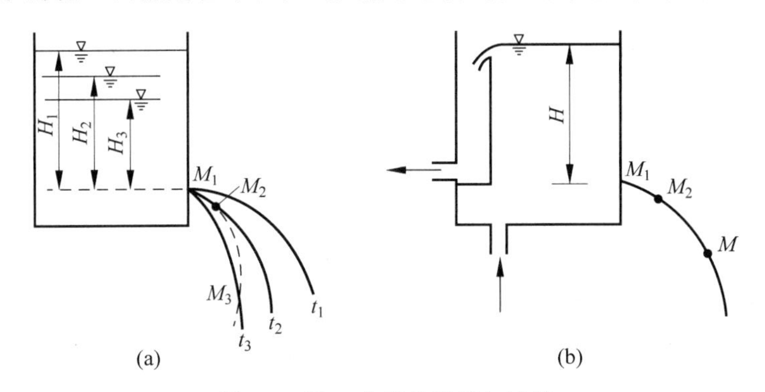

图 4-2　孔口出流的流线与迹线

图 4-2(a)所示水箱水面随着孔口的泄流逐渐下降，是非稳定流。随着水面的不断下降，在 t_1、t_2、t_3 瞬间的流线形状如图所示。若我们对某一流体质点 M 染上颜色，专门看 M 的运动轨迹，则在不同的瞬间 t_1、t_2、t_3、…，流体质点 M 所在的位置分别为 M_1、M_2、M_3、…。因此 M_1、M_2、M_3、…就是 M 的迹线。显然，非稳定流中流线与迹线不重合。

图 4-2(b)所示的水箱中，由于存在溢流（从下方向水箱中补充的水量大于右侧箱壁上孔口的排水量），装置维持水箱水面为恒定。因此水流从泄水孔流出的速度恒定不变，故流线形状不随时间变化，是稳定流。而流体空间点 M 的轨迹 M_1、M_2、M_3 也在同一条流线上，如图 4-2(b)所示。故稳定流中，流线与迹线重合。

最后还要说明一点：流线是不能相交的（奇点除外）。这可用反证法来证明。若有两条流线 s_1 及 s_2 相交于 A 点，如图 4-3 所示，与两条流线相切的 A 点速度分别为 u_1 及 u_2，则 A 点的速度应为 u_1 与 u_2 的合速度 u，u 与 s_1 及 s_2 都不相切，这说明 s_1 及 s_2 都不可能是流线。因此证明了流线是不能相交的。

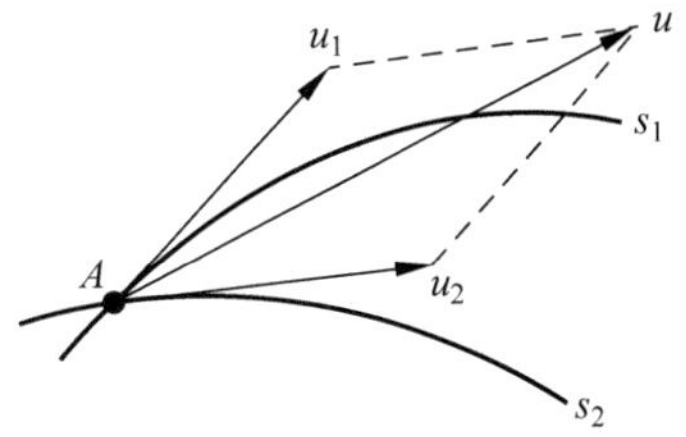

图 4-3　两条流线不能相交的反证示例

4.1.4　流管、流束与总流

（1）流管：通过流动空间中任意一条封闭周线上的每一点作流线所形成的管状曲面称为流管。因为流管是由流线组成的，故流管表面上各点流速都与流管表面相切，所以在垂直于流管方向没有分速度，因此流体质点不能穿过流管表面流进或流出。故流管作用类似于管路。

（2）流束：充满在流管内部的全部流体称为流束。断面为无穷小的流束称为微细流束。微细流束断面上各点的运动要素都是相同的。当断面面积趋近于0时，微细流束以流线为极限。因此，有时也可用流线来代表微细流束。

（3）总流：在流动边界内全部微细流束的总和称为总流。

4.1.5　有效断面、湿周和水力半径

（1）有效断面：和断面上各点速度相垂直的横断面称为有效断面，常以 A 表示。例如输油管中垂直于管轴线的圆形断面。

（2）湿周：在有效断面上流体与固体边界接触的周长称为湿周，常以拉丁字“χ”表示。图4-4中给出了湿周的几何例子。

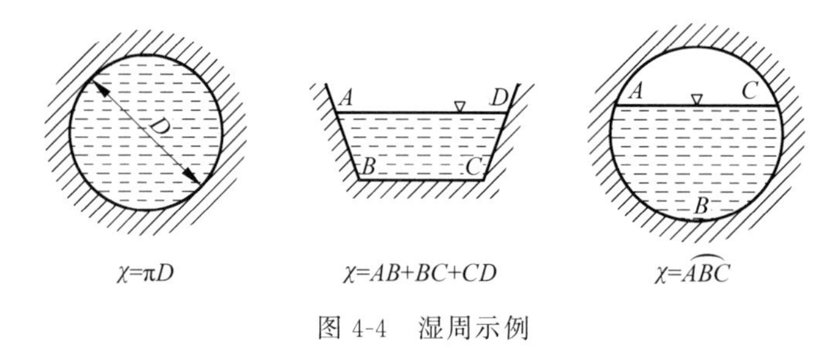

图4-4　湿周示例

（3）水力半径：有效断面与湿周之比称为水力半径，以 R 表示。

$$R=\frac{A}{\chi} \tag{4-1}$$

若有效断面的形状是圆形的，则有

$$A=\frac{\pi}{4}D^2,\quad \chi=\pi D$$

$$R=\frac{\frac{\pi}{4}D^2}{\pi D}=\frac{D}{4}=\frac{r}{2} \tag{4-2}$$

式(4-2)说明水力半径与一般圆断面的半径是不同的。水力半径越大，则断面通流能力越大。

4.1.6　缓变流和非缓变流

流体在流动过程中，当流线趋于相互平行的直线时，这种流动称为缓变流。缓变流的流

线不必是严格平行的直线，但流线之间的夹角很小，或流线的曲率半径很大，或二者皆有。这种流动情况下，流体质点的加速度很小。流动状态是缓变流的有效断面称为缓变流断面。

缓变流必须满足下述两个条件：

(1) 流线与流线之间的夹角很小，即流线趋近于平行；

(2) 流线的曲率半径很大，即流线趋近于直线。

不满足上述任一条件时就称为非缓变流。

在缓变流断面上，可认为流线近似平行，其有效断面近似为一平面。压力分布近似与静止流体相同，即 $z+\frac{p}{\rho g}=C$ 成立，证明如下。

如图 4-5 所示，在有效断面上相距无限近的流线中，取一微细流体柱。

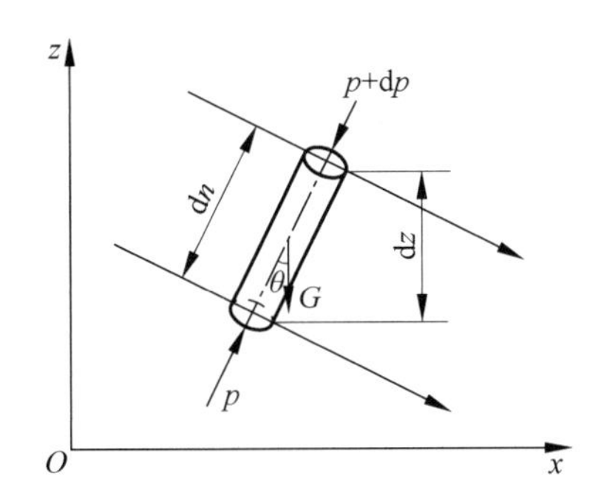

图 4-5　缓变流断面压力分布规律推导用图

设该微小柱体断面为 $\mathrm{d}A$，高度为 $\mathrm{d}n$。作用在这个柱体上的外力在 n 方向的分量有：$p\mathrm{d}A$，$(p+\mathrm{d}p)\mathrm{d}A$，$G\cos\theta$。

由于柱体侧面的压力垂直于柱体表面，故在 n 方向上没有分量，而摩擦力则平行于流线，故在 n 方向也没有分量。

根据牛顿第二定律 $\sum F_n=ma_n$，由于是缓变流断面，故惯性力 ma_n 可忽略不计。所以 $\sum F_n=0$。

即

$$p\mathrm{d}A-(p+\mathrm{d}p)\mathrm{d}A-G\cos\theta=0$$

而

$$G=\rho g\cdot\mathrm{d}n\cdot\mathrm{d}A;\ \cos\theta=\frac{\mathrm{d}z}{\mathrm{d}n}$$

其中 $\mathrm{d}z$ 为 $\mathrm{d}n$ 在 z 轴上的投影，即 $\mathrm{d}n$ 的垂直高差。则有

$$-\mathrm{d}p\mathrm{d}A-\rho g\cdot\mathrm{d}n\cdot\mathrm{d}A\cdot\frac{\mathrm{d}z}{\mathrm{d}n}=0$$

或

$$\mathrm{d}p+\rho g\mathrm{d}z=0$$

在缓变流断面上积分，得 $\frac{p}{\rho g}+z=$常数。这说明在缓变流断面上的压力分布规律与静力学基本方程一致。

需要注意的是，只有在同一缓变流断面上才有 $p/\rho g+z$ 为常数（因为上述积分是在缓变流断面上积分而不是在整个总流上积分），不同的缓变流断面 $p/\rho g+z$ 将有不同的常数，如图 4-6 所示。

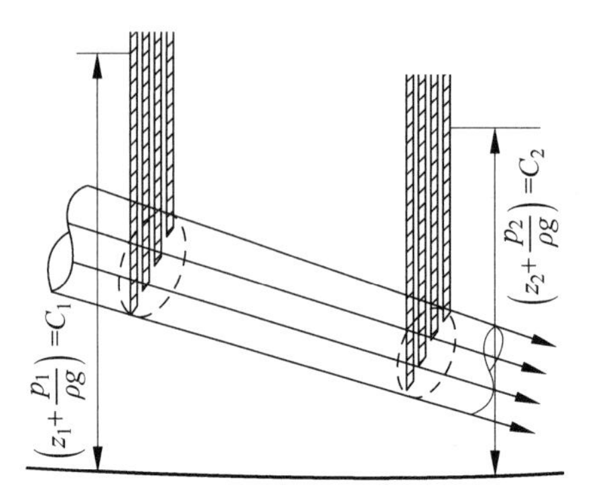

图 4-6　不同缓变流断面上的压力分布

4.2　连续性方程

图 4-7 表示一段管路或流管，其内部有流体流动。在其中任意选择两个有效断面 A_1 和 A_2，其平均流速分别为 v_1 和 v_2，流体的密度分别为 ρ_1 和 ρ_2。单位时间内流入由断面 A_1、A_2 及管壁所限制的这一空间内的流体质量为 $\rho_1 A_1 v_1$，而单位时间内流出的流体质量为 $\rho_2 A_2 v_2$。

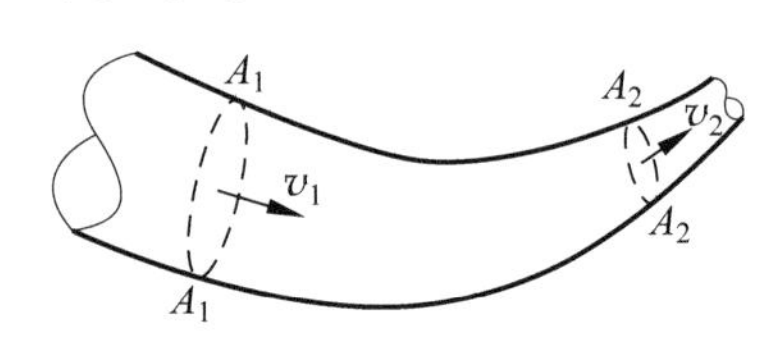

图 4-7　液体的连续性示意图

如流动为稳定流，对于 A_1、A_2 两断面及管壁围成的封闭系统，流入的质量必须等于流出的质量。即

$$\rho_1 A_1 v_1=\rho_2 A_2 v_2=\text{常数} \tag{4-3}$$

若流体是不可压缩的，则 $\rho_1=\rho_2$，故式(4-3)可写成

$$A_1 v_1=A_2 v_2=\text{常数} \tag{4-4}$$

式(4-4)也可写成

$$v_1/v_2=A_2/A_1 \tag{4-5}$$

式(4-5)说明不可压缩流体流动管路内各断面的流速与其断面面积成反比，断面面积越小的地方其流速越大。

而流速与断面面积的乘积等于流量，即

$$q=Av \tag{4-6}$$

故式(4-4)可写成

$$q_1=q_2=\text{常数} \tag{4-7}$$

式(4-7)说明在不可压缩流体管路中任一断面的流量都相等。

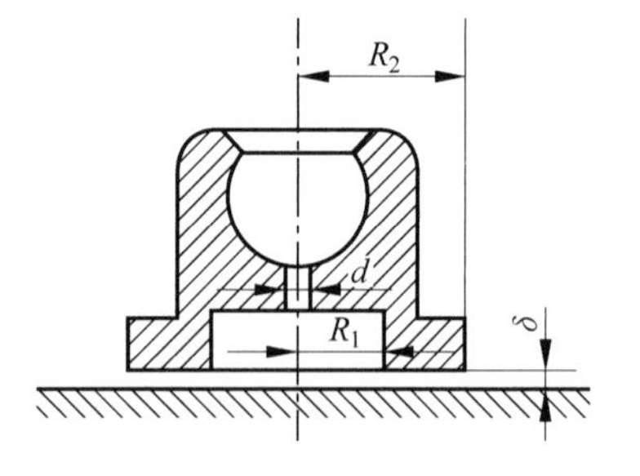

图 4-8　滑靴结构剖面图

例 4-1　图 4-8 表示柱塞泵头部的滑靴与支撑盘的结构，油液受压力作用经过滑靴上的小孔 d 再向下流入半径

为R_1的凹槽中，然后通过滑靴与支撑盘之间的间隙沿水平方向流出。已知入口直径d为2.5mm，$R_1=20$mm，$R_2=40$mm，滑靴与斜盘之间的缝隙厚度$\delta=0.02$mm，试确定当泄漏量为$q=1500\text{mm}^3/\text{s}$时，$d$、$R_1$及$R_2$处的流速各为多少？

解：首先确定d、R_1及R_2处的有效断面面积

d处的有效断面面积：$A_0=\frac{\pi}{4}d^2=\frac{\pi}{4}\times0.25^2=4.91(\text{mm}^2)$

R_1处的有效断面面积：$A_1=2\pi R_1\delta=2\pi\times2\times0.002=2.51(\text{mm}^2)$

R_2处的有效断面面积：$A_2=2\pi R_2\delta=2\pi\times4\times0.002=5.02(\text{mm}^2)$

按式(4-7)有$A_0v_0=A_1v_1=A_2v_2=q$

即d处的流速$v_0=q/A_0=\frac{1.5}{4.91\times10^{-2}}=305(\text{mm/s})$

R_1处的流速$v_1=q/A_1=\frac{1.5}{2.51\times10^{-2}}=598(\text{mm/s})$

R_2处的流速$v_2=q/A_2=\frac{1.5}{5.02\times10^{-2}}=299(\text{mm/s})$

4.3 伯努利方程

伯努利方程阐明了流体在运动过程中机械能之间相互转化的规律。它的导出是建立在能量守恒定理的基础上的，因此也可以认为伯努利方程实质上就是能量守恒定理在流体力学中的表达形式。

4.3.1 理想流体伯努利方程

1. 理想流体伯努利方程的推导

在这里先假定流体为理想流体，建立理想流体伯努利方程，然后按实际流体的情况加以修正，导出实际流体的伯努利方程。

图4-9表示重力场中任意的一段有流体流动的管路。

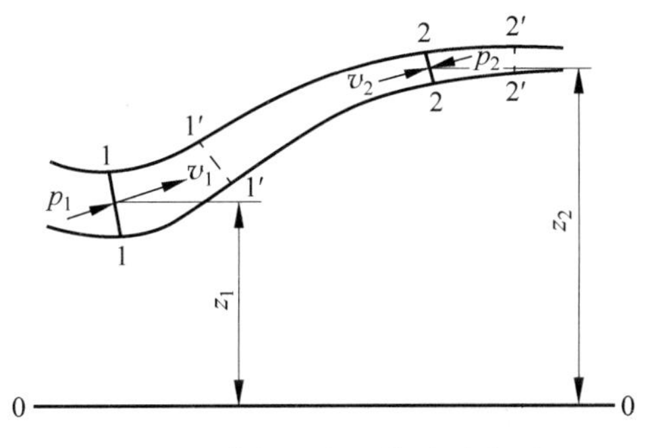

图4-9 伯努利方程推导示意图

在管路中任选两个缓变流断面 1-1 和 2-2，并选定基准面 0-0，这一基准面是一个水平面，其位置是任意选的，z_1 及 z_2 分别表示断面 1-1 和 2-2 的中心离基准面的垂直高度。以 p_1 和 p_2 表示在断面 1-1 和 2-2 处流体的压力，以 v_1 和 v_2 表示断面 1-1 和 2-2 处的平均流速。

在微小时段 $\mathrm{d}t$ 时间内，1-2 这一段流体流到 1′-2′。断面 1-1 流体流到断面 1′-1′处，断面 2-2 流体流到断面 2′-2′处。运动的距离分别为 $\mathrm{d}s_1 = v_1 \cdot \mathrm{d}t$ 及 $\mathrm{d}s_2 = v_2 \cdot \mathrm{d}t$。

而在断面 1-1 处，流体所受到的合外力为 $F_1 = p_1 A_1$，其方向是指向断面 1-1 的内法线方向，所以与 $\mathrm{d}s_1$ 方向一致。

则 $\mathrm{d}t$ 时间内 F_1 对流体所做的功为

$$W_1 = \boldsymbol{F}_1 \cdot \mathrm{d}\boldsymbol{s}_1 = p_1 A_1 v_1 \mathrm{d}t \tag{4-8}$$

在断面 2-2 处，流体所受到的合外力为 $F_2 = p_2 A_2$，其方向是指向断面 2-2 的内法线方向，因此与 $\mathrm{d}s_2$ 的方向相反。

则 $\mathrm{d}t$ 时间内 F_2 对流体所做的功为

$$W_2 = \boldsymbol{F}_2 \cdot \mathrm{d}\boldsymbol{s}_2 = -p_2 A_2 v_2 \mathrm{d}t \tag{4-9}$$

所以在 $\mathrm{d}t$ 时间内外力对 1-2 段流体所做的功为

$$W = W_1 + W_2 = p_1 A_1 v_1 \mathrm{d}t - p_2 A_2 v_2 \mathrm{d}t \tag{4-10}$$

引入流体为不可压缩的条件，则式(4-7)适用，即有

$$A_1 v_1 = A_2 v_2 = q$$

则

$$W = (p_1 - p_2) q \mathrm{d}t \tag{4-11}$$

而管壁对内部流体也都有作用力，由于是理想流体，因此没有黏性摩擦力，即不存在切应力，而只能有垂直于流体表面的压力。因此管壁对流体的压力方向与流体运动方向垂直，故做功为 0。

下面分析在 $\mathrm{d}t$ 时间内 1-2 段流体本身的机械能变化。流体的机械能由动能和势能两部分组成。流体所具有的动能为 $mv^2/2$，流体所具有的势能为 mgz(只考虑重力影响)。

在 $\mathrm{d}t$ 时间内 1-2 段流体移动到 1′-2′处，因此 $\mathrm{d}t$ 时间内机械能的增加 ΔE 为 1′-2′段流体的机械能减去 1-2 段流体的机械能，即

$$\Delta E = E_{1'\text{-}2'} - E_{1\text{-}2} \tag{4-12}$$

而

$$E_{1'\text{-}2'} = E_{1'\text{-}2} + E_{2\text{-}2'} \tag{4-13}$$

$$E_{1\text{-}2} = E_{1\text{-}1'} + E_{1'\text{-}2}$$

则

$$\Delta E = E_{1'\text{-}2} + E_{2\text{-}2'} - (E_{1\text{-}1'} + E_{1'\text{-}2}) \tag{4-14}$$

当流体处于稳定流动状态时(大部分工程问题是符合这一条件的)，由于在流动空间内任何一点的运动要素不随时间变化，因此，在 Δt 前的 $E_{1'\text{-}2}$ 和 Δt 以后的 $E_{1'\text{-}2}$ 是相等的，即

$$\Delta E = E_{2\text{-}2'} - E_{1\text{-}1'} \tag{4-15}$$

而

$$E_{2\text{-}2'}=\frac{1}{2}m_2v_2^2+m_2gz_2=\frac{1}{2}\rho_2A_2v_2\mathrm{d}t\cdot v_2^2+\rho_2A_2v_2\mathrm{d}tgz_2$$

即

$$E_{2\text{-}2'}=\rho_2q\,\mathrm{d}t\left(\frac{1}{2}v_2^2+gz_2\right) \tag{4-16}$$

同理，

$$E_{1\text{-}1'}=\frac{1}{2}m_1v_1^2+m_1gz_1=\rho_1q\,\mathrm{d}t\left(\frac{1}{2}v_1^2+gz_1\right) \tag{4-17}$$

ρ_1，ρ_2 分别代表流体在断面 1-1 和断面 2-2 处的密度。在这里假设流体为不可压缩流体，即 $\rho_1=\rho_2$，则

$$\Delta E=\rho q\,\mathrm{d}t\left(\frac{1}{2}v_2^2+gz_2\right)-\rho q\,\mathrm{d}t\left(\frac{1}{2}v_1^2+gz_1\right) \tag{4-18}$$

根据能量守恒定理，外力对 1-2 段流体所做的功 W 应等于 1-2 段流体机械能的增加 ΔE

所以

$$(p_1-p_2)q\,\mathrm{d}t=\rho q\,\mathrm{d}t\left(\frac{1}{2}v_2^2+gz_2-\frac{1}{2}v_1^2-gz_1\right) \tag{4-19}$$

式(4-19)除以 1-1′段或 2-2′段流体所具有的重力 $\rho gq\,\mathrm{d}t$，得到单位重力流体的能量变化关系如下

$$\frac{p_1}{\rho g}-\frac{p_2}{\rho g}=\frac{v_2^2}{2g}+z_2-\frac{v_1^2}{2g}-z_1 \tag{4-20}$$

即

$$\frac{p_1}{\rho g}+z_1+\frac{v_1^2}{2g}=\frac{p_2}{\rho g}+z_2+\frac{v_2^2}{2g} \tag{4-21}$$

在上述推导中，断面 1-1 和断面 2-2 是任意选的，因此在管道的任一断面有

$$\frac{p}{\rho g}+z+\frac{v^2}{2g}=\text{常数} \tag{4-22}$$

式(4-21)、式(4-22)就是理想流体的伯努利方程。根据前面推导过程中所引用的条件，在缓变流断面上应用方程(4-21)或方程(4-22)时，必须满足下述四个条件：

(1) 质量力只有重力作用；

(2) 流体是理想流体；

(3) 流体是不可压缩的；

(4) 流动是稳定流动。

2. 伯努利方程的几何意义和能量意义

1) 几何意义

z：代表断面上的流体空间点离基准面的平均高度。也就是该断面中心点离基准面的

高度。z 的量纲是长度[L]，在流体力学中，称 z 为“位置水头”。

$\frac{p}{\rho g}$：$\frac{p}{\rho g}$也是长度量纲。

$$\left[\frac{p}{\rho g}\right]=\left[\frac{\mathrm{F/L^2}}{\mathrm{F/L^3}}\right]=[\mathrm{L}]$$

这说明 $p/\rho g$ 与 z 一样，也是一个高度。假如在管壁上打一个孔，接一根测压管，在管中流体压力作用下，测压管的液面将上升。当上升到测压管中液柱高所产生的压力与管中流体压力相等时，液面就稳定不升了，如图 4-10 所示。根据静力学基本方程，测压管中液柱高若为 h_{p}，则在管底所产生的压力为

$$p=\rho g h_{\mathrm{p}},\quad 即\frac{p}{\rho g}=h_{\mathrm{p}}$$

因此，$p/\rho g$ 代表测压管中的液面离该断面中心的高度，这就是 $p/\rho g$ 的几何意义。流体力学中，称 $p/\rho g$ 为“压力水头”。

$\frac{v^2}{2g}$：从量纲上来看，

$$\left[\frac{v^2}{2g}\right]=\left[\frac{(\mathrm{L/T})^2}{\mathrm{T/L^2}}\right]=[\mathrm{L}]$$

这也是长度量纲，也代表一个高度。从几何上看，$v^2/2g$ 代表液体以速度 v 向上喷射时所能达到的高度 h_v，如图 4-11 所示。证明如下：

质量为 m、速度为 v 的流体质点所具有的动能为$\frac{1}{2}mv^2$，假设其重力势能为零。当向上喷射时，动能减小，重力势能增大。当喷到顶点时，其液柱高为 h_v，此时流体质点的动能等于零，重力势能 mgh_v 达到最大，动能全部变为重力势能。所以

$$mgh_v=\frac{1}{2}mv^2\quad 或\quad h_v=\frac{v^2}{2g}$$

这说明 $v^2/2g$ 代表以速度 v 向上喷射时所能达到的垂直高度，这就是 $v^2/2g$ 的几何意义。流体力学中，称 $v^2/2g$ 为“速度水头”。

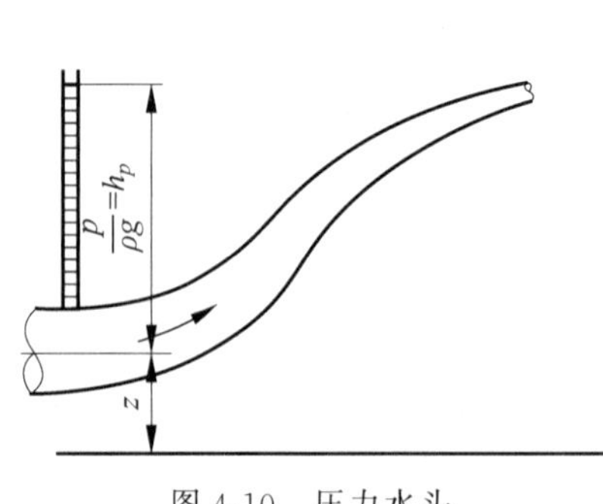

图 4-10　压力水头

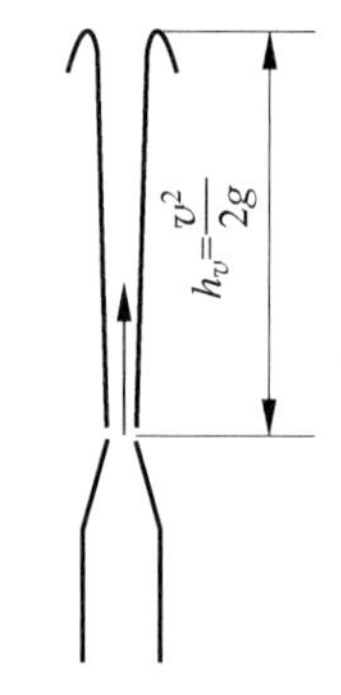

图 4-11　速度水头

三项水头之和$\left(z+\frac{p}{\rho g}+\frac{v^2}{2g}\right)$称为总水头，以 H 表示。

式(4-22)说明，在理想流体中，管道各处的总水头都相等。假设在管道的每一断面都接

一测压管，各断面测压管水面的连线 $B_1C_1\cdots$，称为"测压管水头线"，如图 4-12 所示。在测压管水头上再加上速度水头后就是总水头，各断面总水头的连线 $B_2C_2\cdots$称为"总水头线"。按式(4-22)可知，理想流体稳定流的总水头线是一条水平线。这就是不可压缩理想流体稳定流伯努利方程的几何意义。

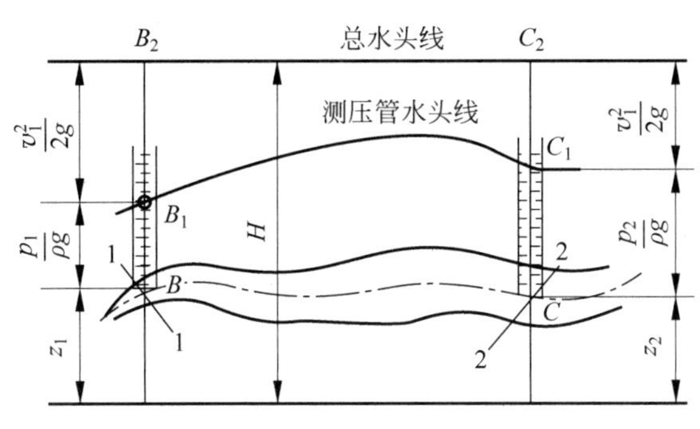

图 4-12　总水头线及测压管水头线

总水头线和测压管水头线之间的距离等于速度水头。由于各断面的面积不相等，故速度水头也不相等，因此总水头线与测压管水头线之间的高度是变化的。流度加大时，测压管水头降低。总水头线高度不变。

2）能量意义

z：重力为 G 的流体离基准面的高度为 z 时，其重力势能为 Gz。因此单位重力流体所具有的势能为$\frac{Gz}{G}=z$。所以 z 代表所研究的断面上单位重力流体对基准面所具有的重力势能，称为"比位能"。

$p/\rho g$：仍以图 4-10 来说明，当重力为 G 的流体质点在管道内的断面位置时，它受到的压力为 p，而在 p 的作用下流体质点在管中上升 h_p，重力势能提高 Gh_p，而压力则由 p 变为 0。也就是说，流体质点的重力势能的增加，是由于压力 p 做功而达到的。这说明压力也是一种能量，一旦释放出来就可以做功，从而使流体质点的重力势能增加。反之，流体质点从测压管液面处下降到管道内原来的断面位置时，压力增加为 p，而重力势能降低 Gh_p。流体质点在管中液面处所具有的压力能为 $Gh_p=Gp/\rho g$，而单位重力流体所具有的压力能为 $(Gp/\rho g)/G=p/\rho g$，流体力学中称为"比压能"。

$\frac{v^2}{2g}$：称为"比动能"，它代表单位重力流体所具有的动能。因为重力为 G，速度为 v 的流体质点所具有的动能为$\frac{1}{2}\cdot\frac{G}{g}v^2$，故单位重力流体所具有的动能为$\frac{v^2}{2g}$。

三项比能之和称为"总比能"，它代表单位重力流体所具有的总机械能。而式(4-22)就表示在不可压缩理想流体稳定流中，虽然在流动的过程中各断面的比位能、比压能和比动能可以相互转化，但三者的总和"总比能"是不变的。这就是理想流体伯努利方程的能量意义。

例 4-2　文丘里流量计是一种以伯努利方程作为理论基础的测量流量的仪器。结构原理如图 4-13 所示。在管路中设置一渐缩管，收缩到最小断面后又逐渐扩大到原来管径。在开始收缩前的断面 A_1 和收缩到最小的断面 A_2 处分别接出测压管，量出其液面差 Δh，则管

中流量 q 与 Δh 之间有一个固定的函数关系，试建立这一函数关系。

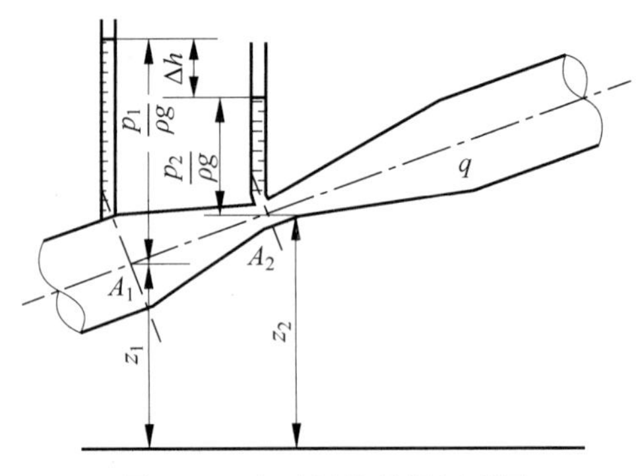

图 4-13　文丘里流量计原理图

解：取某一水平面 O-O 作为基准面，设断面 A_1 及 A_2 的中心离 O-O 的垂直高度分别为 z_1 及 z_2，压力为 p_1 及 p_2，则根据压力水头的几何意义可知在 A_1 和 A_2 处的测压管中液面离断面中心的高度是$\frac{p_1}{\rho g}$及$\frac{p_2}{\rho g}$。

设通过的流量为 q_0，则在 A_1 和 A_2 处的流速分别为$\frac{q_0}{A_1}$及$\frac{q_0}{A_2}$。A_1 及 A_2 处的速度水头分别为$\left(\frac{q_0}{A_1}\right)^2/2g$ 及$\left(\frac{q_0}{A_2}\right)^2/2g$。在 A_1 和 A_2 这两个断面列伯努利方程，则根据式(4-21)可得

$$\frac{p_1}{\rho g}+z_1+\frac{\frac{q_0^2}{A_1^2}}{2g}=\frac{p_2}{\rho g}+z_2+\frac{\frac{q_0^2}{A_2^2}}{2g}$$

所以

$$\frac{q_0^2}{2g}\left(\frac{1}{A_2^2}-\frac{1}{A_1^2}\right)=\left(\frac{p_1}{\rho g}+z_1\right)-\left(\frac{p_2}{\rho g}+z_2\right)=\Delta h$$

$$q_0=\frac{1}{\sqrt{\frac{1}{A_2^2}-\frac{1}{A_1^2}}}\sqrt{2g\Delta h}$$

上述推导结论是在理想流体的前提下得出的，对于实际流体，由于存在黏性，因此有摩擦损失，其实际流量要比 q_0 小。设实际流量为 q，令 $q/q_0=\beta_q$ 为流量修正系数，该流量修正系数由实验测定。流量修正系数的大小与流量计的加工和装配精度有关，一般情况下，其数值在 0.98 左右。

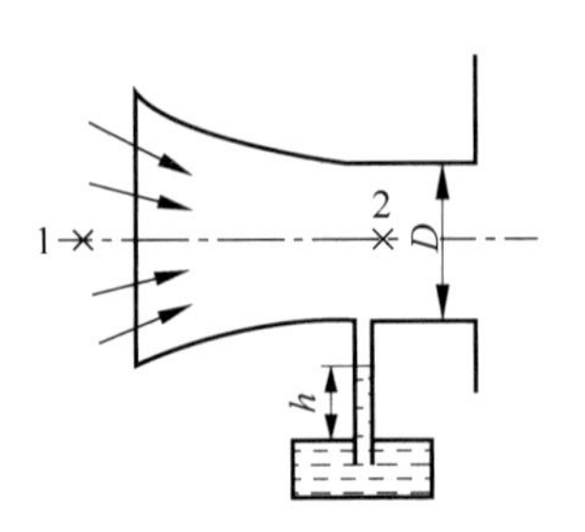

图 4-14　通风机进口示意图

例 4-3　图 4-14 所示一通风机的进风口。设进风口圆通部分直径 $D=200\text{mm}$，其下接一玻璃管以测试进风口的真空度。已知玻璃管中水面上升高度 $h=250\text{mm}$，不计损失，试求通风机的风量(空气密度 $\rho=1.29\text{kg/m}^3$)。

解：取通风机轴心线作为基准线，在离通风机进风口较远的点 1 处的压力为大气压，该点处的流动速度也很小，可视为零。在风管内玻璃管处的 2 点的压力 p_2 为负压

$$p_2 = -250\text{mmH}_2\text{O} = -250 \times 9.81\text{Pa}$$

在 1 与 2 断面列伯努利方程，则有

$$0 + 0 = \frac{-250 \times 9.81}{1.29 \times 9.81} + \frac{v_2^2}{2 \times 9.81}$$

这里 v_2 是 2 断面上的平均流速。由于按理想流体处理，忽略黏性摩擦力，则在断面上各点速度相同，都等于 v_2，故流量 $q = A_2 v_2$。而

$$v_2 = \sqrt{\frac{250}{1.29} \times 19.62} = 61.7(\text{m/s})$$

所以

$$q = \frac{\pi}{4} \times 0.2^2 \times 61.7 = 1.94(\text{m}^3/\text{s})$$

4.3.2　实际流体伯努利方程

式(4-21)和式(4-22)是适用于理想流体的伯努利方程，理想流体是建立在没有黏性的假定之上的。因此式(4-22)说明在流体流动的过程中，单位重力流体所具有的机械能不变。但实际上所有的流体都是有黏性的，在流动的过程中由于黏性而产生流体层与流体层之间以及流体与管壁之间的摩擦，从而产生能量损失，使流体的机械能降低。另外，流体在通过一些局部地区流断面变化的地方，也会产生能量损失(参见第 5 章)。因此，单位重力流体所具有的机械能在流动过程中不能维持常数不变，而是沿流动方向逐渐减小。

1. 实际流体沿微细流束的伯努利方程

在实际流体的流动中，有效断面上各点的速度是不相同的。而微细流束的断面积极小，趋近于一个点，因此可认为在同一微细流束断面上速度是相同的。从实际流体沿微细流束的能量变化规律入手进行分析，更便于建立起实际流体的伯努利方程。

在总流中任取一条微细流束来研究。如图 4-15 所示，以 e_1 代表断面 1 上的总比能，以 e_2 表示断面 2 上的总比能。由于实际流体有阻力，故 $e_1 > e_2$

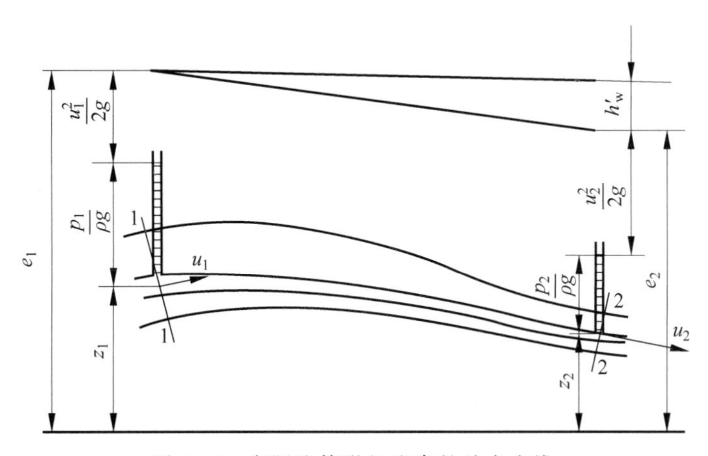

图 4-15　实际流体微细流束的总水头线

令

$$h'_{\mathrm{w}}=e_1-e_2$$

则

$$e_1=e_2+h'_{\mathrm{w}}$$

或

$$\frac{p_1}{\rho g}+z_1+\frac{u_1^2}{2g}=\frac{p_2}{\rho g}+z_2+\frac{u_2^2}{2g}+h'_{\mathrm{w}} \tag{4-23}$$

式中，u_1 和 u_2——微细流束在 1-1 断面和 2-2 断面处的流动速度，m/s；

h'_{w}——单位重力流体从 1-1 断面流到 2-2 断面所损失的机械能，m。

其他各项的意义均与理想流体伯努利方程相同。h'_{w} 称为"损失水头"。在实际流体中总水头线沿流动方向是逐渐下降的，"损失水头"的几何意义代表总水头线下降的高度。

应当指出，h'_{w} 这部分机械能由于摩擦生热而变为热能。从机械能的角度是损失了，从更广义的角度来看，则机械能与热能之和在流动的过程中还是维持不变的。由于伯努利方程只研究机械能的平衡关系，因此把 h'_{w} 称为损失水头。

2. 实际流体总流的伯努利方程

如图 4-16 所示，从总流中任意取两个断面 A_1 及 A_2，以这两个断面间的这段流体为研究对象，假设该段流体处于稳定流动状态并且为不可压缩流体，应用伯努利方程(4-21)，对该段流体中任取的微细流束进行分析。

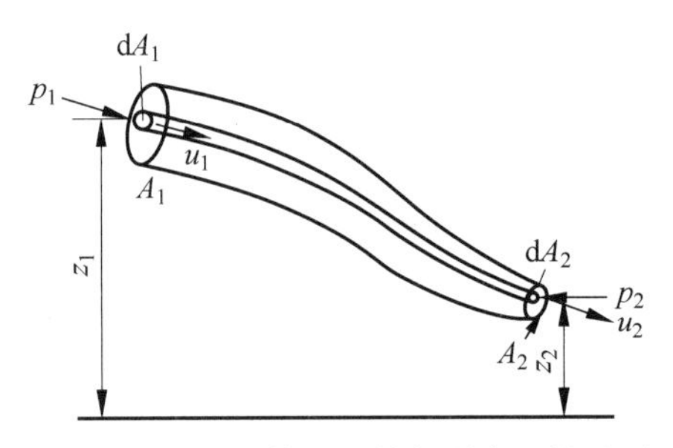

图 4-16 实际流体总流伯努利方程推导图

设微细流束的流量为 $\mathrm{d}q$，若对式(4-21)两边乘以 $\rho g\,\mathrm{d}q$ 后，再对全部流量积分，即可得到流体总流机械能的变化关系。

设总流的两个断面 A_1 及 A_2 之间没有支流流入或流出，则总流包含的总能量为常数。故有

$$\int_q\left(z_1+\frac{p_1}{\rho g}+\frac{u_1^2}{2g}\right)\rho g\,\mathrm{d}q=\int_q\left(z_2+\frac{p_2}{\rho g}+\frac{u_2^2}{2g}\right)\rho g\,\mathrm{d}q+\int_q h'_{\mathrm{w}}\rho g\,\mathrm{d}q \tag{4-24}$$

而

$$\begin{aligned}\int_q\left(z+\frac{p}{\rho g}+\frac{u^2}{2g}\right)\rho g\,\mathrm{d}q&=\int_q\left(z+\frac{p}{\rho g}\right)\rho g\,\mathrm{d}q+\int_q\frac{u^2}{2g}\rho g\,\mathrm{d}q\\&=\int_A\left(z+\frac{p}{\rho g}\right)\rho g u\,\mathrm{d}A+\int_A\frac{u^2}{2g}\rho g u\,\mathrm{d}A\end{aligned}$$

若 A 为缓变流断面，则 $\left(z+\frac{p}{\rho g}\right)$ 在断面上为常数，故可提到积分号外面，即

$$\int_A\left(\frac{p}{\rho g}+z\right)\rho g u\,\mathrm{d}A=\left(\frac{p}{\rho g}+z\right)\int_A\rho g u\,\mathrm{d}A=\left(z+\frac{p}{\rho g}\right)\rho g q \tag{4-25}$$

在 $\int_A\frac{u^2}{2g}\rho g u\,\mathrm{d}A$ 这一项中，采用断面平均速度 v 表示。由于断面上各微细流束的流速 u 与断面平均流速 v 不同，所以引入修正系数对计算结果进行修正。由于断面上各点 u 不同，故各点的比动能 $\frac{u^2}{2g}$ 也不同，因此比动能在断面上的平均值与采用断面平均流速 v 算出的比动能 $\frac{u^2}{2g}$ 是有差别的。设 $u=v+\Delta u$

则

$$\int_A u\,\mathrm{d}A=\int_A(v+\Delta u)\,\mathrm{d}A=\int_A v\,\mathrm{d}A+\int_A\Delta u\,\mathrm{d}A=q+\int_A\Delta u\,\mathrm{d}A$$

而

$$\int_A u\,\mathrm{d}A=q$$

所以

$$\int_A\Delta u\,\mathrm{d}A=0 \tag{4-26}$$

因为

$$\begin{aligned}\int_A\frac{u^2}{2g}\rho g u\,\mathrm{d}A&=\frac{\rho g}{2g}\int_A u^3\,\mathrm{d}A\\&=\frac{\rho g}{2g}\int_A(v+\Delta u)^3\,\mathrm{d}A\\&=\frac{\rho g}{2g}\int_A(v^3+3v^2\Delta u+3v\Delta u^2+\Delta u^3)\,\mathrm{d}A\end{aligned}$$

因为 Δu^3 中有正有负，故 $\int_A\Delta u^3\,\mathrm{d}A$ 很小，可忽略。

同时注意到 $\int_A\Delta u\,\mathrm{d}A=0$，则

$$\begin{aligned}\int_A\frac{u^2}{2g}\rho g u\,\mathrm{d}A&=\frac{\rho g}{2g}\left(v^3\int_A\mathrm{d}A+3v\int_A\Delta u^2\,\mathrm{d}A\right)\\&=\frac{\rho g}{2g}\left(v^3A+3v\int_A\Delta u^2\,\mathrm{d}A\right)\\&=\frac{\rho g}{2g}v^3A\left(1+\frac{3}{v^2A}\int_A\Delta u^2\,\mathrm{d}A\right)\end{aligned}$$

令

$$1+\frac{3}{v^2A}\int_A\Delta u^2\,\mathrm{d}A=\alpha \tag{4-27}$$

则

$$\int_A\frac{u^2}{2g}\rho g u\,\mathrm{d}A=\alpha\frac{v^2}{2g}\rho g vA=\alpha\frac{v^2}{2g}\rho g q \tag{4-28}$$

α 称为动能修正系数。

显然，$\alpha>1$。α 值由实验决定，对于紊流（参见 5.1.1 节）$\alpha=1.05\sim1.1$，对于层流 $\alpha=2.0$。

综合式(4-25)与式(4-28)可得

$$\int_q\left(z+\frac{p}{\rho g}+\frac{u^2}{2g}\right)\rho g\,\mathrm{d}q=\left(z+\frac{p}{\rho g}\right)\rho g q+\alpha\frac{v^2}{2g}\rho g q=\left(z+\frac{p}{\rho g}+\alpha\frac{v^2}{2g}\right)\rho g q \tag{4-29}$$

因此，实际流体总流的伯努利方程可写成

$$\left(z_1+\frac{p_1}{\rho g}+\alpha_1\frac{v_1^2}{2g}\right)\rho g q=\left(z_2+\frac{p_2}{\rho g}+\alpha_2\frac{v_2^2}{2g}\right)\rho g q+\int_q h'_{\mathrm{w}}\rho g\,\mathrm{d}q \tag{4-30}$$

令

$$\int_q h'_{\mathrm{w}}\rho g\,\mathrm{d}q=h_{\mathrm{w}}\rho g q \tag{4-31}$$

h_{w} 代表在总流断面 A_1 及 A_2 之间单位重力流体的平均能量损失，故实际流体总流的伯努利方程可写成

$$z_1+\frac{p_1}{\rho g}+\alpha_1\frac{v_1^2}{2g}=z_2+\frac{p_2}{\rho g}+\alpha_2\frac{v_2^2}{2g}+h_{\mathrm{w}} \tag{4-32}$$

式(4-32)各项的物理意义与式(4-23)相同。但式(4-32)中各项代表的是断面上各点比能的平均值。

在流体力学问题的分析计算中，式(4-32)有着广泛的应用。在应用时要注意以下几点：

(1) 必须满足推导时所用的几个条件，即①质量力只有重力作用；②稳定流；③不可压缩流体；④缓变流断面。

(2) 缓变流断面在数值上没有精确的界限，因此有一定的灵活性。如一般大容器的自由面、孔口出流时的最小收缩断面、管道的有效断面等都可当作缓变流断面。只要 A_1、A_2 两个断面是缓变流断面即可，在 A_1、A_2 之间可以有非缓变流。

(3) 一般在紊流中 α 与 1.0 相差很小，故工程计算中就认为 $\alpha_1=\alpha_2=1$，而层流中则 $\alpha_1=\alpha_2=2$。

(4) A_1 与 A_2 尽量选最简单的断面(如自由面)或各水头中已知项最多的断面。

(5) 解题时往往与其他方程(如连续性方程、静力学基本方程)联立。

例 4-4 图 4-17 所示一输水管，流量为 12 000L/min，已知 $p_{\mathrm{M}}=1\times10^5\,\mathrm{Pa}$，$p_{\mathrm{N}}=7\times10^4\,\mathrm{Pa}$，$d_{\mathrm{M}}=200\mathrm{mm}$，$d_{\mathrm{N}}=400\mathrm{mm}$，$M$ 比 N 点低 2m，试确定：(1)水流方向，(2)M、N 之间的损失水头。

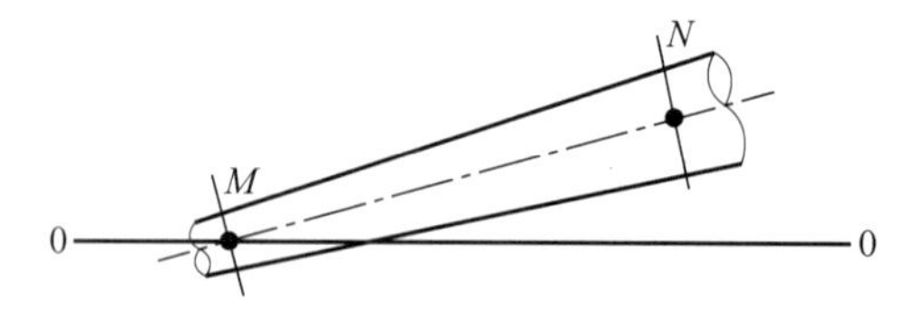

图 4-17 水管损失水头计算

解：通过 M 点取基准面 0-0，在 M 点各项水头如下：

$$z_{\mathrm{M}}=0$$

$$\frac{p_{\mathrm{M}}}{\rho g}=\frac{10^5}{10^3\times9.81}=10.19(\mathrm{m})$$

$$\frac{v_M^2}{2g}=\frac{\left(\dfrac{q}{\dfrac{\pi}{4}d_M^2}\right)^2}{2g}=\frac{\left(\dfrac{12/60}{\dfrac{\pi}{4}\times 0.2^2}\right)^2}{2\times 9.81}=2.066(\mathrm{m})$$

所以 M 点的总水头 $H_M=10.19+2.066=12.26(\mathrm{m})$

N 点各项水头如下：

$$z_N=2\mathrm{m}$$

$$\frac{p_N}{\rho g}=\frac{7\times 10^4}{10^3\times 9.81}=7.14(\mathrm{m})$$

$$\frac{v_N^2}{2g}=\frac{\left(\dfrac{12/60}{\dfrac{\pi}{4}\times 0.4^2}\right)^2}{2\times 9.81}=0.13(\mathrm{m})$$

所以 N 点的总水头，$H_N=2+7.14+0.13=9.27\mathrm{m}$。$H_M>H_N$，所以流动方向是由 M 点向 N 点。

损失水头的计算如下：按式(4-32)有

$$h_w=H_1-H_2=H_M-H_N=12.26-9.27=2.99\mathrm{m}$$

例 4-5　已知液压泵的流量为 50L/min，进口管径 ϕ25mm，进油口离油箱中液面的高度为 0.3m，如图 4-18 所示。进油管总阻力损失为 0.3×10^4 Pa，试计算进油口处的负压是多少？油的密度为 900kg/m^3。

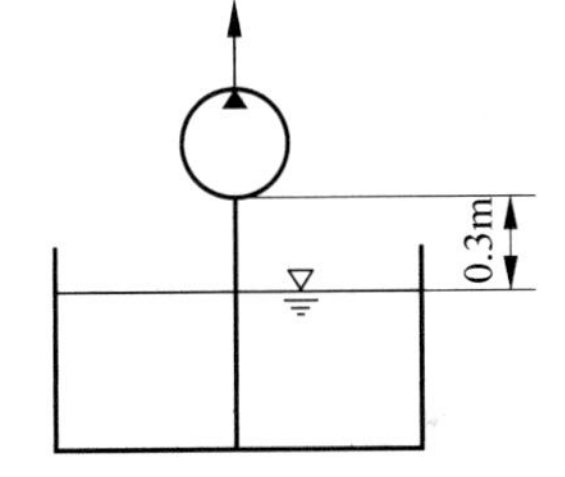

图 4-18　液压泵进油口负压计算

解：取油箱内液面作为基准面，列出油箱内液面和进油口这两个断面处的伯努利方程：

在油箱内液面处：$z_1=0,\dfrac{p_1}{\rho g}=0,\dfrac{v_1^2}{2g}=0$（油箱液面的面积很大，因此其流速很小，可近似看作为 0）

在进油口处：$z=0.3\mathrm{m}$

$$v_2=\frac{q}{\dfrac{\pi}{4}d^2}=\frac{50\times 10^{-3}/60}{\dfrac{\pi}{4}\times 0.025^2}=1.70(\mathrm{m/s})$$

$$\frac{v_2^2}{2g}=\frac{1.70^2}{2\times 9.81}=0.147(\mathrm{m})$$

损失水头

$$h_w=\frac{0.3\times 10^4}{900\times 9.81}=0.34(\mathrm{m})$$

按式(4-32)有

$$0=0.3+0.147+0.34+\frac{p_2}{\rho g}$$

$$p_2=-0.78\times 900\times 9.81=-6.89\times 10^3(\mathrm{Pa})$$

故进油口的负压为 6.89×10^3 Pa。

4.3.3 系统中有流体机械的伯努利方程

式(4-21)和式(4-32)只适用在所讨论的1-1断面和2-2断面之间没有其他流体机械向流体供给或消耗机械能的情况。在1-1断面和2-2断面之外有流体机械时式(4-21)、式(4-32)仍适用。当1-1断面和2-2断面之间有流体机械时,伯努利方程将包含流体机械对能量平衡的影响。

还是先从理想流体讨论。在图4-19的1-1断面和2-2断面中,假如有一个流体机械(例如液压系统中的液压泵或液压马达)存在。则流体经过这个流体机械之后,其机械能就不能维持常数了。设在1-1断面的总比能为 e_1,单位重力流体经过流体机械时由流体机械获得的能量为 H,流体到2-2断面时其总比能为 e_2,则根据能量守恒的原则,有

$$e_1 + H = e_2 \tag{4-33}$$

或者

$$\frac{p_1}{\rho g} + z_1 + \frac{v_1^2}{2g} + H = \frac{p_2}{\rho g} + z_2 + \frac{v_2^2}{2g} \tag{4-34}$$

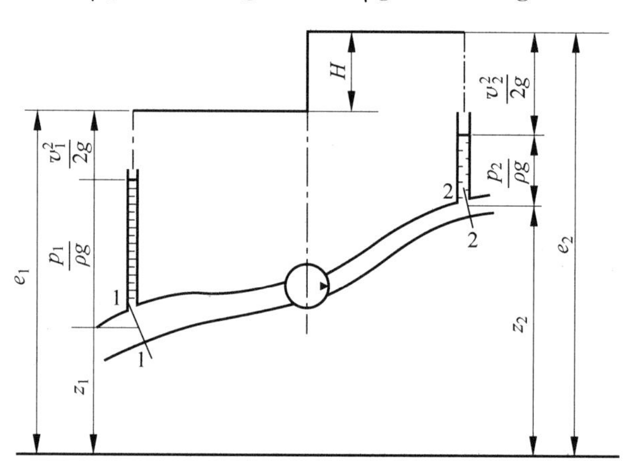

图4-19 有流体机械的理想流体系统中的比能变化

H 与其他各项水头一样,其量纲也是长度。如果流体机械为动力装置(如水泵、液压泵),则 H 为正值,如果流体机械为执行装置(如水轮机、液压马达等),则 H 为负值。

对于实际流体,则与式(4-32)一样,在等号右边还应当加上从1-1断面到2-2断面之间的损失水头 h_w,并对速度水头乘修正系数 α,即

$$\frac{p_1}{\rho g} + z_1 + \frac{\alpha v_1^2}{2g} + H = \frac{p_2}{\rho g} + z_2 + \frac{\alpha v_2^2}{2g} + h_w \tag{4-35}$$

式(4-35)中 H 代表单位重力流体从流体机械获得的能量(当 H 为负值时就是单位重力流体供给流体机械的能量)。而若 q 为流体机械的流量,则单位时间流过流体机械的流体重力为 $\rho g q$。因此流体机械单位时间内对流体所做的功为 $\rho g q H$,这就是流体机械的功率

$$P = \rho g q H \ (\mathrm{N \cdot m/s}) \tag{4-36}$$

H 既然代表单位重力流体由流体机械所获得的能量,则 $\rho g H$ 就应当代表单位体积流体从流体机械所获得的能量。

因为

$$H=\frac{E}{G}$$

所以

$$\rho g H=\frac{G}{V}\cdot\frac{E}{G}=\frac{E}{V} \tag{4-37}$$

式中，G——流体所受重力，N；

V——流体体积，m^3；

E——流体机械输出的总能量，J。

从式(4-36)也可看出 $\rho g H$ 的物理意义。由式(4-36)可得

$$\rho g H=\frac{P}{q}$$

P 代表流体机械单位时间供给流体的能量，而 q 代表单位时间流过流体机械的流体体积，$\frac{P}{q}$代表单位体积流体由流体机械获得的能量。

$\rho g H$ 的量纲为，$[\rho g H]=\left[\frac{\mathrm{F}}{\mathrm{L}^3}\cdot\mathrm{L}\right]=\left[\frac{\mathrm{E}}{\mathrm{L}^2}\right]$，是压力的单位，因此也可将式(4-37)写成

$$\rho g H=\Delta p\,\mathrm{Pa} \tag{4-38}$$

显然 Δp 代表流体机械前后的压差，从而式(4-36)变成

$$P=\Delta p q\ (\mathrm{N\cdot m/s}) \tag{4-39}$$

考虑到 $1\mathrm{kW}=10^3\mathrm{N\cdot m/s}$，式(4-39)可写成

$$P=\Delta p q\times 10^{-3}(\mathrm{kW}) \tag{4-40}$$

例 4-6 铸造车间用高压水清洗铸件上的型砂，要求喷枪的喷出速度为120m/s，若喷枪出口离水池液面高度为15m，喷枪出口断面直径为 $d=5\mathrm{mm}$，如图4-20所示，水泵进水管损失为 $2\mathrm{m}_{H_2O}$，压水管损失为 $10\mathrm{m}_{H_2O}$，水泵效率为0.75，请计算输入水泵的功率是多少？

解：要求流量

$$q=\frac{\pi}{4}\times 0.005^2\times 120=2.36\times 10^{-3}(\mathrm{m^3/s})$$

对水池水面和喷嘴出口这两个断面列伯努利方程，有

$$\frac{p_1}{\rho g}+z_1+\frac{v_1^2}{2g}+H=\frac{p_2}{\rho g}+z_2+\frac{v_2^2}{2g}+h_w$$

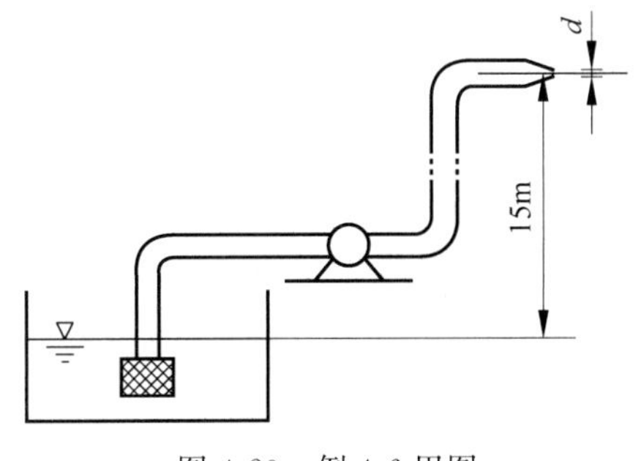

图4-20 例4-6用图

取水池水面作为基准面，水池水面处有

$$\frac{p_1}{\rho g}=0,\quad z_1=0,\quad \frac{v_1^2}{2g}=0$$

$\frac{p_2}{\rho g}=0$(因为喷嘴出口通大气)，$z_2=15\mathrm{m}$

$$\frac{v_2^2}{2g}=\frac{120^2}{2\times 9.81}=734(\mathrm{m})$$

$$h_w=2+10=12(\mathrm{m})$$

所以

$$H=0+15+734+12=761(\mathrm{m})$$

根据式(4-37),要求水泵输出的功率为 $P'=\rho gH$,

所以,输入水泵的功率

$$P=\frac{\rho gqH}{\eta}=\frac{10^3\times9.81\times2.36\times10^{-3}\times761}{0.75}$$

$$=2.439\times10^4(\mathrm{N\cdot m/s})=23.49(\mathrm{kW})$$

4.4 动量方程

在理论力学中,动量定理是这样表述的:物体的动量变化等于作用在该物体上的外力的总冲量,即

$$\sum\boldsymbol{F}\mathrm{d}t=\mathrm{d}\left(\sum m\boldsymbol{v}\right)\tag{4-41}$$

流体在流动过程中的动量变化同样遵循式(4-41)的规律,为了便于使用流动参数进行计算,在表达形式上多用流量与流速等物理量进行描述。

在稳定流动中,取一段流体 1122,如图 4-21 所示(所截的范围是任意的,视研究问题方便而定),$\boldsymbol{v}_1$ 及$\boldsymbol{v}_2$ 分别代表 1-1 断面及 2-2 断面处的平均流速。p_1 及 p_2 分别表示 1-1 断面和 2-2 断面上的压力。$\boldsymbol{R}$ 为周围边界对 1122 这一段流体的作用力(包括压力及摩擦力),G 为 1122 这段流体所受的重力。

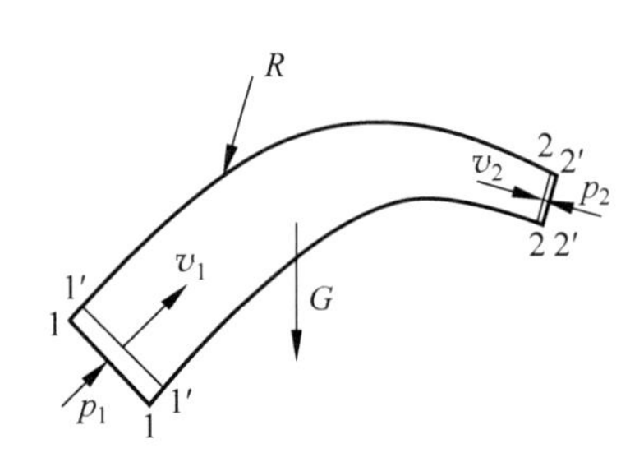

图 4-21 动量方程推导原理图

经过无穷小时间 $\mathrm{d}t$ 以后,流体段从 1122 流动到 $1'1'2'2'$位置。其动量变化为

$$\mathrm{d}\boldsymbol{K}=\boldsymbol{K}_{1'1'2'2'}+\boldsymbol{K}_{111'1'}\tag{4-42}$$

即

$$\mathrm{d}\boldsymbol{K}=(\boldsymbol{K}_{1'1'22}+\boldsymbol{K}_{222'2'})-(\boldsymbol{K}_{111'1'}+\boldsymbol{K}_{1'1'22})\tag{4-43}$$

在 $\mathrm{d}t$ 时间前后,$1'1'22$ 这一段空间中的流体空间点虽然不一样,但由于是稳定流,所以该流体段中各点处流体的速度、密度等仍相同。

因此 $1'1'22$ 这一段流体的动量 $\boldsymbol{K}_{1'1'22}$ 在 $\mathrm{d}t$ 前后是相等的。因此式(4-43)可写成

$$\mathrm{d}\boldsymbol{K}=\boldsymbol{K}_{222'2'}+\boldsymbol{K}_{1122}\tag{4-44}$$

而

$$\boldsymbol{K}_{222'2'}=m_2\boldsymbol{v}_2=\rho q\mathrm{d}t\boldsymbol{v}_2\tag{4-45}$$

$$\boldsymbol{K}_{1111}=m_1\boldsymbol{v}_1=\rho q\mathrm{d}t\boldsymbol{v}_1\tag{4-46}$$

所以

$$\mathrm{d}\boldsymbol{K}=\rho q\mathrm{d}t\cdot(\boldsymbol{v}_2-\boldsymbol{v}_1)\tag{4-47}$$

根据式(4-41),式(4-47)可写成

$$\sum\boldsymbol{F}\mathrm{d}t=\rho q\mathrm{d}t(\boldsymbol{v}_2-\boldsymbol{v}_1)\tag{4-48}$$

或

$$\sum \boldsymbol{F}=\rho q(\boldsymbol{v}_2-\boldsymbol{v}_1) \tag{4-49}$$

式(4-49)就是稳定流状态下的动量方程，$\rho q\boldsymbol{v}_2$ 和 $\rho q\boldsymbol{v}_1$ 分别代表单位时间内流出和流入流体段的流体所具有的动量。因此，式(4-49)的物理意义为：作用在所研究的流体段上的合外力大小等于单位时间内流出与流入该流体段的流体动量之差。

把式(4-49)写成在各坐标轴方向的投影形式，则有

$$\begin{aligned}\sum F_x&=\rho q(v_{2x}-v_{1x})\\ \sum F_y&=\rho q(v_{2y}-v_{1y})\\ \sum F_z&=\rho q(v_{2z}-v_{1z})\end{aligned} \tag{4-50}$$

动量方程、连续性方程和伯努利方程是流体力学中三个重要的方程式。在计算流体与限制其流动的固体边界之间的相互作用力时常常用到动量方程。在应用动量方程式(4-49)或式(4-50)时，须注意以下三点：① 式(4-49) 中 $\sum \boldsymbol{F}$ 是以所研究的流体段为对象的，$\sum \boldsymbol{F}$ 是周围介质对该流体段的作用力，而不是该流体段对周围介质的作用力。② $\sum \boldsymbol{F}$ 应当包括作用在被研究的流体段上的所有外力，若以图 4-21 为例，则 $\sum \boldsymbol{F}$ 应当包括所有外力。③ 式(4-49) 中的等号右边是流出的动量与流入的动量之差。

例 4-7　如图 4-22 所示，已知喷射管出口直径为 1.0mm，速度 v_1 为 4m/s。请计算射流对挡板的作用是多少？油的密度为 900kg/m^3，不计阻力。

解：射流碰到挡板后，均匀地向四周扩散。取射流与挡板接触的这一小段流体作为研究对象。因不计阻力，故冲击力 F 是垂直于挡板作用面的，反之挡板对射流的作用力大小也是 F，方向是挡板外法线方向，如图 4-22 所示。

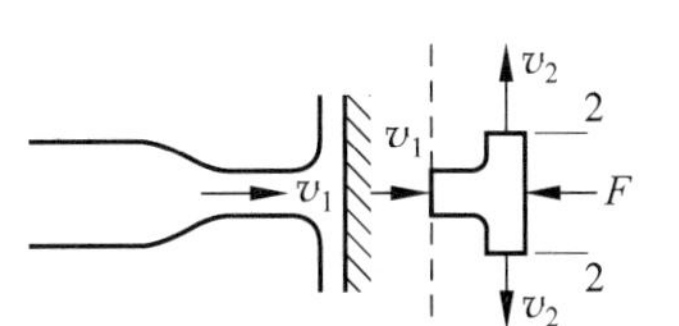

图 4-22　挡板冲击力计算

由于是在大气中，故射流周围压力(包括断面 1 和断面 2)都等于 0，按式(4-50)，可以列出水平方向的动量方程。

因为

$$\sum F_x=-R;\quad v_{2x}=0;\quad v_{1x}=v_1$$

所以

$$-R=\rho q(0-v_1)$$

$$F=\rho q v_1=\rho\frac{\pi}{4}d^2v_1^2=900\times\frac{\pi}{4}\times(1\times10^{-3})^2\times4^2=1.13\times10^{-2}(\mathrm{N})$$

例 4-8　如图 4-23 所示，喷嘴通过法兰用螺钉与管道连接，已知 $d_1=50$mm，$d_2=20$mm，喷嘴前水流压力 p_1 为 2 个大气压，请计算螺钉所受拉力是多少？忽略阻力。

解：设喷出流量为 q，取基准面通过喷嘴轴线，在喷嘴入口 d_1 和出口 d_2 这两断面处列方程(4-21)，有：

$$z_1=0,\quad \frac{p_1}{\rho g}=\frac{2\times10^4\times9.81}{10^3\times9.81}=20(\mathrm{m})$$

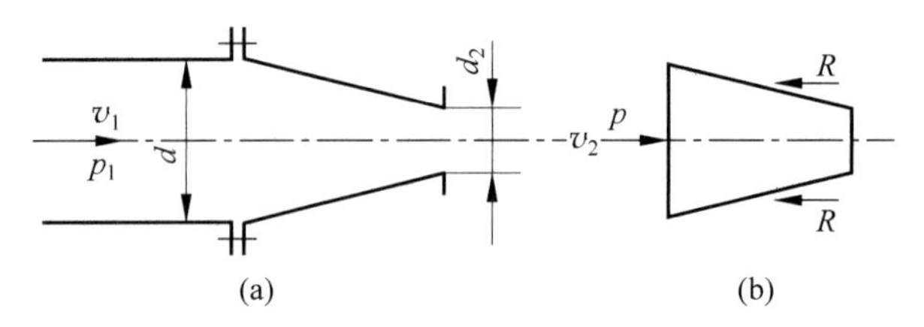

图 4-23　喷嘴连接螺栓受力分析

$$\frac{v_1^2}{2g}=\frac{q^2}{2g\left(\frac{\pi}{4}d_1^2\right)^2}$$

$z_2=0,\frac{p_2}{\rho g}=0$(因通大气),

$$\frac{v_2^2}{2g}=\frac{q^2}{2g\left(\frac{\pi}{4}d_2^2\right)^2}$$

代入式(4-21)得

$$20+\frac{q^2}{2g\left(\frac{\pi}{4}d_1^2\right)^2}=\frac{q^2}{2g\left(\frac{\pi}{4}d_2^2\right)^2}$$

$$q=\frac{\pi/4}{\sqrt{\frac{1}{d_2^2}-\frac{1}{d_1^2}}}\sqrt{2g\times 20}=\frac{\pi/4}{\sqrt{\frac{1}{0.02^4}-\frac{1}{0.05^4}}}\sqrt{2\times 9.81\times 20}$$

$$=6.3\times 10^{-3}(\mathrm{m^3/s})$$

设水对喷嘴的作用力大小为 R。取被喷嘴所包围的一段流体作为分析对象,则喷嘴对这段水的作用力大小也是 R,但方向相反。设喷嘴的作用力 R 的方向如图 4-23(b)所示。

在这段水的右边通大气,故压力为零,左边压力为 2 个大气压,故

$$F=\frac{\pi}{4}d_1^2p=\frac{\pi}{4}\times 0.05^2\times 2\times 9.81\times 10^4=385(\mathrm{N})$$

而喷嘴出口流速为

$$v_2=\frac{q}{\frac{\pi}{4}d_2^2}=\frac{6.3\times 10^{-3}}{\frac{\pi}{4}\times 0.02^2}=20.1(\mathrm{m/s})$$

喷嘴入口流速为

$$v_1=\frac{q}{\frac{\pi}{4}d_1^2}=\frac{6.3\times 10^{-3}}{\frac{\pi}{4}\times 0.05^2}=3.2(\mathrm{m/s})$$

而

$$\sum F_x=F-R$$

则

$$F-R=\rho q(v_2-v_1)$$

或

$$R=F-\rho q(v_2-v_1)=385-1000\times 6.3\times 10^{-3}\times(20.1-3.2)=279(\mathrm{N})$$

所以流体对喷嘴的作用力大小为 279N，方向与图 4-23(b)所示 R 的方向相反。因此，连接螺钉受拉力，大小是 279N。

例 4-9　如图 4-24 所示，管路在转弯处，水流对支承架有作用力。已知 $q=250\mathrm{L/min}$，管径 $D=100\mathrm{mm}$，管中压力为 $1\times 10^5\,\mathrm{Pa}$。试计算 90°弯头处支架受力。

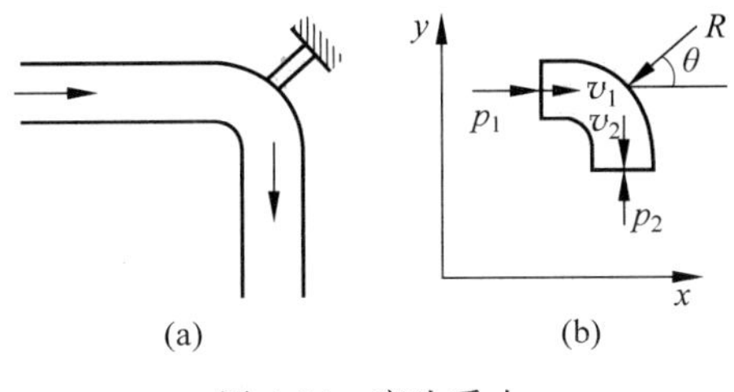

图 4-24　弯头受力

解：取弯头所限制的一段流体来分析，如图 4-24(b)所示。设弯头管壁对水的作用力为 R，R 与 x 轴的夹角为 θ。

则

$$\sum F_x=F_1-R\cos\theta=\frac{\pi}{4}D^2p-R\cos\theta$$

按式(4-50)得

$$\sum F_x=\rho q(v_{2x}-v_{1x})$$

$$v_2=v_1=\frac{q}{\frac{\pi}{4}D^2}$$

而 v_2 与 x 轴垂直，所以 $v_{2x}=0, v_{1x}=v_1=\dfrac{q}{\frac{\pi}{4}D^2}$

所以

$$\frac{\pi}{4}D^2p-R\cos\theta=\rho q\left(-q\Big/\frac{\pi}{4}D^2\right)=-\rho q^2\Big/\frac{\pi}{4}D^2$$

$$R\cos\theta=\frac{\pi}{4}D^2p+\rho q^2\Big/\frac{\pi}{4}D^2 \tag{a}$$

同理

$$\sum F_y=F_2-R\sin\theta$$

而 $v_{2y}=-v_2=-q\Big/\frac{\pi}{4}D^2, v_{1y}=0$，则有

$$\frac{\pi}{4}D^2p-R\sin\theta=\rho q\left(-q\Big/\frac{\pi}{4}D^2\right)$$

$$R\sin\theta=\frac{\pi}{4}D^2p+\rho q^2\Big/\frac{\pi}{4}D^2 \tag{b}$$

将式(b)除以式(a)得 $\tan\theta=1,\theta=45°$

由式(a)得

$$R=\left(\frac{\pi}{4}D^2p+\rho q^2\Big/\frac{\pi}{4}D^2\right)\Big/\cos\theta$$

$$=\left[\frac{\pi}{4}\times(100\times10^{-3})^2\times1\times10^5+(250\times10^{-3}/60)^2\Big/\frac{\pi}{4}\times(100\times10^{-3})^2\right]\Big/\frac{1}{\sqrt{2}}$$

$$=555.36(\mathrm{N})$$

因此,支架所受的作用力为 555.36N,方向与图 4-24(b)中 R 的方向相反,与 x 轴的夹角为 45°。

4.5 动量矩方程及叶轮式流体机械的基本方程式

理论力学中动量矩定理为:物体对某点的动量矩变化 $\Delta\boldsymbol{KM}$ 等于作用在该物体上的外力对该点的冲量矩 $\sum\boldsymbol{M}\Delta t$,即

$$\sum\boldsymbol{M}\Delta t=\Delta\boldsymbol{KM} \tag{4-51}$$

如图 4-25 所示在稳定流中取一段流体 1122,设所有作用在 1122 这段流体上的外力(包括 R、p_1、p_2、G 等)对 O 点的转矩为 $\sum\boldsymbol{M}$,则 Δt 时间内所产生的冲量矩为 $\sum\boldsymbol{M}\Delta t$。$\Delta t$ 时间内流体由 1122 处移动到 $1'1'2'2'$ 的位置。

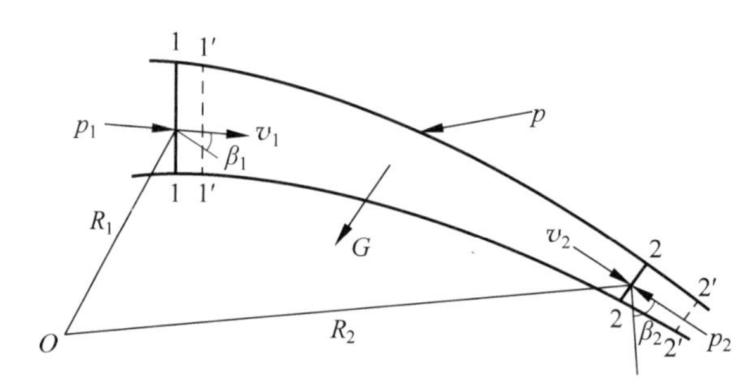

图 4-25 稳定流状态下的动量矩

1122 对 O 点的动量矩为

$$\boldsymbol{KM}_{1122}=\boldsymbol{KM}_{111'1'}+\boldsymbol{KM}_{1'1'22} \tag{4-52}$$

而 $1'1'2'2'$ 对 O 点的动量矩为

$$\boldsymbol{KM}_{1'1'2'2'}=\boldsymbol{KM}_{1'1'22}+\boldsymbol{KM}_{222'2'} \tag{4-53}$$

故 Δt 时间内的动量矩变化为

$$\begin{aligned}\Delta\boldsymbol{KM}&=\boldsymbol{KM}_{1'1'2'2'}-\boldsymbol{KM}_{1122}\\&=(\boldsymbol{KM}_{1'1'22}+\boldsymbol{KM}_{222'2'})-(\boldsymbol{KM}_{111'1'}+\boldsymbol{KM}_{1'1'22})\end{aligned} \tag{4-54}$$

由于是稳定流,故 $1'1'22$ 中的流体在 Δt 前后的动量矩 $\boldsymbol{KM}_{1'1'22}$ 不变。所以

$$\Delta\boldsymbol{KM}=\boldsymbol{KM}_{222'2'}-\boldsymbol{KM}_{111'1'} \tag{4-55}$$

而

$$\boldsymbol{KM}_{111'1'}=m_{111'1'}(v_1\cos\beta_1)R_1 \tag{4-56}$$

$$\boldsymbol{KM}_{222'2'}=m_{222'2'}(v_2\cos\beta_2)R_2 \tag{4-57}$$

式(4-56)中的 β_1 为 v_1 与1-1断面离 O 点的水力半径 R_1 的垂直线的夹角，$m_{111'1'}$ 为 $111'1'$段流体的质量；式(4-57)中的 β_2 则为 v_2 与2-2断面离 O 点的水力半径 R_2 的垂直线的夹角，$m_{222'2'}$ 为 $222'2'$段流体的质量。

又

$$m_{111'1'}=\rho v_1\Delta tA_1=\rho q\Delta t \tag{4-58}$$

$$m_{222'2'}=\rho v_2\Delta tA_2=\rho q\Delta t \tag{4-59}$$

所以

$$\Delta\boldsymbol{KM}=\rho q\Delta t[(v_2\cos\beta_2)R_2-(v_1\cos\beta_1)R_1] \tag{4-60}$$

按式(4-49)可得

$$\sum\boldsymbol{M}\Delta t=\rho q\Delta t(v_2R_2\cos\beta_2-v_1R_1\cos\beta_1)$$

或

$$\sum\boldsymbol{M}=\rho q(v_2R_2\cos\beta_2-v_1R_1\cos\beta_1) \tag{4-61}$$

这就是稳定流状态下的动量矩方程。

作为动量矩方程的应用实例，下面推导叶轮式流体机械的基本方程。如图4-26所示，当流体流过泵轮时，泵轮通过叶片把能量传给流体，从而使流体的能量增加。下面来分析流体流过泵轮时所获得的能量。

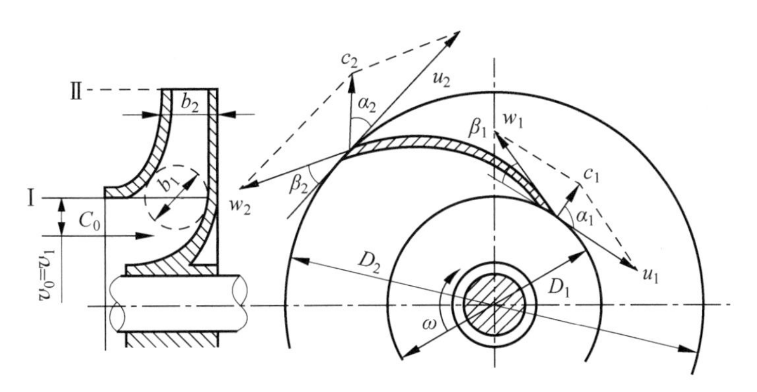

图4-26 泵轮叶片上的流速情况

在推导过程中，做如下假定：

(1) 流体为理想流体。

(2) 叶轮的叶片数为无限多，叶片厚度无限薄。

流体质点沿着叶片之间的通道从半径为 R_1 处流入叶轮，从半径为 R_2 处流出叶轮。在任何一点，流体质点与叶片间有一相对速度 w，同时又有随着叶轮一起旋转的牵连速度 u（即泵轮的旋转线速度），而其绝对速度则为 w 与 u 的向量和 c_1、c_2，与 u 的夹角为 α。

假定流过两叶片间的流体流量为 q，按式(4-50)有

$$M_i=\rho q(c_2R_2\cos\alpha_2-c_1R_1\cos\alpha_1) \tag{4-62}$$

这里，M_i 是单个叶片流道对流体作用的转矩，N·m。

式(4-62)仅代表两个叶片之间的流体在单位时间内所产生的动量矩。由于叶片对泵轴是轴对称的，故每一对叶片之间流体的运动情况都是相同的，因此叶轮对所有流体总的转矩为

$$\sum M_i = M = \sum \rho q_i (c_2 R_2 \cos\alpha_2 - c_1 R_1 \cos\alpha_1)$$
$$= \rho (c_2 R_2 \cos\alpha_2 - c_1 R_1 \cos\alpha_1) \sum q_i$$
$$= \rho (c_2 R_2 \cos\alpha_2 - c_1 R_1 \cos\alpha_1) q$$
$$M = \rho q (c_2 R_2 \cos\alpha_2 - c_1 R_1 \cos\alpha_1) \tag{4-63}$$

式中，q——通过泵轮的总流量，m^3/s；

M——泵轮对流体作用的总转矩，N·m。

按对泵轮的输入功率

$$P_{入} = M\omega$$

其中，ω 为泵轮的旋转角速度，则按式(4-63)，有

$$P_{入} = \rho q \omega (c_2 R_2 \cos\alpha_2 - c_1 R_1 \cos\alpha_1) = \rho q (c_2 u_2 \cos\alpha_2 - c_1 u_1 \cos\alpha_1)$$

又按式(4-37)泵轮输出功率为 $P_{出} = \rho g q H$，其中，H 为泵轮的理论水头，实际上就是理想情况下单位重力的流体由泵轮所获的能量。在理想流体情况下，$P_{入} = P_{出}$，所以

$$\rho g q H = \rho q (c_2 u_2 \cos\alpha_2 - c_1 u_1 \cos\alpha_1)$$

或

$$H = \frac{1}{g}(c_2 u_2 \cos\alpha_2 - c_1 u_1 \cos\alpha_1) \tag{4-64}$$

式(4-64)也是泵轮的基本方程式，常称为理论压头计算公式。

对于涡轮，则流体由 R_1 处流入，经 R_2 处流出(R_1 为叶轮外径，R_2 为叶轮内径)，也可以用动量矩定理得出由流体传给涡轮的转矩为

$$M = \rho q (c_1 R_1 \cos\alpha_1 - c_2 R_2 \cos\alpha_2) \tag{4-65}$$

或

$$H = \frac{1}{g}(c_1 u_1 \cos\alpha_1 - c_2 u_2 \cos\alpha_2) \tag{4-66}$$

上面对泵轮所得的式(4-63)、式(4-64)对水泵、通风机等流体机械也完全适用，而对涡轮所得的式(4-65)、式(4-66)也适用于水轮机等流体机械。

4.6 流体动力学知识在工程中的应用示例

4.6.1 连续性方程的应用示例

钱塘江水自西向东流入东海。每年秋季的钱塘江大潮，以其独有的奇特景象闻名于世。这种大潮的形成原因，可以用流体流动的连续性规律来进行说明。

如图 4-27 所示，钱塘江的入海口位于我国东海的杭州湾。杭州湾外口宽达 100 多千米，澉浦附近的水面宽度约为 20km，而海宁一带仅宽约 3km。因此，杭州湾的形状类似一个喇叭口，开口朝东，正对着太平洋。

每年秋季农历八月十六日至八月十八日，太阳、月球、地球几乎在一条直线上。此时海水受到的引潮力（地球绕地-月（日）质心运动所产生的惯性离心力与月（日）引力的合力）最大；加上地球自西向东回转的因素，大量的东海潮水不断地涌向钱塘江入海口。由于江面迅速缩小，水面来不及均匀上升。加之钱塘江水下沉沙对潮水的阻挡和摩擦作用，使潮水前坡变陡，速度减缓，从而后浪逐前浪，形成了“涛似连山喷雪来”的壮观现象。

图 4-27　钱塘江大潮成因

4.6.2　伯努利方程的应用示例

水力发电站就是用来把河流、湖泊等位于高处的水所具有的重力势能，通过水力发电装备转变成电能的。

根据伯努利方程，在高处的水具有较大的重力势能。如图 4-28 所示，当水流通过导流通道，进入位置较低的水力发电机组的涡轮时，流体的重力势能转化为动能，从而具有较高的流动速度。由式(4-65)可知，水流冲击涡轮产生转矩 M。涡轮带动发电机转子线圈回转，切割定子励磁绕组所形成的磁力线，产生电力输出。

图 4-28　水力发电站

4.6.3　动量方程的应用示例

飞机在着陆时运动速度很快，为了能够在长度有限的跑道内把速度降下来，往往需要借助发动机的反向推力。

如图 4-29 所示，图 4-29(a)是飞机发动机正常推进的工作状态。在发动机正常推进时，由于发动机涡轮对进入发动机流道的空气做功使其动能增加，通过发动机尾喷管排出的气流流速远大于进入发动机的空气流速。由动量方程(4-49)可知,发动机对气流的作用力方向与尾喷管气流的喷射方向一致,是指向飞机尾部的。也就是说,发动机所喷射出的气流对发动机的反作用力方向是指向飞机前方的,此时发动机驱动飞机向前飞行。

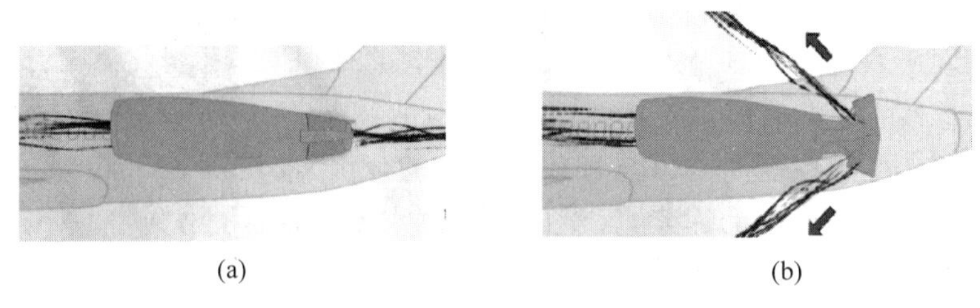

图 4-29 发动机反推

当飞机在跑道上着陆后,通过反推机构把发动机排出的全部(或部分)气流的喷射方向改变成向飞机的斜前方喷出,如图 4-29(b)所示。此时,发动机喷出的气流的速度具有向飞机前方的速度分量,即发动机对气流的作用力是向飞机前方的。此时发动机喷出的气流对发动机的作用力方向指向飞机尾部,从而产生了反向推力,使飞机的速度快速降低。

思考题与习题

4-1 什么是理想流体?在自然界中存在这种流体吗?

4-2 什么是稳定流、非稳定流?

4-3 流线与流管有什么关系?在什么情况下流管的形状保持不变?

4-4 何谓水力半径?它与管道通流能力之间的关系是什么?

4-5 何谓缓变流?其特点有哪些?

4-6 何谓有效断面?有效断面一定是缓变流断面吗?

4-7 试述连续性方程的物理意义和适用条件是什么?

4-8 试述理想伯努利方程的物理意义,并写出理想伯努利方程的应用条件。

4-9 实际流体伯努利方程与理想流体伯努利方程的差别是什么?

4-10 请说明流体所携带的机械能有哪些种类?它们之间的关系是怎样的?

4-11 写出流体动量方程式,并说明其意义。

4-12 动量方程能用于解决什么问题?

4-13 当人们行走在高楼之间或登上山峰时,往往会感到有较大的风吹过来。请利用你所掌握的流体力学知识加以说明。

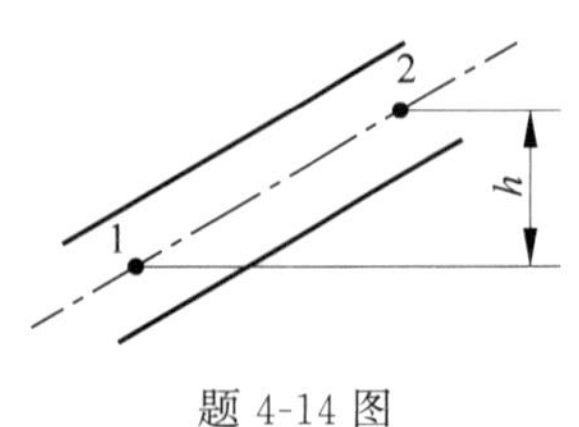

题 4-14 图

4-14 如题 4-14 图所示,等直径管道输送油液的密度为 890kg/m^3,已知 $h=15\text{m}$,测得压力如下:

(1) $p_1=0.45\text{MPa}$,$p_2=0.4\text{MPa}$;

(2) $p_1=0.45\text{MPa}$,$p_2=0.25\text{MPa}$;

分别确定油液的流动方向。

4-15　如题 4-15 图所示，在水箱侧面的同一铅直线的上、下各开一个孔口，若两股射流交于 A 点，求证：$h_1y_1=h_2y_2$，请写出推导过程。

4-16　如题 4-16 图所示的输水管路中，设管端喷嘴直径 $d_n=50\text{mm}$，管道直径 100mm，不计管路损失，计算：

(1) 喷嘴出流速度 v_n 及流量；

(2) E 处的压力与流速；

为增大流量，可否加大喷嘴直径？喷嘴最大直径是多少？

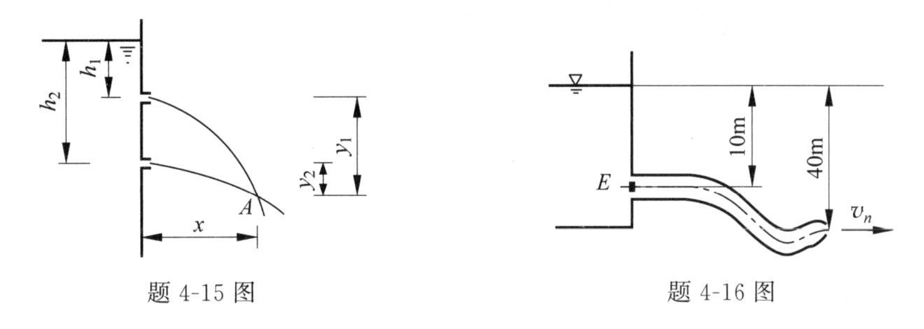

题 4-15 图　　题 4-16 图

4-17　如题 4-17 图所示为一文丘里管和压力计，试推导体积流量 q 和压力计读数 H 之间的关系式。当 $\rho=1000\text{kg/m}^3$，$\rho_H=13.6\times10^3\text{kg/m}^3$，$d_1=500\text{mm}$，$d_2=50\text{mm}$，$z_1=-3\text{m}$，$z_2=-1\text{m}$，$H=400\text{mm}$ 时，请计算 q 为多少？

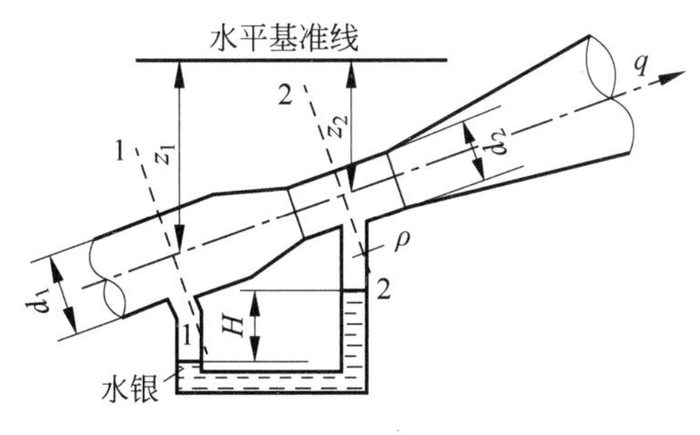

题 4-17 图

4-18　如题 4-18 图所示，消防水龙工作压力为 0.8MPa，已知水龙出口直径 $d=50\text{mm}$，水流流量 $q=2.36\text{m}^3/\text{min}$，水管直径 $D=100\text{mm}$，为保证消防水管不致后退，计算消防队员的握持力。

4-19　如题 4-19 图所示，压力为 1.0MPa 的输水管直径 $d_1=0.15\text{m}$，喷嘴出口直径 $d_2=0.03\text{m}$，设计流量 $q=0.03\text{m}^3/\text{s}$，喷嘴和管路用法兰连接并用螺栓固定。请计算螺栓所受的总拉力是多少？

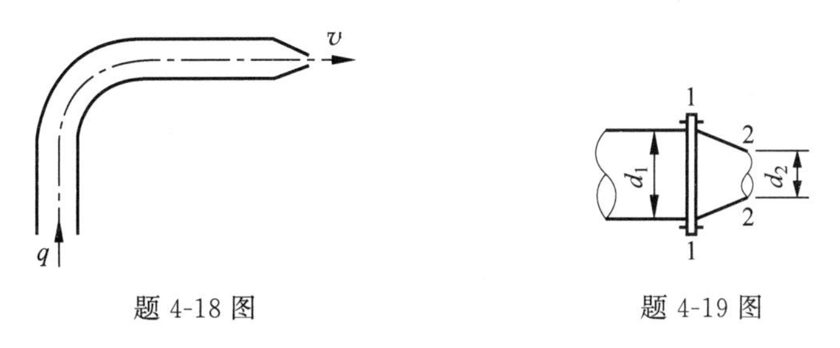

题 4-18 图　　题 4-19 图

4-20 题 4-20 图中的喷管直径 $D_0=40\mathrm{mm}$，水槽直径 $D=4\mathrm{m}$。小车轮子摩擦力忽略不计。求固定线缆的受力情况。

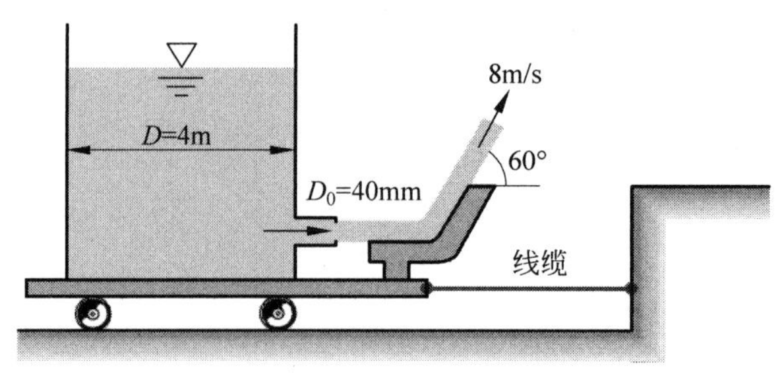

题 4-20 图

第 5 章

阻 力 计 算

实际流体伯努利方程中有损失水头 h_w 一项，代表单位重力流体在流动过程中的能量损失。流体在流动中的阻力损失，其内部原因是流体黏性所产生的摩擦力使流体所具有的能量减少，这部分减少的能量转变成热能。按产生阻力损失的外部原因不同，分为沿程阻力损失(沿程阻力)与局部阻力损失(局部阻力)两类。

1. 沿程阻力损失

在等直径直管道中由于流体的黏性及管壁粗糙等原因，在流体流动的过程中产生的能量消耗称为沿程阻力损失。其值大小与管线的长度成正比。单位重力流体的沿程阻力损失用 h_l 表示。

2. 局部阻力损失

在局部区域流体的流动边界急剧变化引起该区域流体的互相摩擦碰撞加剧，从而产生的损失称为局部阻力损失。例如管道中的阀、弯头及管径变化等情况。单位重力流体流过这些局部区域所产生的阻力损失以 h_r 表示。

若在流体流动的路程上有几种管径的管道和若干个局部区域串联，则其总阻力损失 h_w 应当为所有沿程阻力损失 h_l 与局部阻力损失 h_r 之和，即

$$h_w = \sum h_l + \sum h_r \tag{5-1}$$

这称为损失叠加原则。

5.1 流体的流动状态

沿程阻力损失与流体的流动状态有关，在讨论沿程阻力损失计算之前，首先应当了解流体的流动状态。

5.1.1 层流和紊流

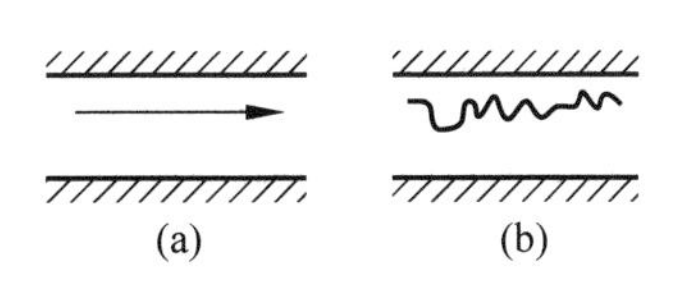

图 5-1 流体的流动状态
(a) 层流；(b) 紊流

如图 5-1(a)所示，流体在运动过程中，不同层之间的流体质点没有相互混杂，本层的流体质点总是沿着本层流动，运动轨迹是一条光滑的曲线，这种流动称为层流。另一种流动是流体在流动过程中，层与层之间的质点互相混杂，流体质点的

运动轨迹杂乱无章，如图 5-1(b)所示，这种流动称为紊流。

在两种流动中，阻力损失特性是不同的。层流流动状态下的阻力损失符合牛顿内摩擦定理，而紊流则不然。

5.1.2 流动状态的判别

大量的实验证明，流体的流动状态与流速 v、流体的运动黏度 ν 以及管径 d 有关。当 $\frac{vd}{\nu}$ 小于某一临界值时，流动状态是层流，而 $\frac{vd}{\nu}$ 超过该临界值时，流动状态就变成紊流。可将 $\frac{vd}{\nu}$ 称作雷诺数，以 Re 表示。即

$$Re=\frac{vd}{\nu} \tag{5-2}$$

Re 的临界值称为临界雷诺数，以 Re_{k} 表示。Re 是一个量纲为 1 的数。

实践证明，在工程上临界雷诺数 $Re_{\mathrm{k}}\approx 2300$。当 $Re>2300$ 时，流动状态是紊流，而当 $Re<2300$ 时，流动状态是层流。

上述结论适用于圆形断面的管道。在工程上往往会遇到非圆形断面的流体通道，这时可用水力半径进行计算。

在本书第 4 章中已经介绍过，对圆形管道而言，水力半径 R 与管道直径 d 的关系是 $d=4R$，把这一结论代入式(5-2)有

$$Re=\frac{4vR}{\nu}$$

或

$$\frac{Re}{4}=\frac{vR}{\nu}$$

令

$$Re_{\mathrm{R}}=\frac{Re}{4}=\frac{vR}{\nu} \tag{5-3}$$

因此，以水力半径 R 所构成的雷诺数 Re_{R} 也一样可以用来判断流动状态，其临界值是 580。

例 5-1 输油管直径为 $d=20\mathrm{mm}$，输送 N32 机械油($\nu=0.19\times10^{-4}\mathrm{m^2/s}$)，流量为 $q=5\times10^{-4}\mathrm{m^3/s}$，试判断其流动状态。

解：流速

$$v=\frac{q}{A}=\frac{5\times10^{-4}}{\frac{\pi}{4}\times0.02^2}=1.59(\mathrm{m/s})$$

雷诺数

$$Re=\frac{vd}{\nu}=\frac{1.59\times0.02}{0.19\times10^{-4}}=1674<2300$$

所以，流动状态为层流。

5.2　沿程阻力损失计算

首先讨论层流流动状态下的沿程阻力损失计算问题。

5.2.1　圆管中的层流流动

流体在圆管中做层流运动，紧靠管壁处的流速为 0，越向中心流速越大。在圆管中心取一段长度为 l、半径为 r 的圆柱形流体，如图 5-2 所示。

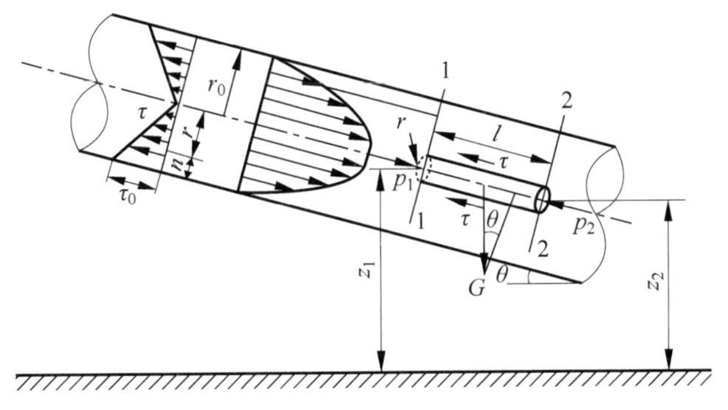

图 5-2　圆管层流流体运动受力分析

圆柱形流体所受外力有以下几部分：

作用在圆柱形流体两端的压力，方向是指向表面的内法线方向，设两端的压力分别为 p_1 及 p_2，根据压力计算公式，则两端总压力为 $F_1=\pi r^2 p_1$，$F_2=\pi r^2 p_2$。

圆柱形流体的外表面周围，流体对圆柱形流体的作用力除了垂直于圆柱形流体表面的正向力外，还有由于存在速度梯度而产生的切向力。在层流流动状态下，流体质点间的摩擦阻力符合牛顿内摩擦定理，即

$$\tau=\mu\frac{\mathrm{d}u}{\mathrm{d}n}=-\mu\frac{\mathrm{d}u}{\mathrm{d}r}$$

因为 $\mathrm{d}\boldsymbol{n}$ 的方向是从固体壁面向外的法线方向（即从管壁指向轴心），而 $\mathrm{d}\boldsymbol{r}$ 的方向是从轴心指向固体壁面，因此

$$\mathrm{d}\boldsymbol{n}=-\mathrm{d}\boldsymbol{r}\tag{5-4}$$

则，在圆柱形流体表面总的切向力为

$$T=A_0\tau=2\pi rl\left(-\mu\frac{\mathrm{d}u}{\mathrm{d}r}\right)=-2\pi rl\mu\frac{\mathrm{d}u}{\mathrm{d}r}\tag{5-5}$$

此外，圆柱体还受重力 $G=\pi r^2 l\rho g$ 作用，方向垂直向下。

在稳定层流的情况下，圆柱形流体做匀速运动。沿轴线方向，由牛顿第二定律 $\sum F=ma$ 可知，由于流体流动为匀速运动，故 $a=0$，所以 $\sum F=0$。

在圆柱形流体的轴线方向的作用力有 F_1、F_2、T 及 G 在轴线方向的分量 $G\sin\theta$。圆柱

形流体表面的正向力及端面的切向力都与轴线垂直，因此在轴线方向没有分力。所以

$$\sum F = F_1 - T - F_2 + G\sin\theta = 0$$

或

$$\pi r^2 p_1 + 2\pi r l\mu \frac{\mathrm{d}u}{\mathrm{d}r} - \pi r^2 p_2 + \pi r^2 l\rho g \sin\theta = 0 \tag{5-6}$$

从几何关系可得 $\sin\theta = \frac{z_1 - z_2}{l}$，代入式(5-6)，并以 πr^2 除全式，得

$$p_1 - p_2 + \rho g(z_1 - z_2) = -2l\mu \frac{\mathrm{d}u}{r\mathrm{d}r} \tag{5-7}$$

在圆柱形流体中，对断面 1-1 和断面 2-2 之间的流体列伯努利方程，有

$$\frac{p_1}{\rho g} + z_1 + \frac{\alpha v_1^2}{2g} = \frac{p_2}{\rho g} + z_2 + \frac{\alpha v_2^2}{2g} + h_w$$

因为圆柱形流体断面不变，所以 $v_1 = v_2$，又因为是直管，h_w 仅有沿程损失 h_1，即 $h_w = h_1$，则

$$h_1 = \frac{p_1}{\rho g} - \frac{p_2}{\rho g} + z_1 - z_2$$

或

$$p_1 - p_2 + \rho g(z_1 - z_2) = \rho g h_1 \tag{5-8}$$

代入式(5-7)得

$$\rho g h_1 = -2l\mu \frac{\mathrm{d}u}{r\mathrm{d}r}$$

或

$$\mathrm{d}u = -\frac{\rho g h_1}{2\mu l} r\,\mathrm{d}r \tag{5-9}$$

对式(5-9)积分得

$$u = -\frac{\rho g h_1}{4\mu l} r^2 + C \tag{5-10}$$

可以利用边界条件来确定积分常数 C。当 $r = r_0$ 时，$u = 0$，代入式(5-10)得

$$C = \frac{\rho g h_1}{4\mu l} r_0^2 \tag{5-11}$$

将式(5-11)代入式(5-10)得

$$u = \frac{\rho g h_1}{4\mu l}(r_0^2 - r^2) \tag{5-12}$$

这就是圆管层流运动中径向的速度分布。式(5-12)是抛物线方程式，故圆管层流中，径向速度分布图是抛物线。当 $r = 0$ 时，速度最大，即

$$u_{\max} = \frac{\rho g h_1}{4\mu l} r_0^2 = \frac{\rho g h_1 d^2}{16\mu l} \tag{5-13}$$

式中，d 为圆管直径。

为求出圆管层流运动时的流量，可以通过用式(5-12)对整个断面积分而得出。如图 5-3

所示，圆管层流的圆断面上任一半径为 r、宽度为 $\mathrm{d}r$ 的微小圆环面积上，可以认为速度都等于 u，通过这微小面积的流量为

$$\mathrm{d}q = 2\pi r u \mathrm{d}r = \frac{\rho g h_1 \pi}{2\mu l}(r_0^2 - r^2) r \mathrm{d}r \tag{5-14}$$

对式(5-14)进行积分得

$$q = \int_A \mathrm{d}q = \frac{\rho g h_1 \pi}{2\mu l}\int_0^{r_0}(r_0^2 - r^2) r \mathrm{d}r = \frac{\rho g h_1 \pi}{2\mu l}\left(\frac{r_0^4}{2} - \frac{r_0^4}{4}\right) = \frac{\rho g h_1 \pi r_0^4}{8\mu l}$$

或

$$q = \frac{\rho g \pi d^4}{128\mu l} h_1 = \frac{\rho g \pi d^4}{128\mu l}\left(\frac{p_1}{\rho g} - \frac{p_2}{\rho g} + z_1 - z_2\right) \tag{5-15}$$

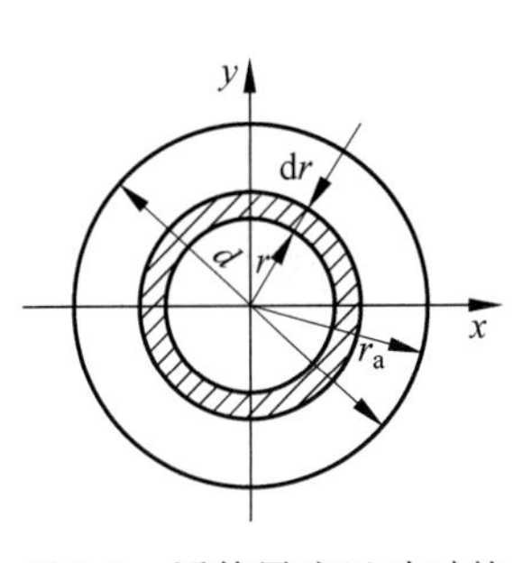

图 5-3　圆管层流运动时的流量计算图

当圆管为水平或者两断面的位置高度差 $\Delta z = z_1 - z_2$ 相对于两断面的压差 $\frac{p_1 - p_2}{\rho g} = \frac{\Delta p}{\rho g}$ 来说很小，可忽略不计时，式(5-15)可写成

$$q = \frac{\pi d^4 \Delta p}{128\mu l} \tag{5-16}$$

或

$$\Delta p = \frac{128\mu l q}{\pi d^4} \tag{5-17}$$

以式(5-15)代入断面平均速度的计算公式 $v = \frac{q}{A}$，可得

$$v = \frac{\rho g d^2 h_1}{32\mu l} \tag{5-18}$$

比较式(5-13)与式(5-18)可以看出，在圆管层流中的平均速度是最大速度的 1/2，即

$$v = \frac{1}{2} u_{\max} \tag{5-19}$$

从式(5-18)可得

$$h_1 = \frac{32\mu l}{\rho g d^2} v \tag{5-20}$$

式(5-20)说明在圆管层流中沿程阻力损失是与速度的一次方成正比的。这一结论是从理论上导出的，同时也是被实验所证明了的。

在流体力学中，h_1 常常表示成速度水头 $\frac{v^2}{2g}$ 的函数，因此式(5-20)可写成

$$h_1 = \frac{32\mu l}{\rho g d^2} v = \frac{64\mu l}{\rho d^2 v} \cdot \frac{v^2}{2g} = \frac{64\mu}{\rho d v} \cdot \frac{l}{d} \cdot \frac{v^2}{2g} = \frac{64}{\frac{\rho d v}{\mu}} \frac{l}{d} \frac{v^2}{2g}$$

根据运动黏度公式 $\nu = \frac{\mu}{\rho}$，则

$$h_1 = \frac{64}{\frac{vd}{\nu}} \cdot \frac{l}{d} \cdot \frac{v^2}{2g} = \frac{64}{Re} \cdot \frac{l}{d} \cdot \frac{v^2}{2g}$$

令

$$\lambda=\frac{64}{Re} \tag{5-21}$$

则沿程阻力损失的计算公式为

$$h_1=\lambda \cdot \frac{l}{d} \cdot \frac{v^2}{2g} \tag{5-22}$$

式中，无因次数 λ 称为沿程阻力系数。

雷诺数 Re 是无因次数，由式(5-21)可知，λ 也是无因次数。说明层流情况下，其沿程阻力系数仅与 Re 有关，而与管壁的粗糙情况无关，这是层流运动的一个特点。

5.2.2 层流的起始段

式(5-12)～式(5-22)等仅适用于圆管中层流速度分布已充分发展而形成稳定的抛物线分布的情况，即式(5-12)所代表的速度分布。但在实际上，当流体进入圆管后的一段距离内，其速度分布不符合式(5-12)。在圆管的起始断面上，其速度是均匀分布的，各点速度都等于 v，在紧靠管壁处，则由于管壁吸附作用，流体速度为 0，而内层流体速度为 v，故此处速度梯度$\frac{\mathrm{d}u}{\mathrm{d}n}$是很大的。根据 $\tau=\mu\frac{\mathrm{d}u}{\mathrm{d}n}$可知，紧靠管壁的一层流体对内层流体的摩擦力很大，因此使得与管壁相邻的层流体的速度很快下降，形成慢速的边界层，而中间部分则仍维持为快速。而且为了满足连续性条件，中间部分的流速就必然加快而大于 v。随着流体向管中流动，层流边界层逐渐扩大，最后断面速度分布就变成抛物线分布。其发展过程如图 5-4 所示。

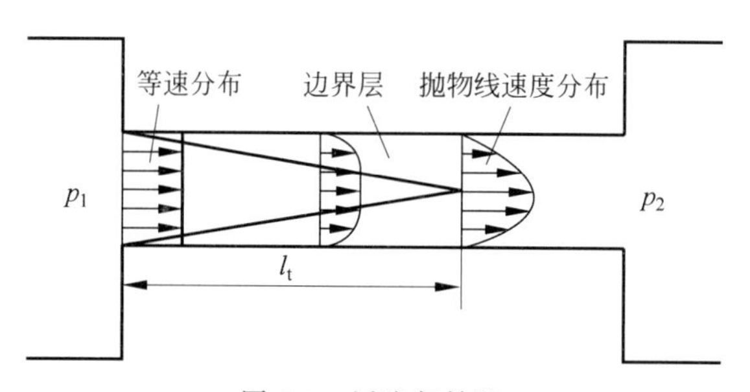

图 5-4 层流起始段

严格说，只有当管长为无限长时，在管道末端才有可能达到完全的抛物线速度分布。但实际上认为轴心速度 u_0 与平均速度 v 的比值 $u_0/v=1.98$ 时(即断面的轴心速度比最大轴心速度的理论值小 1%时)，就认为断面上的速度分布符合抛物线分布了。从入口至该断面的管长 l_t 称为层流起始段长度。

在起始段以后，圆管断面上的速度分布符合式(5-12)，因此其阻力特性也符合式(5-17)，而在起始段内，由于其速度分布不符合式(5-12)，相应的阻力特性也不符合式(5-17)。实验研究证明，圆管层流起始段中的阻力特性符合图 5-5 所示的情况。

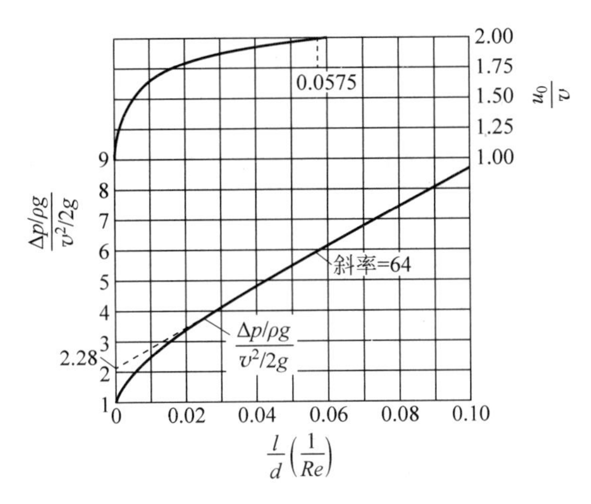

图 5-5 圆管层流起始段中的阻力特性

图 5-5 中，左下部纵坐标为$\frac{\frac{\Delta p}{\rho g}}{\frac{v^2}{2g}}$，即圆管两端的压力水头差$\frac{\Delta p}{\rho g}=\frac{p_1-p_2}{\rho g}$与其速度水头$\frac{v^2}{2g}$之比，横坐标为$\frac{l}{d}\left(\frac{1}{Re}\right)$。图 5-5 右上部纵坐标为圆管末端轴心速度 u_0 与平均速度 v 的比值$\frac{u_0}{v}$，横坐标仍为$\frac{l}{d}\left(\frac{1}{Re}\right)$。由图 5-5 得出，当$\frac{l}{d}\left(\frac{1}{Re}\right)=0.0575$ 时，$\frac{u_0}{v}=1.98$，由此可算得层流起始段长度为

$$l_t=0.0575d\cdot Re \tag{5-23}$$

对于管长 $l>l_t$ 的情况，则由图 5-5 可以看出，其阻力损失可以用下式表示

$$\frac{(p_1-p_2)/\rho g}{v^2/2g}=64\,\frac{l}{d}\cdot\frac{1}{Re}+2.28$$

即

$$\frac{\Delta p}{\rho g}=\left(\frac{64}{Re}\cdot\frac{l}{d}+2.28\right)\frac{v^2}{2g}$$

或

$$\frac{\Delta p}{\rho g}=\left(1+\frac{2.28d}{64l}\cdot Re\right)\times\left(\frac{64}{Re}\cdot\frac{l}{d}\cdot\frac{v^2}{2g}\right) \tag{5-24}$$

把式(5-24)与式(5-22)及式(5-21)相比较可以看出，圆管层流阻力损失由两部分所组成，第一部分是$\frac{64}{Re}\cdot\frac{l}{d}\cdot\frac{v^2}{2g}$，这就是圆管速度完全形成抛物线分布时的阻力，另一部分是由于有起始段存在而引起的附加阻力 $2.28\,\frac{v^2}{2g}$。这一部分附加阻力的产生是由于流体内层在起始段中被加速（轴心速度由 v 变为 u_0）而消耗的能量。

对于 $l<l_t$ 时，则式(5-24)的误差就稍大，其误差就是图 5-5 中实线与虚线之差。此时阻力损失仍按式(5-22)计算，但 λ 值不能用式(5-21)计算，而应当用下式计算

$$\lambda = \frac{A}{Re} \tag{5-25}$$

式中,A 值由实验决定,可按表 5-1 求出。

表 5-1 层流起始段的 A 值

$\frac{l}{dRe}\times 10^3$	2.5	5	7.5	10	12.5
A	122	105	96.66	88	82.4
$\frac{l}{dRe}\times 10^3$	15	17.5	20	25	28.75
A	79.16	76.41	74.38	71.5	69.56

5.2.3 几种非圆形断面管道的层流流量公式

对于几种典型的非圆形断面的管道中层流流量与压差的关系,可以从理论上导出如下一些计算公式。

1. 通过椭圆形管道的层流

$$q = \frac{\pi a^3 b^3}{4\mu l(a^2 + b^2)}\Delta p \tag{5-26}$$

如果 $a=b=r$,则上式变为

$$q = \frac{\pi r^4}{8\mu l}\Delta p = \frac{\pi d^4}{128\mu l}\Delta p$$

这就与式(5-16)完全一致了。

2. 通过矩形管道的层流

$$q = \frac{wh^3}{12\mu l}\left(1 - \frac{192h}{\pi^5 w}\tanh\frac{\pi w}{2h}\right)\Delta p \tag{5-27}$$

如为正方形,$w=h$,则

$$q = \frac{w^4}{28.4\mu l}\Delta p \tag{5-28}$$

如 $w \gg h$,则式(5-27)变为

$$q = \frac{wh^3}{12\mu l}\Delta p \tag{5-29}$$

3. 通过三角形管道的层流

对直角边长为 S 的直角三角形断面管道有

$$q = \frac{S^4}{155.5\mu l}\Delta p \tag{5-30}$$

对边长为 S 的等边三角形断面管道有

$$q=\frac{S^4}{185\mu l}\Delta p \tag{5-31}$$

式(5-26)～式(5-31)中，各式所对应的断面形状如图5-6所示。

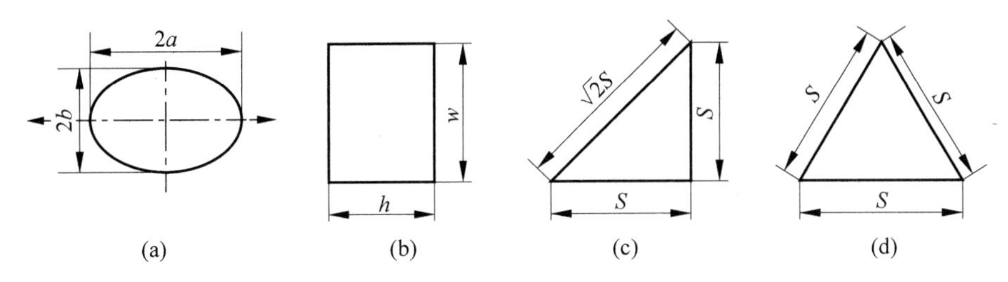

图5-6　几种非圆形断面形状

(a) 椭圆断面；(b) 矩形断面；(c) 直角三角形断面；(d) 等边三角形断面

例5-2　油泵的输油管直径为 $d=25\text{mm}$，流量为 $q=36\text{L/min}$，油液黏度为 $\nu=1.9\times10^{-5}\text{m}^2/\text{s}$，管长为 $l=10\text{m}$，试求其压力降为多少？油密度为 $\rho=900\text{kg/m}^3$。

解：油液在输油管中的流速：

$$v=\frac{36\times10^{-3}/60}{\frac{\pi}{4}\times0.025^2}=1.22(\text{m/s})$$

雷诺数：

$$Re=\frac{vd}{\nu}=\frac{1.22\times0.025}{1.9\times10^{-5}}=1600<2300$$

可判断油液在输油管中的流动状态为层流。则：

$$\lambda=\frac{64}{Re}=\frac{64}{1600}=0.04$$

沿程阻力损失：

$$h_1=\lambda\frac{l}{d}\frac{v^2}{2g}=0.04\times\frac{10}{0.025}\times\frac{1.22^2}{2\times9.81}=1.21(\text{m})$$

所以，由此引起的压力降为

$$\rho g h_1=900\times9.81\times1.21=1.07\times10^4(\text{Pa})$$

5.3　圆管中的紊流流动

与层流流动相比，紊流流动是一个很复杂的现象，这里只介绍一些与阻力损失有关的基本概念和定律。

5.3.1　时均点速，脉动速度

紊流流动的一个重要特点是流动过程中流体质点之间存在动量交换，质点运动规律杂乱无章。图5-7表示紊流流场中某一点的速度 u_s 在一段时间 T 内的变化情况。从图中可看出，速度变化很剧烈，这称为速度脉动现象。这种速度在一段时间之内的平均值称为“时

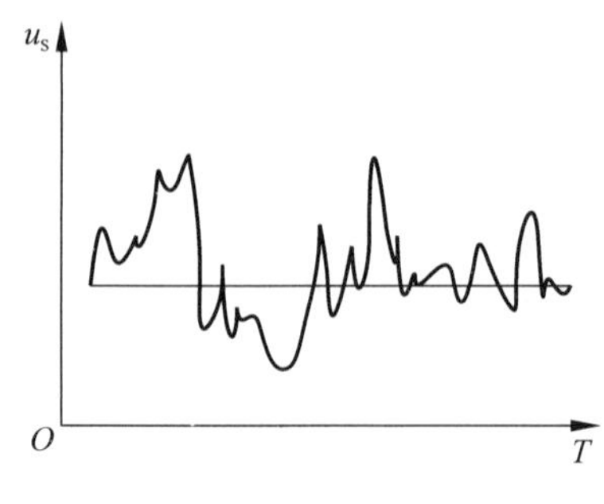

图 5-7 紊流流场中某一点的速度

均点速”,代表该点在 T 时段内的平均速度,即

$$\bar{u} = \frac{1}{T}\int_{t_0-\frac{T}{2}}^{t_0+\frac{T}{2}} u_s \mathrm{d}t \tag{5-32}$$

实验证明,只要时间足够长,$\bar{u}$ 值基本固定而且与 T 无关。该点瞬时速度 u_s 与 $\bar{u}$ 的关系为

$$u_s = \bar{u} + u' \tag{5-33}$$

式中,u'称为该点的“脉动速度”,它有正有负,对流体运动性质有很大影响,其时间平均值为零,这一点可从下面的推导看出:

$$\begin{aligned}\bar{u} &= \frac{1}{T}\int u_s \mathrm{d}t = \frac{1}{T}\int (\bar{u} + u')\mathrm{d}t \\ &= \frac{1}{T}\int \bar{u}\mathrm{d}t + \frac{1}{T}\int u'\mathrm{d}t \\ &= \bar{u} + \frac{1}{T}\int u'\mathrm{d}t\end{aligned}$$

即,u'的时间平均值

$$\frac{1}{T}\int u'\mathrm{d}t = 0$$

应当注意,这里的时均点速 $\bar{u}$ 与断面平均速度 v 是不同的两个概念。时均点速 $\bar{u}$ 是某一点的速度在 T 时间内的平均值,而断面平均速度 v 则是断面上各点在同一瞬时的速度对整个断面的平均值。

同样,在流场中任一点的压力也是随时间而脉动的,但其时间平均值可以维持不变,称“时均点压”,即

$$\bar{p} = \frac{1}{T}\int_{t_0-\frac{T}{2}}^{t_0+\frac{T}{2}} p \mathrm{d}t \tag{5-34}$$

从本质上来说,紊流是非稳定流,但如果流场中各点的运动要素皆以其时均值代替,则紊流又可看成是稳定的,称为时均稳定流。本书以后的讨论都是在时均稳定流的条件下来讨论紊流的。为简单起见,不再加时均符号“—”。

5.3.2 层流边层

在紊流中,由于流体质点的混杂作用,速度分布在管子中间部分比层流管流大大均匀化,但在靠近管壁附近,由于管壁限制了流体质点的交换,而且管壁附近速度也较小,因此在管壁附近有一层很薄的层流,称为层流边层。层流边层的厚度极小,一般仅有十分之几毫米,常用下面的半经验公式来计算:

$$\delta = 30\frac{d}{Re\sqrt{\lambda}} \tag{5-35}$$

式中,δ——层流边层厚度;

d——管径;

λ——紊流流态下的沿程阻力系数;

Re——雷诺数。

层流边层厚度虽然很小，但对某些流动现象却有巨大的影响，例如对管内流体经过管壁向外散热。层流边层越厚，则散热效果越差。对管内流动的阻力来说，则层流边层越厚，其阻力越小。

在层流边层的外面有一个极薄的过渡区，过渡区同时存在层流和紊流，厚度非常薄，难于测定，一般就把它包括在层流边层中。

在管道的中心部分全部是紊流，称为“紊流核心区”。

5.3.3　圆管紊流在有效断面上的速度分布

在层流中，流体质点间的摩擦力符合牛顿内摩擦定理，但在紊流中，由于存在层与层之间的质点交换所引起的附加阻力，因此摩擦力大于内摩擦定理算式的计算值。按普朗特混合长理论，这部分附加的摩擦应力为

$$\tau'_{yx}=\rho l^2\left(\frac{\mathrm{d}u}{\mathrm{d}y}\right)^2 \tag{5-36}$$

式中，ρ——流体密度；

$\frac{\mathrm{d}u}{\mathrm{d}y}$——速度梯度；

l——反映流体质点横向脉动距离的一个值，称为“混合长”，它相当于质点从一层向另一层横向脉动所移动的距离。普朗特认为 l 与离管壁的距离 y 成正比，即

$$l=ky \tag{5-37}$$

式中，k——常数，由实验确定。

因此，紊流中总的摩擦应力是黏性摩擦应力与附加摩擦应力之和，即

$$\tau=\mu\frac{\mathrm{d}u}{\mathrm{d}y}+\rho l^2\left(\frac{\mathrm{d}u}{\mathrm{d}y}\right)^2 \tag{5-38}$$

实验证明，在靠近管壁的层流边层中只有黏性摩擦应力 $\mu\frac{\mathrm{d}u}{\mathrm{d}y}$ 起作用，而在紊流核心中，附加摩擦应力 $\rho l^2\left(\frac{\mathrm{d}u}{\mathrm{d}y}\right)^2$ 可能比 $\mu\frac{\mathrm{d}u}{\mathrm{d}y}$ 大数百倍甚至更大。因此在紊流核心区中，$\mu\frac{\mathrm{d}u}{\mathrm{d}y}$ 可忽略不计。即

$$\tau=\tau'_{yx}=\rho(ky)^2\left(\frac{\mathrm{d}u}{\mathrm{d}y}\right)^2 \tag{5-39}$$

普朗特进一步假设 τ'_{yx} 是一个常数，而且就等于管壁上的剪应力 τ_0，故式(5-39)可写为

$$\tau_0=\rho(ky)^2\left(\frac{\mathrm{d}u}{\mathrm{d}y}\right)^2$$

或

$$\frac{\mathrm{d}u}{\mathrm{d}y}=\frac{1}{ky}\cdot u^* \tag{5-40}$$

式中

$$u^*=\sqrt{\frac{\tau_0}{\rho}} \tag{5-41}$$

称为“阻力流速”，也称为“剪应力速度”。

对式(5-40)积分得

$$u=\frac{u^*}{k}(\ln y+C)$$

利用管轴心速度为最大速度 u_m 作为边界条件，则 $y=r_0$ 时，$u=u_m$。代入上式可确定积分常数 C，最后得

$$\frac{u_m-u}{u^*}=-\frac{1}{k}\cdot\ln\frac{y}{r_0} \tag{5-42}$$

式(5-42)说明，在圆管紊流中速度分布符合对数分布规律，该方程式被称为普朗特方程。尼古拉茨根据实验指出，$k=0.4$，则公式基本与实验结果一致，只是靠近管壁处的计算流速与实验结果有些偏差。这是由于方程的建立是在忽略了黏性摩擦力的前提下积分的。而在管壁附近有层流边层时，方程就不适用了。

虽然推导出了圆管紊流的速度方程式，但是方程中 u^*、k 和 u_m 等还是难以精确地确定，因此不能像层流流动那样由速度分布直接从理论上推导出流量及阻力计算公式。紊流的阻力计算还是要依靠实验来得出经验公式。

5.3.4 圆管紊流的沿程阻力损失计算

实验证明，圆管紊流的沿程阻力损失有与层流相似的一面，又有与层流本质不同的一面。在紊流中 h_l 与 $\frac{v^2}{2g}$ 成正比，与管长 l 和管径 d 的比值 $\frac{l}{d}$ 成正比，这两方面是与层流相似的。此外，层流中的沿程阻力损失还与阻力系数 λ 成正比，而层流中的 λ 只与 Re 有关，如式(5-21)所示。在紊流中，阻力系数 λ 不只与 Re 有关，还与管壁的粗糙情况有关。因此，在紊流中也可写成类似于式(5-22)的计算公式

$$h_l=\lambda\frac{l}{d}\frac{v^2}{2g}$$

但这里

$$\lambda=f\left(Re,\frac{\varepsilon}{d}\right) \tag{5-43}$$

式中，ε——管壁绝对粗糙度；

d——管径；

$\frac{\varepsilon}{d}$——相对粗糙度。表 5-2 列出了几种常用管子的 ε 值。

表 5-2　几种常用管子的 ε 值

管壁材料	ε/mm
无缝钢管	0.04～0.17
铸铁管	0.25～0.42
镀锌钢管	0.25～0.39
冷拔铝管及铝合金管	0.0015～0.06

续表

管壁材料	ε/mm
冷拔铜管及黄铜管	0.0015～0.01
旧钢管	0.6～0.67
玻璃管	0.0015～0.01
橡胶软管	0.01～0.03

由于 Re 和 $\frac{\varepsilon}{d}$ 都是无因次数，因此紊流的 λ 也是一个无因次数，至于 $\lambda=f\left(Re,\frac{\varepsilon}{d}\right)$ 的关系只能从实验中求出。图 5-8 就是表示式(5-43)这一关系的实验曲线。

图 5-8 中横坐标为 Re，纵坐标为 λ，而相对粗糙度 $\frac{\varepsilon}{d}$ 为参变量(右边所标的数字分别代表每一条线的相对粗糙度)。

根据图形的特点，可清楚地把图形分成以下几个区域：

(1) 层流区

在图 5-8 中 $Re\leqslant2300$ 的范围内，阻力系数 λ 与粗糙度无关，仅是 Re 的函数。λ 与 Re 的关系就与理论推导结果式(5-21)完全一致。

(2) 临界区

在 $2300<Re\leqslant4000$ 的范围内，这是层流与紊流之间的“临界区”。在这一范围内流体的流动状态很不稳定。工程上一般也避免在这一范围内使用。

$Re>4000$ 以后的范围都是紊流区。在这一范围内根据阻力特性的不同又可分为几个区域。

(3) 光滑管区

在图 5-8 中最下部这一条曲线代表“光滑管区”，在这条线上，λ 也只是 Re 的函数，与粗糙度无关。即

$$\lambda=f(Re)$$

当层流边层的厚度大于粗糙度时，粗糙度就被层流边层盖住因而对流动阻力不起作用，反之当层流边层的厚度小于粗糙度时，粗糙度对流动阻力就起作用了。光滑管区就是层流边层大于粗糙度的区域。由式(5-35)可见层流边层的厚度与 Re 有关，Re 越大，层流边层的厚度越小。

(4) 阻力平方区

在图 5-8 中虚线 MN 右边这一范围内，所有的曲线都变成直线，这就说明在这一范围内 Re 对 λ 不起作用。即

$$\lambda=f\left(\frac{\varepsilon}{d}\right)$$

其原因是在这一范围内层流边层厚度很小，粗糙度完全凸出在层流边层之外，对紊流阻力产生了充分的影响。由式(5-22)可看出，当 λ 与 Re 无关时，阻力 h_1 与 u^2 成正比。因此该区域称为“阻力平方区”。

(5) 过渡区

在光滑管区与阻力平方区之间的范围内称为“过渡区”。在这一范围内，粗糙度已经凸

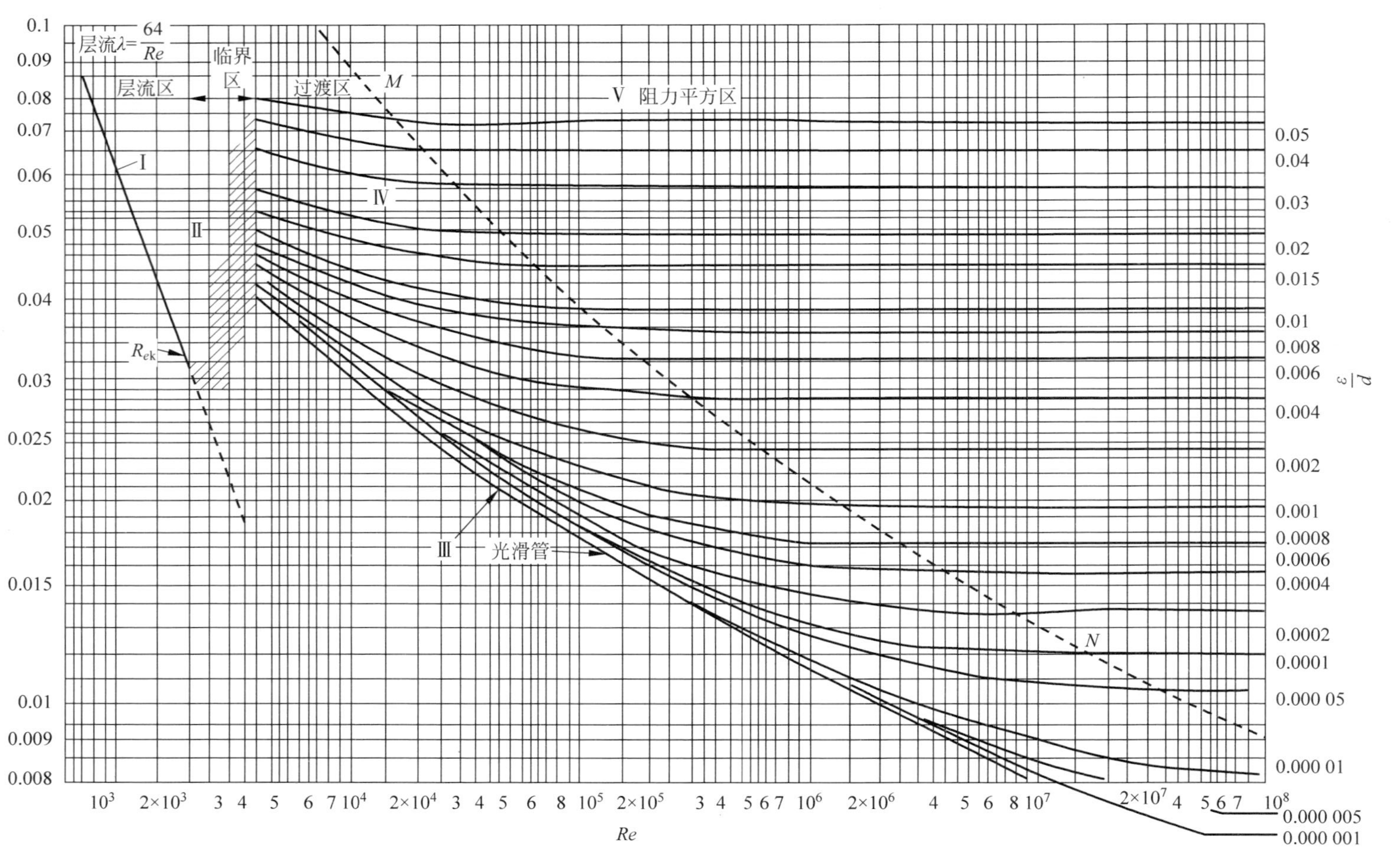

图 5-8 阻力系数曲线(莫迪图)

到层流边层之外，但还没全部突出来，因此 Re 与 λ 同时发挥作用，即

$$\lambda = f\left(Re, \frac{\varepsilon}{d}\right)$$

对上述几个范围的 λ 计算，除查图 5-8 外，还有一些经验公式：

层流区：

$$\lambda = \frac{64}{Re}$$

光滑管区：比较常用的经验公式为

$$\lambda = \frac{0.3164}{Re^{0.25}} \tag{5-44}$$

阻力平方区：常用下述经验公式

$$\lambda = \left(1.74 + 2\lg\frac{d}{2\varepsilon}\right)^{-2} \tag{5-45}$$

过渡区：过渡区的经验公式较多，例如可用如下经验公式

$$\lambda = \frac{1}{d^{0.3}}\left(1.5 \times 10^{-6} + \frac{\nu}{v}\right)^{0.3} \tag{5-46}$$

把式(5-2)，式(5-44)代入式(5-22)可得出 $h_1 \propto u^{1.75}$，而阻力平方区 h_1 则与 v^2 成正比。因此，在紊流区内沿程阻力损失 h_1 与 $v^{1.75\sim2}$ 成正比。这也就是紊流阻力与层流阻力的本质区别。

一般阻力计算可以直接用图 5-8 来决定 λ 值。计算步骤如下：

(1) 根据管径 d、流速 v 及运动黏度 ν，算出雷诺数 Re。

(2) 根据管子的相对粗糙度 $\frac{\varepsilon}{d}$ 从图 5-8 右边找出与计算得到的 $\frac{\varepsilon}{d}$ 相应的一条曲线，再根据算出的 Re 查出 λ 值。如图 5-8 中没有所计算出的 $\frac{\varepsilon}{d}$ 正好对应的曲线，可以先用算出的 $\frac{\varepsilon}{d}$ 上下的 $\left(\frac{\varepsilon}{d}\right)_1$ 及 $\left(\frac{\varepsilon}{d}\right)_2$ 来找出对应的 λ_1 和 λ_2，然后用内插法求出 λ。

对于非圆形管道的阻力计算，可以用式(5-22)和图 5-8 或有关阻力系数公式进行，不过由于这些公式都是针对圆形断面管道得出的，因此对非圆形管道进行计算时，必须用其当量直径 d。其他计算步骤与圆形管道完全一致。

5.4　局部阻力损失计算

前面已经指出了局部阻力损失(也称局部阻力)产生的原因是局部区域流体质点间相互摩擦碰撞加剧所致。这种摩擦和碰撞加剧的原因主要是该地区所产生的旋涡。如图 5-9(a)所示，管路断面突然放大，流体由于有惯性，流体质点不可能在小断面一出口就立即转 90°弯，而只能逐渐转弯，因此主流断面是逐渐扩大的。在主流和管壁之间就出现死水区，产生

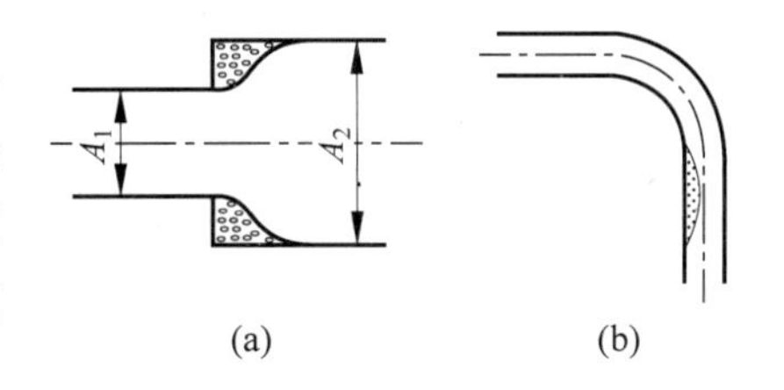

图 5-9　局部阻力损失

(a) 管道断面突然放大；(b) 弯管区域

旋涡。又如在管道转弯时，弯管内壁的流体也不可能产生急转弯。因此主流也要脱离弯管内壁，如图 5-9(b)所示，所以在该处也要产生旋涡。

各种局部阻力产生的本质都是由于产生旋涡引起的。实验证明，局部阻力的大小与流过局部阻力处的速度水头成正比，即

$$h_r = \zeta \frac{v^2}{2g} \tag{5-47}$$

式中，ζ——局部阻力系数，取决于局部阻力产生处管道的几何形状，不同的几何形状有不同的 ζ 值，一般流体力学书籍及水力学或液压手册中都载有各种有关的 ζ 值备查。下面列出几种工程中常用的局部阻力系数作为计算参考。

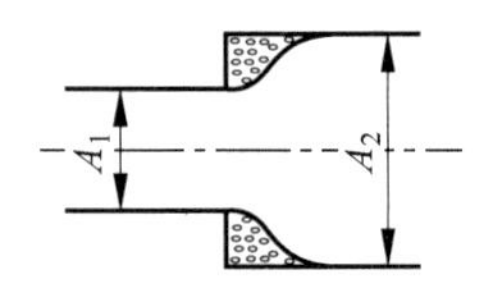

图 5-10　管径突然扩大

(1) 管径突然扩大

管径突然扩大前后的断面分别为 A_1 和 A_2，如图 5-10 所示，其局部阻力系数 ζ 可按表 5-3 查出。

表 5-3　管径突然扩大的局部阻力系数 ζ

$\frac{A_1}{A_2}$	1	0.9	0.8	0.7	0.6	0.5
ζ_1	0	0.0123	0.0625	0.184	0.444	1.0
ζ_2	0	0.01	0.04	0.09	0.16	0.25
$\frac{A_1}{A_2}$	0.4	0.3	0.2	0.1	0	
ζ_1	2.25	5.44	16	81	∞	
ζ_2	0.36	0.49	0.64	0.81	1	

注：ζ_1 对应于扩大后流速；ζ_2 对应于扩大前流速。

(2) 管径突然缩小

管径突然缩小的阻力系数 ζ 与管径突然放大不同，原因在于造成能量损失的涡流出现的位置不同。突然放大的旋涡是在大管径处，突然缩小的旋涡是在小管径处，这两者断面比相同时 ζ 值并不相等，如图 5-11 所示。

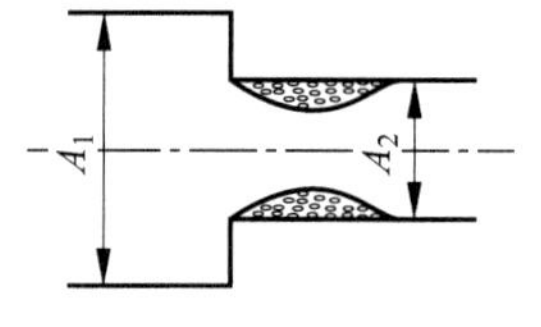

图 5-11　管径突然缩小

管径突然缩小的局部阻力系数见表 5-4。

表 5-4　管径突然缩小的局部阻力系数 ζ(对应于缩小后流速)

$\frac{A_2}{A_1}$	<0.01	0.1	0.2	0.3	0.4	0.5
ζ	0.5	0.47	0.45	0.38	0.34	0.3
$\frac{A_2}{A_1}$	0.6	0.7	0.8	0.9	1.0	
ζ	0.25	0.20	0.15	0.09	0	

(3) 管道入口和出口

管道入口相当于突然收缩时$\frac{A_2}{A_1}<0.01$,即 $\zeta=0.5$；管道出口相当于突然放大时$\frac{A_1}{A_2}=0$,即 $\zeta=1.0$。

(4) 液压阀

各种液压阀的阻力系数,原则上要由实验决定,也可参考该阀在额定流量 q_n 时的压力损失 Δp_n(可由产品样本中查得),当流量与额定流量不同时,其压力损失可按下式确定：

$$\Delta p=\Delta p_n\frac{q^2}{q_n^2} \tag{5-48}$$

应当指出,一般资料中所给出的 ζ 值,都是在不受干扰情况下由实验得出的,如果各种局部阻力距离很近,则将相互干扰,因此上述各种局部阻力 ζ 值的数据就不能采用,一般两个局部阻力之间的距离大于 $15\sim30d$(d 为管径)时,可以认为它们互不干扰。

5.5　管路(或阻力损失)的串并联

前文所讲的阻力损失计算问题都是一个或几个阻力损失组成的一个简单管路的情况。而在实际工程中,往往有不少系统或回路本身是由几个管路(或阻力损失)串联和并联起来组成的。

在串并联管路计算中,主要是计算阻力损失或流量的问题,因此若把以前得到的阻力计算式(5-22)或式(5-47)改成流量和阻力的关系则更方便一些。

对于沿程阻力损失,式(5-22)可改成为

$$h_l=\lambda\cdot\frac{l}{d}\cdot\frac{\left(q\Big/\frac{\pi}{4}d^2\right)^2}{2g}=\lambda\cdot\frac{l}{\frac{\pi^2}{16}d^5\times2g}\cdot q^2=Kq^2$$

式中,$K=\frac{8l\lambda}{\pi^2d^5g}$。

除 λ 外,其他量都只取决于管路本身特性或为常数。λ 虽然与 Re 有关,其实就是与 v 或 q 有关。在计算过程中,假如 q 已知,则 λ 可以先算出,是一个常数。假如 q 未知,则先假定一个 λ 值,算出 q 后再校核原来假设的 λ 值是否合理。因此不管 q 已知或未知,在计算的过程中总是把 λ 看成常量,所以可以说 K 是只取决于管路特性的量。

对于局部阻力损失,则式(5-47)可改写为

$$h_r=\zeta\cdot\frac{\left(q\Big/\frac{\pi}{4}d^2\right)^2}{2g}=\frac{8\zeta}{\pi^2d^4g}\cdot q^2=K'q^2$$

式中,$K'=\frac{8\zeta}{\pi^2d^4g}$,也是一个只取决于局部阻力本身特性的量,在计算过程中,可以把它看成一个常量。

所以,可归纳出在管路串并联计算中,对每个阻力的基本计算公式为

$$h = Kq^2 \tag{5-49}$$

式中，K 是只取决于管路阻力特性的常数，称为“阻力特性系数”。

对于沿程阻力损失

$$K = \frac{8l\lambda}{\pi^2 d^5 g} \tag{5-50}$$

对于局部阻力损失

$$K = \frac{8\zeta}{\pi^2 d^4 g} \tag{5-51}$$

假如把一根管路作为一个阻力，而该管路上有几个沿程阻力和几个局部阻力，则根据损失叠加原则仍可用式(5-49)计算阻力，此时阻力特性系数为

$$K = \sum_{i=1}^{n_1} \frac{8l_i\lambda_i}{\pi^2 d_i^5 g} + \sum_{j=1}^{n_2} \frac{8\zeta_j}{\pi^2 d_j^4 g} \tag{5-52}$$

5.5.1　串联管路的阻力损失计算

关于串联管路问题，事实上在前面讨论损失叠加原则时已经谈过了，几个沿程阻力损失和局部阻力损失依次连接在一起，就成为一个串联阻力损失了，如图 5-12 所示。

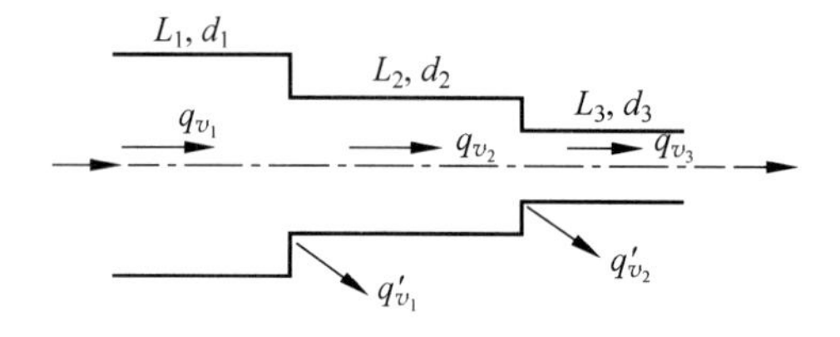

图 5-12　串联管路

串联管路有以下两个特性：

(1) 流量特性：所有串联管路中的流量都相等。

(2) 阻力特性：串联管路的总阻力损失等于各个管路阻力损失之和。

对每一个管路，式(5-49)均成立，即

$$h_1 = K_1 q_1^2, h_2 = K_2 q_2^2, \cdots, h_n = K_n q_n^2$$

根据串联管路的两个特点，则有

$$q_1 = q_2 = \cdots = q_n = q$$

$$h = h_1 + h_2 + \cdots + h_n \tag{5-53}$$

$$h_w = K_1 q_1^2 + K_2 q_2^2 + \cdots + K_n q_n^2 = (K_1 + K_2 + \cdots + K_n) q^2 \tag{5-54}$$

这就是串联管路的基本计算公式。

5.5.2　并联管路的阻力损失计算

如图 5-13 所示三根管路(或阻力损失)并联。如果在 A 点和 B 点分别安装测压管，则两个测压管液面之差就代表这两点之间的损失 h(忽略 A 和 B 两点管路断面不同而引起的

误差)。由于 A 点及 B 点都是这三根管路所共有的,h 代表单位重力流体由 A 点流到 B 点所损失的能量。而单位重力流体不管是从三根管子中的任何一根从 A 点流到 B 点的能量损失都是相同的。因为假如不相等,则 B 点测压管的液面将出现几个不同液面,而这是不可能的,一根管子中只能有一个液面,也就是说,汇合点的流体压力只能是一个。

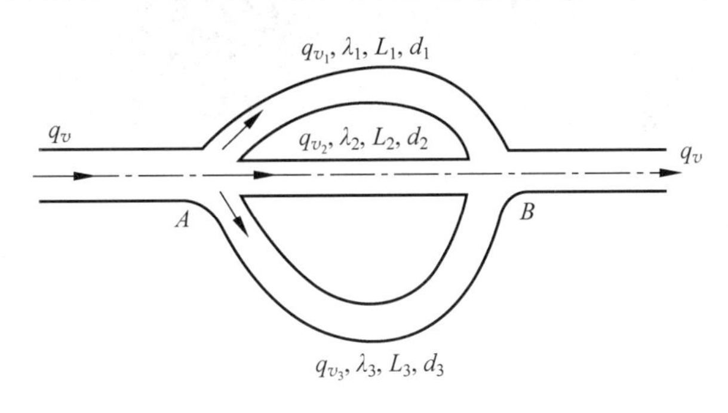

图 5-13 并联管路

由此,得到并联管路的两个特性:

(1) 流量特性:各支管的流量之和等于总流量。

(2) 阻力特性:各并联管路中的阻力都相等。该特性的另一个说法是汇合点压力对任一支管路都是同一值。

用公式表示,则有

$$h = h_1 = h_2 = \cdots = h_n$$

$$K_1 q_1^2 = K_2 q_2^2 = \cdots = K_n q_n^2 \tag{5-55}$$

$$q = q_1 + q_2 + \cdots + q_n \tag{5-56}$$

应当指出,虽然并联管路中每根管路的阻力损失(单位重力流体的能量损失)是相同的。但是每根管路中的总功率损失是不相等的,故各管路总能量消耗也不相等。

5.6 阻力损失知识在工程中的应用示例

阻力知识的应用——运河的舍直取弯

京杭大运河全长约 1797km,始建于春秋时期,是世界上里程最长、工程最大的古代运河,也是最古老的运河之一。京杭大运河不仅对中华文明有着巨大的影响,也是世界文化遗产的重要组成部分。

京杭大运河扬州段是京杭大运河最早开凿的河道,扬州段地势北高南低,河床坡度较陡,水势直泻难蓄,流速较大,船只常常在此搁浅;夏季水大时,逆水舟船不易上行(图 5-14)。明朝万历年间(公元 1597 年),在扬州知府郭光复主持下,将原有的百米多长河道舍直改弯,变成了 1.7km,以增加河道长度和曲折度的方式来抬高水位和减缓水的流速,从而解决了当时的航运难题。

从几何的角度来看,在河段两端高程差不变的情况下,河道的长度大幅增加,会使得河底变得更为平坦,从而防止船只搁浅。

图 5-14 京杭大运河扬州段运河三湾

从流动阻力的角度来看,由于增加了运河流程的长度,由式(5-22)可知,流动的沿程阻力加大了。河道增加了三处转弯,又增加了水流的局部阻力损失(参照式(6-47))。

$$h_w = h_l + h_r = \lambda \frac{l}{d}\frac{v^2}{2g} + \zeta \frac{v^2}{2g} = \left(\lambda \frac{l}{d} + \zeta\right)\frac{v^2}{2g}$$

总的流动损失加大将使河道中水流的流速降低,使河水的深度增加,改善了船舶的运行条件。

思考题与习题

5-1 概念解释:层流、紊流、雷诺数。

5-2 流体的流动有几种类型?各有何特点?

5-3 流体管路系统中流速的选择应考虑哪些问题?

5-4 虹吸管道如图(题 5-4 图),已知水管直径 $d=100\text{mm}$,水管总长 $L=1000\text{m}$,$h_0=3\text{m}$,计算流量 q_0(局部阻力系数:入口 $\zeta=0.5$,出口 $\zeta=1.0$,弯头 $\zeta=0.3$,沿程阻力系数 $\lambda=0.06$)。

5-5 沿直径 $d=200\text{mm}$,长度 $L=3000\text{m}$ 的钢管($\varepsilon=0.1\text{mm}$),输送密度为 $\rho=900\text{kg/m}^3$ 的油液,质量流量为 $q=9\times10^4\text{kg/m}^3$,若其黏度为 $\nu=1.092\text{cm}^2/\text{s}$,计算沿程损失。

5-6 如题 5-6 图所示管路,已知:$d_1=300\text{mm}$,$l_1=500\text{m}$;$d_2=250\text{mm}$,$l_2=300\text{m}$;$d_3=400\text{mm}$,$l_3=800\text{m}$;$l_{AB}=800\text{m}$,$d_{AB}=500\text{mm}$;$l_{CD}=400\text{m}$,$d_{CD}=500\text{mm}$。B 点流量为 $q=300\text{L/s}$,计算全程压力损失。

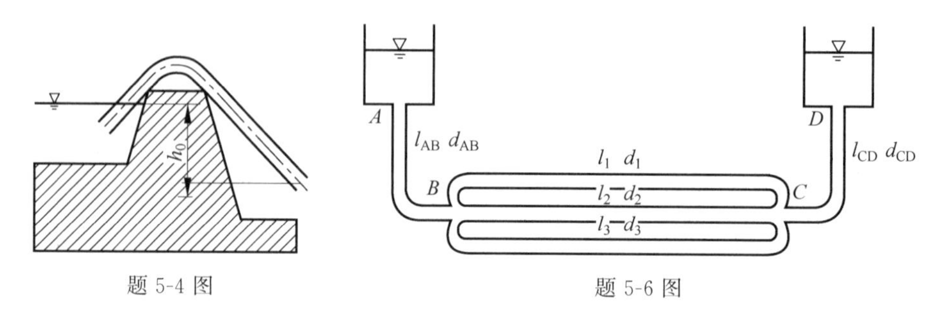

题 5-4 图　　题 5-6 图

第 6 章

孔口出流及缝隙流动

在工程应用中，流体经孔口出流或通过缝隙流动的情况较为多见，例如，火箭推进喷管、消防喷头、水利工程中的闸门等均涉及孔口出流问题。在液压和气动系统中，大部分阀类元件都是利用流体经过薄壁孔出流的规律实现控制作用的。机械设备中，机床导轨的支撑与润滑、流体的泄漏等也都涉及流体的缝隙流动现象。

6.1 孔口出流

6.1.1 孔口出流的类型

1. 根据孔口出流的下游情况分类

1）自由出流

流体经孔口流出后直接流入大气中，这种情况称为自由出流。例如消防水龙喷水出口处的流动就属于自由出流。

2）淹没出流

流体经孔口流出后，出口下游空间内充满液体，这一类孔口出流称为淹没出流。例如深海中潜艇内的气体或液体经排放口向外排放即属于淹没出流。

2. 根据流速分布的均匀程度分类

1）小孔口出流

如果孔口断面处各点压力与流速分布均匀，即该断面上的压力与流速不随位置不同而发生改变，这种孔口出流称为小孔口出流。在液压与气动系统中的孔口一般属于这种情况。

2）大孔口出流

如果孔口断面处各点压力与流速随孔口在断面上的位置不同而变化，这种孔口出流称为大孔口出流。例如水渠中的水闸开启时，其通流断面一般属于这种类型。

3. 根据孔口边缘形状和出流状态分类

1）薄壁孔口

孔口边缘锐利，壁厚不影响射流的形状。由于惯性的影响，流线不能转折，流经孔口后的流束继续收缩，形成一个面积最小的收缩断面。流体流经薄壁孔口只产生局部损失而没有沿程损失，如图 6-1 所示。

2）短管

出流液体能形成射流，但流经孔口后不能形成收缩断面。流体流动过程中不仅存在收缩的局部能量损失，也存在扩散损失和沿程损失，如图 6-2 所示。

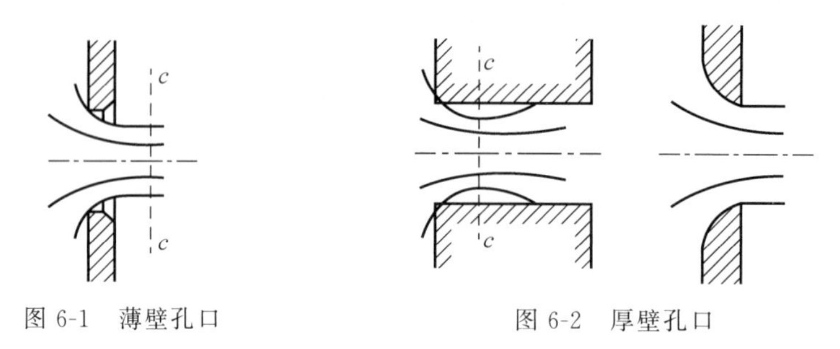

图 6-1 薄壁孔口　　图 6-2 厚壁孔口

有时也将短管称为厚壁孔口、管嘴、长孔口。

6.1.2 薄壁孔口出流

所谓薄壁孔口，理论上是孔的边缘是尖锐的刃口，实际上只要孔口边缘的厚度 δ 与孔口的直径 d 的比值 $\frac{\delta}{d}\leqslant 0.5$，孔口边缘是直角即可认为是薄壁孔口。图 6-3 表示一典型的薄壁孔口，孔前管道直径为 D，其流速为 v_1，压力为 p_1，孔径为 d。

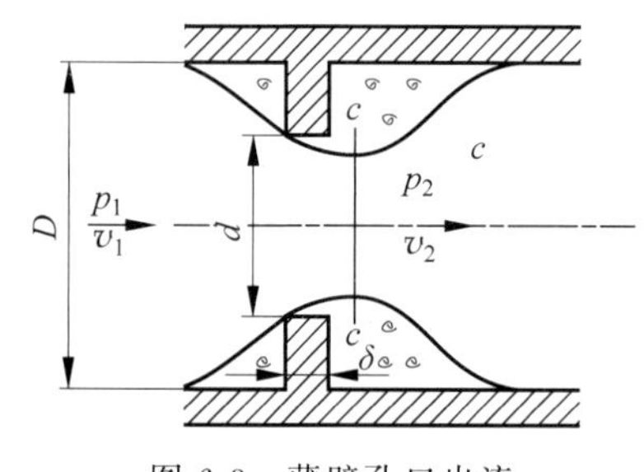

图 6-3 薄壁孔口出流

流体经薄壁孔口出流时，管道轴心线上的流体质点做直线运动。靠近管壁和孔板壁的流体质点在流入孔口前，其运动方向与孔的轴线方向（即孔口出流的主流方向）基本上是垂直的。在孔口流出后，由于惯性作用，其流动方向逐渐从与主流垂直的方向改变为与主流平行的方向。因此，经孔口流出的流束在进入孔口边缘时逐渐收缩，到收缩至最小断面 c-c 时，流束边缘的流体质点的流动方向与主流流动方向完全一致，因此是缓变流断面。经过 c-c 断面后，主流断面又逐渐扩大到整个管道断面，在主流和管壁之间则形成旋涡区。

在孔口前管道缓变流断面与孔口后的最小收缩断面处列伯努利方程，则有

$$\frac{p_1}{\rho g}+\frac{v_1^2}{2g}=\frac{p_2}{\rho g}+\frac{v_2^2}{2g}+\zeta\frac{v_2^2}{2g} \tag{6-1}$$

式中，v_2——c-c 断面的流速；

ζ——小孔的局部阻力系数。

由于孔壁厚度 δ 很小，故忽略沿程阻力。一般情况下管道断面面积远大于孔口断面的面积，因此，$\frac{v_1^2}{2g}\ll\frac{v_2^2}{2g}$，故忽略 $\frac{v_1^2}{2g}$。式(6-1)简化为

$$\frac{p_1}{\rho g}=\frac{p_2}{\rho g}+(1+\zeta)\frac{v_2^2}{2g}$$

则

$$v_2=\frac{1}{\sqrt{1+\zeta}}\sqrt{2g\,\frac{p_1-p_2}{\rho g}}=\frac{1}{\sqrt{1+\zeta}}\sqrt{\frac{2\Delta p}{\rho}}$$

或

$$v_2=c_v\sqrt{\frac{2\Delta p}{\rho}}\tag{6-2}$$

式中，c_v 称为“流速系数”，

$$c_v=\frac{1}{\sqrt{1+\zeta}}\tag{6-3}$$

若收缩断面 c-c 的面积为 A_c，则孔口流出的流量：$q=v_2A_c$

又令 A_c 与孔口断面 A 之比为“收缩系数”ε，即

$$\varepsilon=\frac{A_c}{A}\tag{6-4}$$

则

$$q=v_2A\varepsilon=\varepsilon c_vA\sqrt{\frac{2\Delta p}{\rho}}\tag{6-5}$$

令

$$C_d=\varepsilon c_v\tag{6-6}$$

C_d 称为“流量系数”，则

$$q=C_dA\sqrt{\frac{2\Delta p}{\rho}}\tag{6-7}$$

式中，ζ，c_v，ε，C_d 都可由实验确定。

实验证明，当管道尺寸较大时 $\left(\frac{D}{d}\geqslant 7\right)$，由孔口流出的流束得到完全收缩，此时 $\varepsilon=0.63\sim0.64$，对薄壁小孔的局部阻力系数 $\zeta=0.05\sim0.06$，由式(6-3)、式(6-6)可得薄壁孔口的流速系数 $c_v=0.97\sim0.98$，流量系数 $C_d=0.60\sim0.62$。

6.1.3　短管(厚壁孔口)出流

上面所讨论的薄壁孔口 δ 要求边缘尖锐，而且孔口壁厚 $\delta<0.5d$。在实际问题中还有另一种情况，即孔口壁厚 δ 较大，液压阀中的阻尼孔往往属于这种情况，如图6-4所示。一般孔壁厚度 $\delta=(2\sim4)d$，当 δ 再长时就按管路计算了。

设断面1-1比孔口断面2-2大很多，故1-1断面的流速相对于孔口出口流速 v_1 可忽略。列1-1断面和2-2断面的伯努利方程：

$$\frac{p_1}{\rho g}=\frac{p_2}{\rho g}+\frac{v^2}{2g}+\zeta\,\frac{v^2}{2g}$$

式中，ζ 为短管的局部阻力系数。

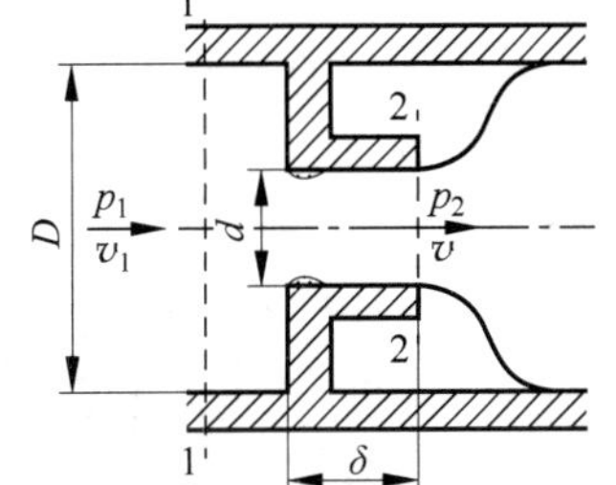

图6-4　短管出流

$$v=\frac{1}{\sqrt{1+\zeta}}\sqrt{\frac{2(p_1-p_2)}{\rho}}$$

令 $c_v=\dfrac{1}{\sqrt{1+\zeta}}$ 称为短管(厚壁孔口)的流速系数,则

$$v=c_v\sqrt{\frac{2\Delta p}{\rho}} \tag{6-8}$$

孔口断面为 A,则通过的流量为

$$q=vA=c_vA\sqrt{\frac{2\Delta p}{\rho}}=C_dA\sqrt{\frac{2\Delta p}{\rho}} \tag{6-9}$$

短管流量系数 C_d 与其流速系数 c_v 相等。

把式(6-8)、式(6-9)与式(6-2)、式(6-7)相比较可以看出短管的计算公式与薄壁孔口计算公式是完全一样的。但短管较薄壁孔口的阻力大,因此 ζ 大,相应的流速系数较小。实验证明短管的 $c_v=0.80\sim0.82$。

6.2 缝隙流动

在工程中经常碰到缝隙中的流体流动问题,例如在液压元件中,凡是有相对运动的地方,就必然有缝隙存在,如活塞与缸体之间、阀芯与阀体之间、滑动轴与轴承座之间等。由于缝隙的高度都是很小的,因此其中的液体流动大都是层流。以下分析也都是根据层流的基本定理——液体内摩擦定理来进行的。下述的分析结论都只适用于层流,对于缝隙较大的紊流流动情况都不适用。

6.2.1 平行缝隙流动

1. 壁面固定的平行缝隙中的流动

图 6-5 表示流体在两块固定的平行壁面之间流动。设缝隙的高度为 δ,缝隙的宽度为无限大。为讨论方便,把缝隙水平放置。在缝隙中心处,取 $2h$ 高、宽度为单位宽度、长度为 l 的一层流体来分析其受力情况,如图 6-5 所示。两个端面沿流动方向的作用力分别为 $p_1 2h$ 及 $p_2 2h$,方向是指向端面的内法线方向。

在流体层的上部和下部,周围流体对它有摩擦力作用。由于周围流体比这一流体层的速度慢(越靠边界速度越慢),因此摩擦力的作用方向为阻碍这一层流体的流动。由于是层流,故摩擦力符合流体内摩擦定理。即

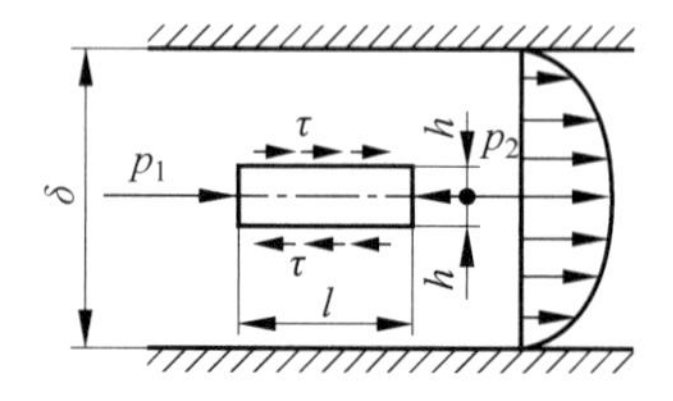

图 6-5 平行缝隙间的流动

$$\tau=\mu\frac{\mathrm{d}v}{\mathrm{d}n}=-\mu\frac{\mathrm{d}v}{\mathrm{d}h}$$

在这里 h 的方向是由中心向固体边界,刚好与 n 的方向

(由固体边界向外)相反,故有 $dn=-dh$。v 为流体的运动速度。

流体层上下部的两个面上总的摩擦力为 $2\times l\times 1\times \tau$,方向与流动方向相反。另外在上下平面上还有正向压力作用,方向与流动方向是垂直的。

根据连续性条件,假如两个壁面是平行的,则沿流动方向的流速是不变的,因此,流体在水平方向加速度为零。按牛顿定理,$\sum F_x=0$,则有

$$p_1\times 2h-2l\times \tau-p_2\times 2h=0$$

$$\tau=\frac{p_1-p_2}{l}h$$

$$-\mu\frac{dv}{dh}=\frac{p_1-p_2}{l}h$$

$$dv=-\frac{p_1-p_2}{\mu l}h\,dh=-\frac{\Delta p}{\mu l}h\,dh \tag{6-10}$$

式中,$\Delta p=p_1-p_2$。积分式(6-10)得

$$v=\frac{\Delta p}{2\mu l}\left(\frac{\delta^2}{4}-h^2\right) \tag{6-11}$$

这就是在缝隙断面上的速度分布。由式(6-11)可以看出,在平行缝隙中断面上的速度分布是抛物线。在固体边壁处 $v=0$,在中心处速度最大,

$$v_{\max}=\frac{\Delta p}{8\mu l}\delta^2 \tag{6-12}$$

通过单位宽度缝隙的流量 q 可用式(6-11)对面积积分求得。高度为 dh、宽度为 l 的微元面积上流速为 v,则

$$q=2\int_0^{\delta/2}v\,dh=\frac{\Delta p}{\mu l}\int_0^{\delta/2}\left(\frac{\delta^2}{4}-h^2\right)dh=\frac{\Delta p\delta^3}{12\mu l}$$

所以通过宽度为 b 的缝隙的流量为

$$q=\frac{b\delta^3\Delta p}{12\mu l} \tag{6-13}$$

或

$$\Delta p=\frac{12\mu lq}{b\delta^3} \tag{6-14}$$

其断面上的平均流速为

$$v=\frac{q}{b\delta}=\frac{\delta^2\Delta p}{12\mu l} \tag{6-15}$$

从式(6-13)可见,通过缝隙的流量 q 与 Δp 的一次方成正比,这与圆管层流运动中流量(或流速)与 $\Delta p^{1.0}$ 成正比的关系是一致的。

从式(6-13)还可看出,流量与缝隙高度 δ 的三次方成正比,因此在工程中,为了减小缝隙泄漏量,首先应当减小缝隙的高度,这是最有效的办法。

式(6-14)还说明压差 Δp 与距离 l 成正比,因此,压力沿长度方向是直线下降的。

2. 流体在壁面相对移动的平行缝隙中的流动

1) 沿运动方向无压力差

图 6-6 表示缝隙的上壁面等速移动、下壁面固定的情况。紧靠上壁面的流体运动速度等于上壁面的运动速度 v_0，紧靠下壁面的流体运动速度为 0。取微元流体，如图 6-6 所示，设该微元流体高 $\mathrm{d}y$、长 $\mathrm{d}x$、宽度为单位宽度。设其下部和上部的摩擦应力分别为 τ 及 $\tau+\mathrm{d}\tau$，则下部摩擦力为 $\tau\mathrm{d}x$。由于下部流速慢，故 $\tau\mathrm{d}x$ 的方向与流速方向相反，上部摩擦力为 $(\tau+\mathrm{d}\tau)\mathrm{d}x$，方向与流速方向相同。由于沿流动方向无压力差，故在两端面上的压力相等、互相平衡。而在上下两壁面上的正压力则与运动方向垂直，且由于两固体壁面平行，因此在运动方向无分力。沿运动方向用牛顿定理可得

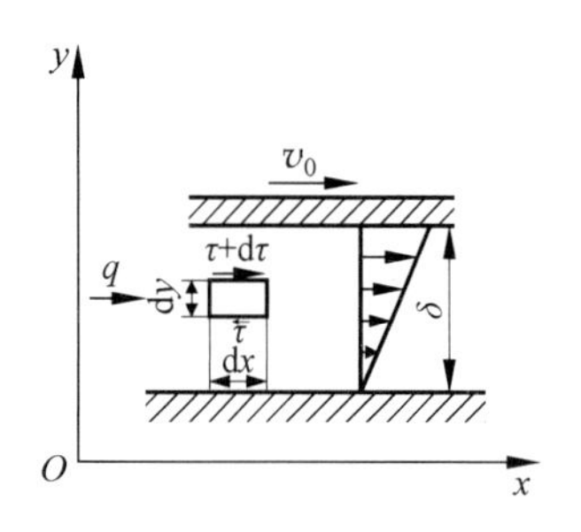

图 6-6　固体壁面移动的无压差流动

$$\tau\mathrm{d}x-(\tau+\mathrm{d}\tau)\mathrm{d}x=0$$
$$\mathrm{d}\tau=0$$

积分后得

$$\tau=C$$

又由流体内摩擦定理得

$$\tau=\mu\frac{\mathrm{d}v}{\mathrm{d}y}$$

积分后得

$$\mu\frac{\mathrm{d}v}{\mathrm{d}y}=\frac{C}{\mu}=C'$$
$$v=C'y+C'' \tag{6-16}$$

当 $y=0$ 时，$v=0$，则 $C''=0$

当 $y=\delta$ 时，$v=v_0$，故 $v_0=C'\delta$，将 $C'=\frac{v_0}{\delta}$代入式(6-16)得

$$v=\frac{v_0}{\delta}y \tag{6-17}$$

式(6-17)说明流速在断面上是直线分布的，如图 6-6 所示。在顶部流速最大。

其平均速度为

$$\bar{v}=\frac{v_0}{2}$$

单位宽度流量为

$$q=\frac{v_0}{2}\delta$$

宽度为 b 的缝隙流量

$$q=\frac{b\delta}{2}v_0 \tag{6-18}$$

这里的 q 是对于静止的壁面而言，即坐标系是在固定壁面上，故流量方向与 v_0 一致。如果 q 是对移动壁面而言，则流量的方向与 v_0 相反。

2）沿流动方向有压力差

对于一个壁面移动而同时沿流动方向又有压力差的情况，其流动可以认为是由下述两种流动叠加而成：①一个壁面固定沿流动方向有压力差；②一个壁面移动而沿流动方向无压力差，如图 6-7 所示。

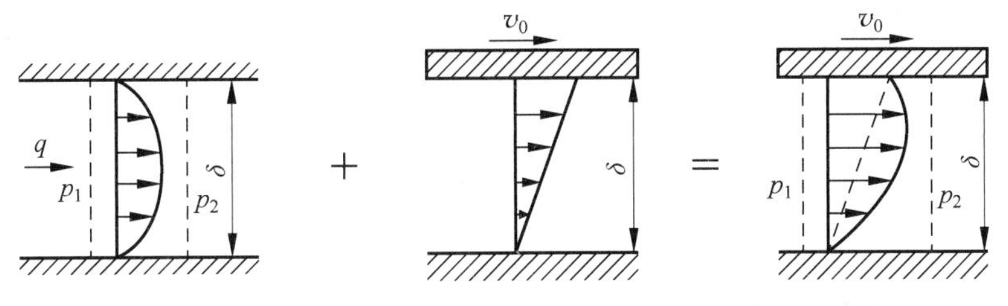

图 6-7　一个壁面移动沿流动方向又有压差的缝隙流动合成

因此其流量可以由这两种流动情况的流量叠加而成，即式(6-13)与式(6-18)之和。

$$q=\frac{b\delta}{2}v_0+\frac{b\delta^3\Delta p}{12\mu l} \tag{6-19}$$

这里的 q 也是对静止壁面而言的。对于式(6-19)计算的 q，其方向是与压力降低的方向及 v_0 的方向一致的。假如 q 的方向与压力降低的方向相反，则 Δp 为负值；如果 q 的方向与 v_0 的方向相反，则 v_0 为负值。如果 q 是对移动壁面而言的，则 $\frac{b\delta}{2}v_0$ 这项应当改变符号。

3. 环形缝隙流动(举例：缸体与柱塞间缝隙流动造成的能量损失分析)

环形缝隙与平面缝隙的流动，在本质上是一致的，只是把平面缝隙弯成圆环形而已。也就是平面缝隙中的宽度 b 用环形长度 πD 代替。由于环形缝隙在四周方向是连续的，因此没有两端的边界，所以壁面固定的环形缝隙中，流体的流量公式可直接由式(6-13)计算，即

$$q=\frac{\pi D\delta^3\Delta p}{12\mu l} \tag{6-20}$$

而当一个圆柱面移动时，流量为

$$q=\frac{\pi D\delta}{2}v_0+\frac{\pi D\delta^3\Delta p}{12\mu l} \tag{6-21}$$

图 6-8 表示一偏心的圆环形缝隙，其偏心距为 e，在任一圆心角 α 处的缝隙高度用 y 来表示，根据图 6-8(a)所示的几何关系可以得出

$$y=R-(e\cos\alpha+r\cos\beta)$$

由于 β 角很小，故 $\cos\beta=1$，则有

$$y=R-r-e\cos\alpha \tag{6-22}$$

对应于微小圆心角 $\mathrm{d}\alpha$ 的缝隙宽度为 $b=R\mathrm{d}\alpha$，如图 6-8(b)所示。在这一微小宽度的范围内缝隙高度 $y=R-r-e\cos\alpha$，因此通过这一微小宽度的流量 $\mathrm{d}q$ 可用式(6-13)计算，即

$$\mathrm{d}q=\frac{R\mathrm{d}\alpha y^3\Delta p}{12\mu l}$$

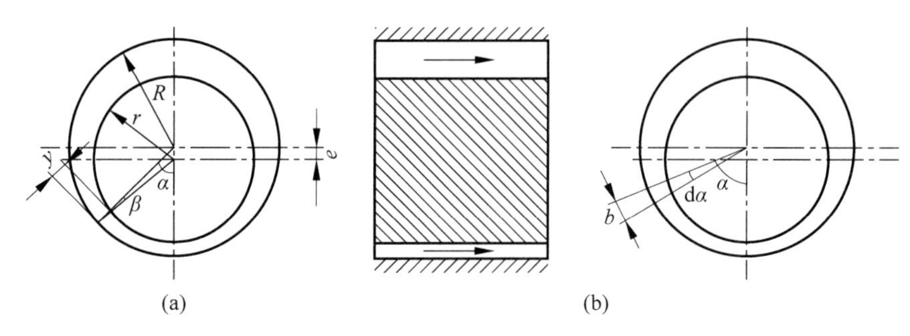

图 6-8 偏心的圆环形缝隙

把式(6-22)代入上式，并令 $R-r=\delta$，$\frac{e}{\delta}=\varepsilon$，$\varepsilon$ 称为"相对偏心度"。则

$$\mathrm{d}q=\frac{R\delta^3(1-\varepsilon\cos\alpha)^3\mathrm{d}\alpha}{12\mu l}\Delta p \tag{6-23}$$

整个环形缝隙的总流量为式(6-23)对 α 积分，即

$$q=\int_0^{2\pi}\frac{\Delta pR\delta^3(1-\varepsilon\cos\alpha)^3}{12\mu l}\mathrm{d}\alpha=\frac{\Delta pR\delta^3}{12\mu l}\int_0^{2\pi}(1-\varepsilon\cos\alpha)^3\mathrm{d}\alpha$$

其中：

$$\int_0^{2\pi}(1-\varepsilon\cos\alpha)^3\mathrm{d}\alpha=\int_0^{2\pi}(1-3\varepsilon\cos\alpha+3\varepsilon^2\cos^2\alpha-\varepsilon^3\cos^3\alpha)\mathrm{d}\alpha$$

$$=\int_0^{2\pi}\mathrm{d}\alpha-3\varepsilon\int_0^{2\pi}\cos\alpha\,\mathrm{d}\alpha+3\varepsilon^2\int_0^{2\pi}\cos^2\alpha\,\mathrm{d}\alpha-\varepsilon^3\int_0^{2\pi}\cos^3\alpha\,\mathrm{d}\alpha$$

而

$$\int_0^{2\pi}\mathrm{d}\alpha=2\pi$$

$$\int_0^{2\pi}\cos\alpha\,\mathrm{d}\alpha=0$$

$$\int_0^{2\pi}\cos^2\alpha\,\mathrm{d}\alpha=\int_0^{2\pi}\frac{1}{2}(1+\cos2\alpha)\mathrm{d}\alpha=\int_0^{2\pi}\frac{1}{2}\mathrm{d}\alpha+\int_0^{2\pi}\frac{1}{4}\mathrm{d}(\sin2\alpha)=\pi$$

$$\int_0^{2\pi}\cos^3\alpha\,\mathrm{d}\alpha=\int_0^{2\pi}\cos^2\alpha\,\mathrm{d}(\sin\alpha)=\int_0^{2\pi}(1-\sin^2\alpha)\mathrm{d}\sin\alpha$$

$$=\sin\alpha\Big|_0^{2\pi}-\frac{\sin^3\alpha}{3}\Big|_0^{2\pi}=0$$

则有

$$q=\frac{\Delta pR\delta^3 2\pi}{12\mu l}(1+1.5\varepsilon^2)$$

或

$$q=\frac{\pi D\delta^3\Delta p}{12\mu l}(1+1.5\varepsilon^2) \tag{6-24}$$

比较式(6-24)与式(6-20)可以看出，有偏心环形缝隙的流量将加大为无偏心时的$(1+1.5\varepsilon^2)$倍。如果偏心距等于0，则式(6-24)与式(6-20)完全一样。当偏心距达到最大值 $e=$

$\delta(\varepsilon=1)$时，则流量为最大。此时

$$q_{\max}=\frac{\pi D\delta^3\Delta p}{12\mu l}\times 2.5 \tag{6-25}$$

或

$$q_{\max}=2.5q_0 \tag{6-26}$$

式中，q_0——没有偏心时环形缝隙中的流量。上式说明有偏心时的流量最大可增加为无偏心时的 2.5 倍。

如果一个圆柱壁面有移动，同时又偏心，则式(6-21)中的第一项 $\pi D\delta v/2$ 并不受影响，因为不管是否偏心，环形断面上各处的平均速度仍为 $v/2$，而环形断面的总面积也不变，仍为 $\pi(R^2-r^2)=\pi D\delta$，所以其流量仍为 $\pi D\delta v/2$。而第二项流量则要变成式(6-24)所示的值。因此，在有偏心而又有一个圆柱面移动的情况下，其流量为

$$q=\frac{\pi D\delta}{2}v+\frac{\pi D\delta^3\Delta p}{12\mu l}(1+1.5\varepsilon^2) \tag{6-27}$$

与式(6-21)一样，式(6-27)中的 q 是对应于静止的圆柱壁面而言的，而且 p 降低的方向和 v 的方向都与 q 的流向一致。如果 v 的方向与 q 的流向不一致，则第一项为负值；如果压力降方向与 q 的方向不一致，则第二项为负值。在偏心情况下的最大流量为

$$q=\frac{\pi D\delta}{2}v+\frac{\pi D\delta^3\Delta p}{12\mu l}\times 2.5 \tag{6-28}$$

6.2.2 倾斜缝隙中的流体流动

1. 壁面固定的倾斜平面缝隙

如图 6-9 所示，流体经过长度为 l 的两壁面保持固定不动的倾斜缝隙自左向右流动。在距原点 x 处取一段长度为 $\mathrm{d}x$ 的微小缝隙为研究对象，由于 $\mathrm{d}x$ 很小，故其附近的缝隙高度 h 近似不变，可视为一段微小的平行缝隙，借助于式(6-14)，有

$$\mathrm{d}p=-\frac{12\mu q}{bh^3}\mathrm{d}x \tag{6-29}$$

式中，负号是因为此处的 $\mathrm{d}p$ 与式(6-14)中的压差(压降)意义相反。

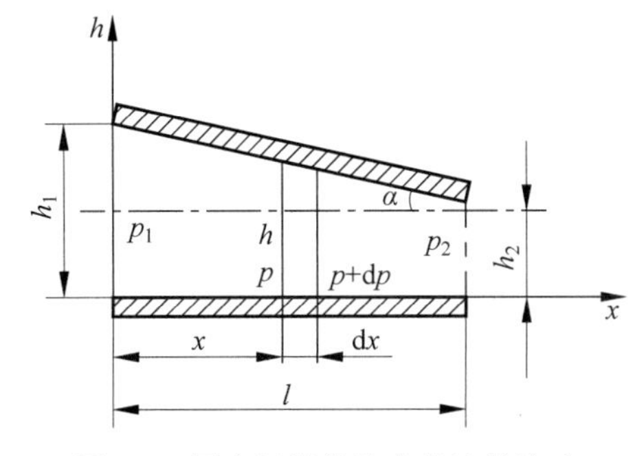

图 6-9　固定倾斜缝隙中的流体流动

倾斜壁面间的缝隙高度可以用式(6-30)表达

$$h = h_1 + \frac{h_2 - h_1}{l} x \tag{6-30}$$

当 $x=0$ 时，$h=h_1$；当 $x=l$ 时，$h=h_2$。将式(6-30)代入式(6-29)，有

$$\mathrm{d}p = -\frac{12\mu q}{b\left(h_1 + \frac{h_2 - h_1}{l}x\right)^3}\mathrm{d}x \tag{6-31}$$

对式(6-31)积分，有

$$\begin{aligned} p &= \int -\frac{12\mu q}{b\left(h_1 + \frac{h_2 - h_1}{l}x\right)^3}\mathrm{d}x \\ &= \frac{6\mu q}{b \cdot \frac{h_2 - h_1}{l}} \frac{1}{\left(h_1 + \frac{h_2 - h_1}{l}x\right)^2} + C \end{aligned} \tag{6-32}$$

当 $x=0$ 时，$p=p_1$，由式(6-31)可得

$$C = p_1 - \frac{6\mu l q}{b \cdot (h_2 - h_1)} \cdot \frac{1}{h_1^2}$$

所以

$$\begin{aligned} p &= \frac{6\mu q}{b \cdot \frac{h_2 - h_1}{l}} \frac{1}{\left(h_1 + \frac{h_2 - h_1}{l}x\right)^2} + p_1 - \frac{6\mu l q}{b \cdot (h_2 - h_1)} \cdot \frac{1}{h_1^2} \\ &= \frac{6\mu l q}{b \cdot (h_2 - h_1)} \frac{1}{h^2} + p_1 - \frac{6\mu l q}{b \cdot (h_2 - h_1)} \cdot \frac{1}{h_1^2} \\ &= p_1 - \frac{6\mu l q}{b \cdot (h_2 - h_1)} \cdot \left(\frac{1}{h_1^2} - \frac{1}{h^2}\right) \end{aligned} \tag{6-33}$$

当 $x=l$ 时，$h=h_2$，$p=p_2$，由式(6-33)可计算出流经固定的倾斜缝隙时产生的压降为

$$\begin{aligned} \Delta p = p_1 - p_2 &= \frac{6\mu l q}{b \cdot (h_2 - h_1)} \cdot \left(\frac{1}{h_1^2} - \frac{1}{h_2^2}\right) \\ &= \frac{6\mu l q}{b} \cdot \frac{(h_1 + h_2)}{h_1^2 \cdot h_2^2} \end{aligned}$$

流经固定的倾斜缝隙的流量为

$$q = \frac{b}{6\mu l} \cdot \frac{(h_1 \cdot h_2)^2}{(h_1 + h_2)} \cdot \Delta p \tag{6-34}$$

由式(6-33)可知，压力 p 与 x（或 h）之间为抛物线关系，该抛物线的凹向可由压力 p 的二阶导数进行判定。由式(6-31)可得

$$\frac{\mathrm{d}p}{\mathrm{d}x} = -\frac{12\mu q}{b\left(h_1 + \frac{h_2 - h_1}{l}x\right)^3}$$

则有

$$\frac{\mathrm{d}^2 p}{\mathrm{d}x^2}=\frac{\mathrm{d}}{\mathrm{d}x}\left[-\frac{12\mu q}{b\left(h_1+\frac{h_2-h_1}{l}x\right)^3}\right]$$
$$=\frac{36\mu q(h_2-h_1)}{bl}\cdot\frac{1}{\left(h_1+\frac{h_2-h_1}{l}x\right)^4} \tag{6-35}$$

由式(6-35)可知：

(1) 壁面固定的渐缩形倾斜缝隙中$\left(h_2<h_1,\frac{\mathrm{d}^2 p}{\mathrm{d}x^2}<0\right)$，流体压力沿流程按抛物线规律降低，该抛物线下凹，壁面倾斜的程度越大，抛物线下凹的程度越强，如图6-10所示。

(2) 壁面固定的渐扩形倾斜缝隙中$\left(h_2>h_1,\frac{\mathrm{d}^2 p}{\mathrm{d}x^2}>0\right)$，流体压力沿流程按抛物线规律降低，该抛物线上凹，壁面倾斜的程度越大，抛物线上凹的程度越强，如图6-11所示。

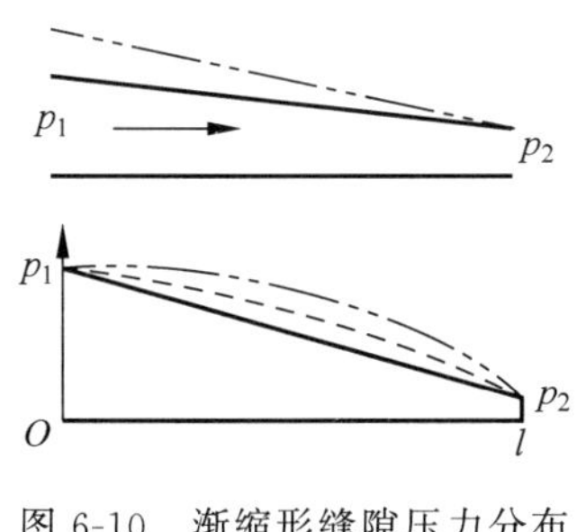

图6-10 渐缩形缝隙压力分布

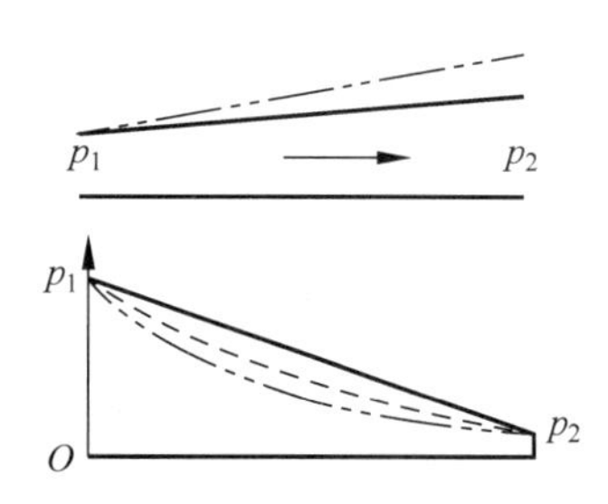

图6-11 渐扩形缝隙压力分布

2. 流体在壁面固定的有锥度的环形缝隙中的流动

1) 壁面固定的有锥度的同轴环形缝隙

如图6-12所示的有锥度同轴环形缝隙，用环形缝隙的圆周长度πD代替式(6-34)中的宽度b，即可得出流经壁面固定的有锥度的同轴环形缝隙的流量。

$$q=\frac{\pi D}{6\mu l}\cdot\frac{(h_1\cdot h_2)^2}{(h_1+h_2)}\cdot\Delta p \tag{6-36}$$

式中，流体流经缝隙的压降$\Delta p=p_1-p_2$。

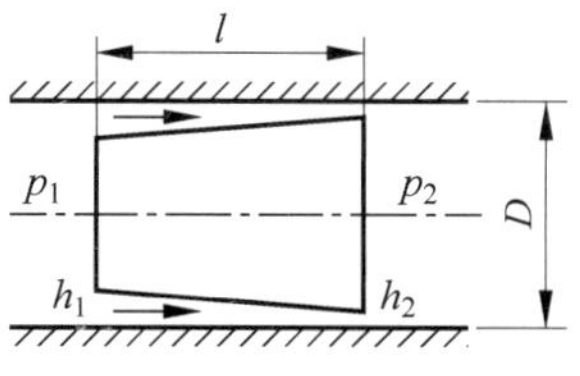

图6-12 壁面固定的有锥度同轴环形缝隙

2) 壁面固定的有锥度的偏心环形缝隙

如图6-13所示，带锥度的阀芯(设锥角为2α)与环形阀套之间有偏心量e，在缝隙长度l范围内，任意在位置x处取断面C-C进行分析。设该断面处的阀芯直径为d_C(半径记为r_c)，由于偏心量e的影响，有锥度的环形缝隙出现偏心时，阀芯外表面与阀套内表面之间的缝隙高度将不再恒定，而要随它所在的圆周位置(角度)而改变，参见图6-8(a)及式(6-22)，缝隙入口($x=0$)角度Φ处的缝隙高度为$h_{1\Phi}=h_{1\mathrm{con}}-e\cos\Phi$，缝隙出口($x=l$)角度$\Phi$处的缝隙高度为$h_{2\Phi}=h_{2\mathrm{con}}-e\cos\Phi$，式中的$h_1$con和$h_2$con分别为无偏心时阀芯两端的缝隙高度$\left(h_{1\mathrm{con}}=\frac{D}{2}-\frac{d_1}{2},h_{2\mathrm{con}}=\frac{D}{2}-\frac{d_2}{2}\right)$。

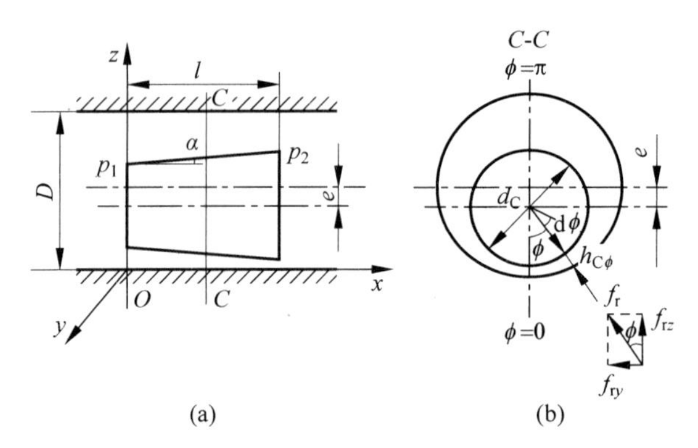

图 6-13 有锥度的偏心环形缝隙

参见图 6-13，断面上角度 Φ 处的缝隙高度

$$h_{C\Phi}=h_{1\Phi}+kx \tag{6-37}$$

式中，x——C-C 断面到缝隙入口端面($x=0$)的距离；

k——斜率：

$$k=\frac{h_{2\Phi}-h_{1\Phi}}{l} \tag{6-38}$$

发生偏心后，环形缝隙中的压力分布有可能失去对称性，带锥度的阀芯所承受的流体径向作用力可能不再平衡，下面对偏心锥形阀芯的受力进行分析。

对应于某角度 Φ，缝隙高度仅随 x 变化，锥形阀芯的轮廓母线的斜率决定，即

$$\mathrm{d}h_{C\Phi}=k\,\mathrm{d}x \tag{6-39}$$

在锥形阀芯表面取微元面积 $r_c\mathrm{d}\Phi\mathrm{d}s$($\mathrm{d}s$ 为锥面上沿母线方向的微长度)，该微元面积上所受流体的压力为 $\mathrm{d}f=pr_c\mathrm{d}\Phi\mathrm{d}s$。$\mathrm{d}f$ 可分解为径向分力 $\mathrm{d}f_r=\mathrm{d}f\cos\alpha=pr_c\mathrm{d}\Phi\mathrm{d}s\cos\alpha$ 和轴向分力 $\mathrm{d}f_x=pr_c\mathrm{d}\Phi\mathrm{d}s\sin\alpha$。在实际的阀类元件中，轴向力由驱动装置进行平衡，在此暂不讨论。考虑到 $\mathrm{d}s\cos\alpha=\mathrm{d}x$，作用在阀芯上的径向分力 $\mathrm{d}f_r=pr_c\mathrm{d}\Phi\mathrm{d}x$。

作用在阀芯表面自角度 Φ 到 $\Phi+\mathrm{d}\Phi$ 间的弧形锥面上的径向作用力为

$$f_r=\int\mathrm{d}f_r=\int pr_c\mathrm{d}\Phi\cdot\mathrm{d}x \tag{6-40}$$

由式(6-33)及式(6-39)，可得

$$\begin{aligned}f_r&=\frac{r_c\mathrm{d}\Phi}{k}\int_{h_{1\Phi}}^{h_{2\Phi}}p\,\mathrm{d}h_{C\Phi}\\&=\frac{r_c\mathrm{d}\Phi}{k}\int_{h_{1\Phi}}^{h_{2\Phi}}\left[p_1-\frac{6\mu lq}{b\cdot(h_{2\Phi}-h_{1\Phi})}\cdot\left(\frac{1}{h_{1\Phi}^2}-\frac{1}{h_{C\Phi}^2}\right)\right]\mathrm{d}h_{C\Phi}\end{aligned} \tag{6-41}$$

将微单元的缝隙宽度 $b=r_c\mathrm{d}\Phi$ 以及 $k=\dfrac{h_{2\Phi}-h_{1\Phi}}{l}$ 代入上式，解得

$$\begin{aligned}f_r\cdot\frac{k}{r_c\mathrm{d}\Phi}&=p_1h_{2\Phi}-p_1h_{1\Phi}-\frac{6\mu q}{r_c\mathrm{d}\Phi\cdot k}\cdot\left(\frac{1}{h_{2\Phi}}-\frac{1}{h_{1\Phi}}+\frac{h_{2\Phi}}{h_{1\Phi}^2}-\frac{h_{1\Phi}}{h_{1\Phi}^2}\right)\\&=p_1(h_{2\Phi}-h_{1\Phi})-\frac{6\mu q}{r_c\mathrm{d}\Phi\cdot k}\frac{(h_{2\Phi}-h_{1\Phi})^2}{h_{1\Phi}^2h_{2\Phi}}\end{aligned}$$

考虑到式(6-34),有

$$f_{\mathrm{r}}\cdot\frac{k}{r_{\mathrm{c}}\mathrm{d}\Phi}=p_1(h_{2\Phi}-h_{1\Phi})-\frac{(p_1-p_2)}{l\cdot k}\frac{(h_{1\Phi}\cdot h_{2\Phi})^2}{(h_{1\Phi}+h_{2\Phi})}\frac{(h_{2\Phi}-h_{1\Phi})^2}{h_{1\Phi}^2h_{2\Phi}}$$

$$=p_1(h_{2\Phi}-h_{1\Phi})-\frac{(p_1-p_2)}{l\cdot k}\frac{h_{2\Phi}}{(h_{1\Phi}+h_{2\Phi})}(h_{2\Phi}-h_{1\Phi})^2 \tag{6-42}$$

由式(6-38),$l\cdot k=h_{2\Phi}-h_{1\Phi}$,式(6-42)可表示为

$$f_{\mathrm{r}}\cdot\frac{k}{r_{\mathrm{c}}\mathrm{d}\Phi}=p_1(h_{2\Phi}-h_{1\Phi})-(p_1-p_2)\frac{h_{2\Phi}(h_{2\Phi}-h_{1\Phi})}{(h_{1\Phi}+h_{2\Phi})} \tag{6-43}$$

即

$$f_{\mathrm{r}}\cdot\frac{k}{r_{\mathrm{c}}\mathrm{d}\Phi}=\frac{(h_{2\Phi}-h_{1\Phi})}{(h_{2\Phi}+h_{1\Phi})}(p_1h_{1\Phi}+p_2h_{2\Phi}) \tag{6-44}$$

故有

$$f_{\mathrm{r}}=\frac{r_{\mathrm{c}}\mathrm{d}\Phi}{k}\frac{(h_{2\Phi}-h_{1\Phi})}{(h_{2\Phi}+h_{1\Phi})}(p_1h_{1\Phi}+p_2h_{2\Phi})$$

$$=lr_{\mathrm{c}}\mathrm{d}\Phi\frac{(p_1h_{1\Phi}+p_2h_{2\Phi})}{(h_{2\Phi}+h_{1\Phi})} \tag{6-45}$$

令

$$\Delta h=\frac{1}{2}(h_{2\Phi}-h_{1\Phi}) \tag{6-46}$$

及

$$h_{\mathrm{m}}=\frac{1}{2}(h_{2\Phi}+h_{1\Phi}) \tag{6-47}$$

式(6-45)可以写成

$$f_{\mathrm{r}}=\frac{lr_{\mathrm{c}}\mathrm{d}\Phi}{2}\left[(p_1+p_2)-\frac{\Delta h}{h_{\mathrm{m}}}(p_1-p_2)\right] \tag{6-48}$$

为了便于积分,考虑 f_{r} 的分力(参见图6-13(b))

$$f_{\mathrm{r}z}=f_{\mathrm{r}}\cos\Phi,\quad f_{\mathrm{r}y}=f_{\mathrm{r}}\sin\Phi$$

分别积分后,可得

$$F_{\mathrm{r}z}=\int_0^{2\pi}f_{\mathrm{r}}\cos\Phi\mathrm{d}\Phi$$

$$=\int_0^{2\pi}\frac{lr_{\mathrm{c}}}{2}\left[(p_1+p_2)-\frac{\Delta h}{h_{\mathrm{m}}}(p_1-p_2)\right]\cos\Phi\mathrm{d}\Phi$$

$$=\frac{lr_{\mathrm{c}}}{2}(p_1+p_2)\int_0^{2\pi}\cos\Phi\mathrm{d}\Phi-\frac{lr_{\mathrm{c}}}{2}(p_1-p_2)\int_0^{2\pi}\frac{\Delta h}{h_{\mathrm{m}}}\cos\Phi\mathrm{d}\Phi$$

解得阀芯所受的 z 向分力为

$$F_{\mathrm{r}z}=-\frac{lr_{\mathrm{c}}}{2}(p_1-p_2)\int_0^{2\pi}\frac{\Delta h}{h_{\mathrm{m}}}\cos\Phi\mathrm{d}\Phi \tag{6-49}$$

对 y 方向的分力进行求解

$$F_{ry}=\int_0^{2\pi} f_r \sin\Phi \mathrm{d}\Phi$$

$$=\int_0^{2\pi} \frac{lr_c}{2}\left[(p_1+p_2)-\frac{\Delta h}{h_m}(p_1-p_2)\right]\sin\Phi \mathrm{d}\Phi$$

可得

$$F_{ry}=-\frac{lr_c}{2}(p_1-p_2)\int_0^{2\pi}\frac{\Delta h}{h_m}\sin\Phi \mathrm{d}\Phi \tag{6-50}$$

阀芯所受的总径向作用力为

$$F_r=\sqrt{F_{ry}^2+F_{rz}^2} \tag{6-51}$$

由式(6-49)、式(6-50)及式(6-51)可知:

(1) 无锥度的环形缝隙(圆柱形阀芯与阀套),即平行的环形缝隙,$\Delta h=0$。

此种情况下,阀芯所受的径向作用力分别为 $F_{rz}=-\frac{lr_c}{2}(p_1-p_2)\int_0^{2\pi}\frac{0}{h_m}\cos\Phi \mathrm{d}\Phi=0$,$F_{ry}=-\frac{lr_c}{2}(p_1-p_2)\int_0^{2\pi}\frac{0}{h_m}\sin\Phi \mathrm{d}\Phi=0$,故总径向力 $F_r=0$。即流体在圆柱形阀芯与环形阀套之间的平行缝隙中流动时,不会对阀芯产生径向附加作用力。

(2) 无偏心的有锥度阀芯,$e=0$。

由式(6-46)以及式(6-47)有 $\Delta h=\frac{1}{2}(h_{2\Phi}-h_{1\Phi})=\frac{1}{2}[(h_{2con}-e\cos\Phi)-(h_{1con}-e\cos\Phi)]=\frac{1}{2}(h_{2con}-h_{1con})$,$h_m=\frac{1}{2}(h_{2con}+h_{1con})$,可知 Δh 与 h_m 均为常数,$F_{rz}=-\frac{lr_c}{2}(p_1-p_2)\frac{\Delta h}{h_m}\int_0^{2\pi}\cos\Phi \mathrm{d}\Phi=0$,$F_{ry}=-\frac{lr_c}{2}(p_1-p_2)\frac{\Delta h}{h_m}\int_0^{2\pi}\sin\Phi \mathrm{d}\Phi=0$。阀芯所受的总径向力$F_r=0$。即流体在无偏心的有锥度环形缝隙间流动时,不会对阀芯产生径向附加作用力。

(3) 有偏心的有锥度环形缝隙,$e\neq 0$,$h_2<h_1$,即尖端迎向液流。

此种情况下,$\Delta h<0$,由式(6-49)~式(6-51)可知,径向作用力 F_r 随 $\Delta h/h_m$ 的绝对值 $|\Delta h/h_m|$ 的增加而增大。

如图 6-13(a)所示,环形缝隙下部($\Phi=0$ 处)

$$h_{10}=\frac{D}{2}-\frac{d_1}{2}-e,\quad h_{20}=\frac{D}{2}-\frac{d_2}{2}-e,$$

$$\Delta h=\frac{1}{2}(h_{20}-h_{10})=\frac{1}{2}\left[\left(\frac{D}{2}-\frac{d_2}{2}-e\right)-\left(\frac{D}{2}-\frac{d_1}{2}-e\right)\right]=-\frac{1}{4}(d_2-d_1)$$

$$h_m=\frac{1}{2}(h_{20}+h_{10})=\frac{1}{2}\left[\left(\frac{D}{2}-\frac{d_2}{2}-e\right)+\left(\frac{D}{2}-\frac{d_1}{2}-e\right)\right]=\frac{1}{2}\left[D-\frac{(d_2+d_1)}{2}-2e\right]$$

$$\left|\frac{\Delta h}{h_m}\right|_{\Phi=0}=\left|\frac{-\frac{(d_2-d_1)}{4}}{\frac{1}{2}\left[D-\frac{(d_2+d_1)}{2}-2e\right]}\right|=\left|\frac{\frac{(d_2-d_1)}{2}}{D-\frac{(d_2+d_1)}{2}-2e}\right| \tag{6-52}$$

对于环形缝隙上部($\Phi=\pi$ 处)

$$h_{1\pi}=\frac{D}{2}-\frac{d_1}{2}+e,\quad h_{2\pi}=\frac{D}{2}-\frac{d_2}{2}+e,$$

$$\Delta h=\frac{1}{2}(h_{2\pi}-h_{1\pi})=\frac{1}{2}\left[\left(\frac{D}{2}-\frac{d_2}{2}+e\right)-\left(\frac{D}{2}-\frac{d_1}{2}+e\right)\right]=-\frac{1}{4}(d_2-d_1)$$

$$h_m=\frac{1}{2}(h_{2\pi}+h_{1\pi})=\frac{1}{2}\left[\left(\frac{D}{2}-\frac{d_2}{2}+e\right)+\left(\frac{D}{2}-\frac{d_1}{2}+e\right)\right]=\frac{1}{2}\left[D-\frac{(d_2+d_1)}{2}+2e\right]$$

$$\left|\frac{\Delta h}{h_m}\right|_{\Phi=\pi}=\left|\frac{-\frac{(d_2-d_1)}{4}}{\frac{1}{2}\left[D-\frac{(d_2+d_1)}{2}+2e\right]}\right|=\left|\frac{\frac{(d_2-d_1)}{2}}{D-\frac{(d_2+d_1)}{2}+2e}\right| \tag{6-53}$$

由式(6-52)与式(6-53)可知,$\left|\frac{\Delta h}{h_m}\right|_{\Phi=0}>\left|\frac{\Delta h}{h_m}\right|_{\Phi=\pi}$。这说明,有锥度的偏心环形缝隙中的流体会产生一个向上的径向作用力,该作用力使阀芯的偏心量减小,使得阀芯自动消除偏心状态,直至恢复到同心位置。

(4) 有偏心的有锥度环形缝隙,$e\neq0$,$h_2>h_1$,即尖端背向液流。

此种情况下,$\Delta h>0$,由式(6-49)~式(6-51)可知,径向作用力 F_r 随 $\Delta h/h_m$ 的绝对值 $|\Delta h/h_m|$ 的增加而减小。

同上分析,如图6-13(a)所示,环形缝隙下部($\Phi=0$ 处)$|\Delta h/h_m|$ 比缝隙上部($\Phi=\pi$ 处)的 $|\Delta h/h_m|$ 要大,即 $\left|\frac{\Delta h}{h_m}\right|_{\Phi=0}>\left|\frac{\Delta h}{h_m}\right|_{\Phi=\pi}$。因此,有锥度的偏心环形缝隙中的流体会产生一个向下的径向作用力,该作用力使阀芯的偏心量进一步增大,将阀芯压向阀套壁面,最终导致阀芯与阀套的壁面直接接触,从而大大增加驱动阀芯所需要的作用力,这就是液压卡紧现象。

3) 液压卡紧现象及解决措施

当发生液压卡紧现象时,阀芯所受的流体作用力可由式(6-49)、式(6-50)与式(6-51)计算。经计算分析可知,作用在阀芯上的总作用力为

$$F_r=F_{ry}=-\frac{\pi dl(h_{2con}-h_{1con})}{4e}(p_1-p_2)\left[\frac{1}{\sqrt{1-\left(\frac{2e}{(h_{1con}+h_{2con})^2}\right)^2}}-1\right] \tag{6-54}$$

式中,负号表示液压卡紧力的方向向下(针对分析中所用的图6-13而言)。

这一类圆柱阀芯与阀套的配合,广泛应用于液压气动控制系统中。在加工与装配过程中难免出现这种带有锥度的缝隙,6.2.2节第2部分的2)中讨论的4种情况中,阀芯与阀套的形状完全理想以及装配精准无误差,在实际元件的制作中均难以实现。锥形偏心缝隙的情况较为常见,由于通过液压气动元件中的流体有进有出,其流动方向是可逆的,易于发生液压卡紧现象。产生液压卡紧时,驱动阀芯运动所需的轴向推力大为增加,甚至出现无法驱动阀芯的情况,这将会影响系统的正常运行。因此,需要采取措施,减少液压卡紧的影响。

在圆柱阀芯上开设均压槽就是减小液压卡紧力的常用措施。通过在阀芯上开设均压沟槽，可以使沟槽范围内的流体压力趋于一致，从而减小液压卡紧力，如图 6-14 所示。实际使用经验表明，在阀芯上开设一条均压槽可使液压卡紧力减少到无均压槽情况下的 58%，开设 3 条均压槽时可降至 24%。图 6-15 为开设有均压槽的阀芯。

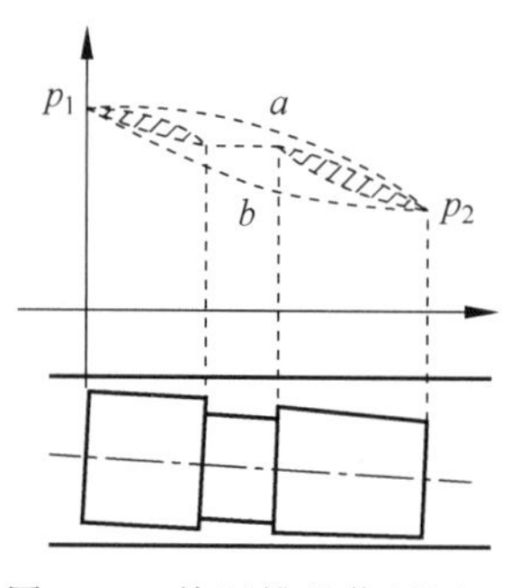

图 6-14 均压槽的作用原理

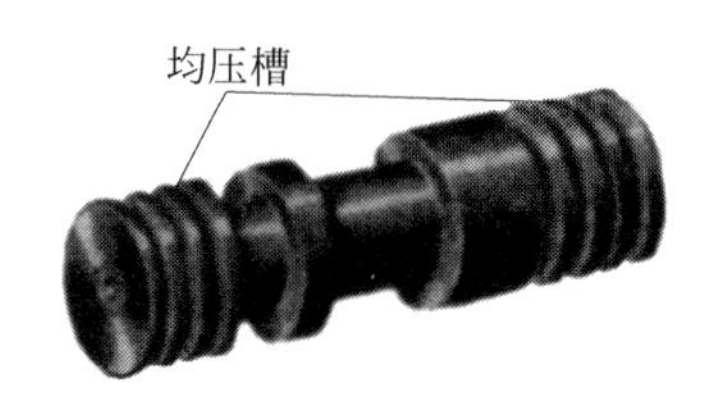

图 6-15 阀芯上的均压槽

6.3 本章知识在工程中的应用示例

6.3.1 薄壁孔口出流的应用示例

在农田里，通过输送管线把灌溉用水输送到农作物附近，经过滴水器把水缓慢而均匀地滴入植物根部附近土壤，这种灌溉方法称为滴灌。

图 6-16(b)为孔口消能式滴水器的结构示意图，通过调定每个滴水器的通流面积(即局部阻力系数)，可以设定该给水口的输出流速(流量)，从而实现对给水量的精细控制。

(a)

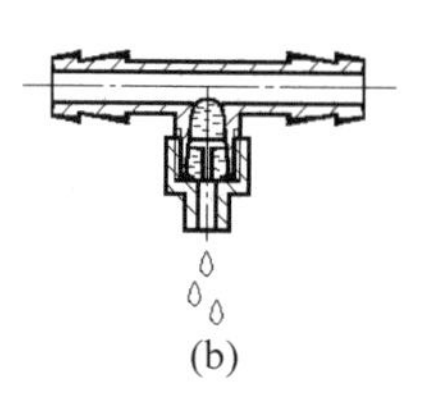

(b)

图 6-16 农田滴灌

6.3.2 环形缝隙流动的应用示例

浮子式流量计是以浮子在垂直锥形管中随着流量变化而升降，改变浮子与管道内壁之间的流通面积来测量体积流量的仪表，又称转子流量计。

如图 6-17 所示的浮子式流量计，被测流体从下向上经过锥形的内管壁和浮子之间形成的环形缝隙时，浮子上下端产生压力差，使浮子受到向上举升的作用力。当浮子所受上升力大于浸在流体中浮子所受的重力时，浮子便上升。浮子与管壁间的环隙面积随之增大，环隙处流体流速也就降低。这导致浮子上下端压力差减小，作用于浮子的举升力亦相应减少。

当浮子所受到的举升力与浮子的重力相等时,浮子便稳定在某一高度。这样,浮子在锥管中高度和通过的流量计的流量就有了一一对应的关系。

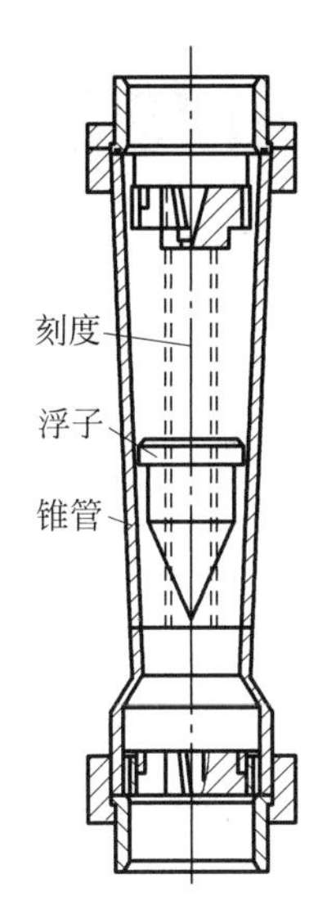

图 6-17　浮子式流量计

为了防止在运动中卡滞在管道内壁,根据流体在环形缝隙中的流动规律,即式(6-52)、式(6-53)的分析结论,把浮子的外形设计成顺锥的样子。

思考题与习题

6-1　孔口出流的类型有哪些?影响流经孔口的流体流量的影响因素主要有哪些?

6-2　请比较薄壁孔口与短管出流的主要差异,其他条件相同时为什么短管输出流量要大一些?

6-3　请利用流体动力学中学到的知识,定性地解释锥形圆环缝隙中沿流程流体压力变化规律。

6-4　偏心圆柱环形缝隙中偏心量对缝隙流量的影响是怎样的?

6-5　液压卡紧现象是怎样发生的?怎样减小液压卡紧力?

6-6　水箱侧壁有一薄壁孔口,孔径 $d=100$mm,在 3.6m 的水头下,出流量为 41L/s。测得收缩断面直径为 80mm。试求收缩系数、流量系数和流速系数。

6-7　水从水箱侧壁 $d=10$mm 的薄壁锐缘孔口流入大气,水箱中水位保持在孔中心线上方 2m。测得流量为 0.294L/s,射流某一断面中心坐标为 $x=3$m 和 $y=1.2$m。试计算流量系数、流速系数、收缩系数和局部阻力系数。

第7章

液压冲击与空穴现象

在液压传动系统中，空穴现象和液压冲击会给系统带来不利影响，因此需要了解这些现象产生的原因，并采取措施加以防治。

7.1 液压冲击

7.1.1 液压冲击现象与危害

1. 液压冲击现象

在液压传动系统中，常常由于一些原因而使液体压力突然急剧上升，形成很高的压力峰值，这种现象称为液压冲击。在流体力学中，这种现象也称为“水击”。产生管中流速突然变化的最常见的原因有：阀门的突然打开或关闭，负载的突然停止或起动，调节管路压力的压力阀的突然关闭或打开等。这些都可能在管路系统中引起液压冲击现象。产生液压冲击的本质是动量变化引起冲量。液压冲击是非稳定流动，是一个振荡过程。

2. 液压冲击的危害

系统中出现液压冲击时，液体瞬时压力峰值可以比正常工作压力大好几倍。液压冲击会损坏密封装置、管道或液压元件，还会引起设备振动，产生很大噪声。有时冲击会使某些液压元件如压力继电器、顺序阀等产生误动作，从而影响系统正常工作。

7.1.2 液压冲击产生的原因

液压冲击产生的原因在于液体及管线系统存在弹性，从而造成流体的压力能与动能之间的相互转换而形成振荡。在阀门突然关闭或运动部件快速制动等情况下，液体在系统中的流动会突然受阻。这时，由于液流的惯性作用，液体就从受阻端开始，迅速将动能逐层转换为液压能，因而产生了压力冲击波；此后，这个压力冲击波又从该端开始反向传递，将压力能逐层转化为动能，这使得液体又反向流动；然后，在另一端又再次将动能转化为压力能，如此反复地进行能量转换。由于这种压力波的迅速往复传播，便在系统内形成压力振荡。在这一振荡过程中，液体由于受到摩擦力以及液体和管壁的弹性作用而不断消耗能量，才使振荡过程逐渐衰减并趋向稳定，产生液压冲击的本质是动量变化。

7.1.3　液压冲击的振荡过程

图 7-1 表示液流从一个有固定液面的大容器(如油箱、蓄水池等)中经管路流出,当阀门开度为某一定值时,管中的流速为 v_0,压力为 p_0(先讨论理想流体,没有阻力,故整个管中压力相同)。假定阀门突然关闭(关闭时间为零)。如果流体没有压缩性,则整个管中的流体同时全部停下,根据动量定理 $F\Delta t = mV$,由于 $\Delta t = 0$,F 将为无穷大。这就是不考虑流体压缩性而得出的错误结论。实际上由于流体有压缩性,故当阀门突然关闭时,Δt 时间后只有紧靠阀门的 ΔS 这一层流体首先停下,压力升高 Δp,流体被压缩。在下一个 Δt 时间后又有第二层的流体停下,压力升高 Δp,依次类推。这样管中高压区和常压区的分界面(右边高压,左边常压)就以 $C=\dfrac{\Delta S}{\Delta t}$ 的速度由阀门向容器方向传播,称 C 为液压冲击波的传播速度。

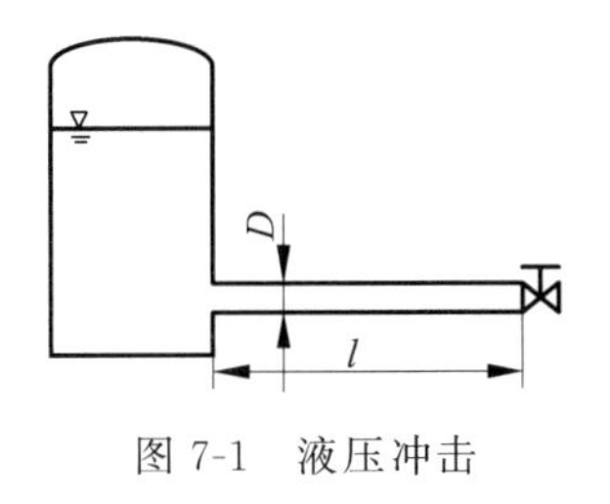

图 7-1　液压冲击

在阀门关闭后 $t_1=\dfrac{l}{C}$ 时刻,液压冲击波到达管路入口,此时整个管中流体全部停下,管中流体处于压缩状态,压力比常压 p_0 高 Δp,Δp 称为液压冲击压力。由于管中压力比容器中压力高,所以管中流体将在这个压差的作用下向容器流去。在 Δt 时间内,紧靠容器的第一层流体 ΔS 流向容器,液压冲击压力 Δp 消失,紧接着第二层流体 ΔS 又处于不平衡状态,左边为 p_0,右边为$(p_0+\Delta p)$。在这个压力差作用下在第二个 Δt 时间后又使第二层流体 ΔS 向容器流去,压力恢复为 p_0,依此类推。因此高低压界面(左边低压,右边高压)又以 C 的速度自容器向阀门方向传播。因此在 $t_2=\dfrac{2l}{C}$ 时刻,整个管路中流体的压缩状态全部消失,压力恢复为 p_0,而管中流体则全部向容器方向流动。因此在紧靠阀门的一层流体也企图以 v_0 的速度向容器方向流动,故阀门与第一层流体之间出现负压。第一层流体左边是常压,右边是负压,形成一个向右的作用力从而使第一层流体停下来。压力比常压低 Δp,同理在第二个 Δt 后第二层流体 ΔS 也停下来,压力也比常压低 Δp。以此类推到 $t_3=\dfrac{3l}{C}$ 时,整个管路中流体全部停下来,压力降为比常压低 Δp。此时由于容器中压力高于管中压力,因此紧靠容器的第一层流体在压差 Δp 的作用下又向右流动,同时压力恢复为 p_0,接着第二层、第三层也向右流动,依此类推。到 $t_4=\dfrac{4l}{C}$ 时刻,整个管路中流体全部向右流动,压力恢复为 p_0。也就是在 t_4 时刻,整个管路的流速和压力恢复到阀门刚关那一瞬时($t=0$)的状态。在此以后又将重复上述四种状态,如此不断循环。如果不是管路对流动有阻力,则这种循环将无限止地继续下去。在这种循环中,紧靠阀门处的管中流体压力在 $0\sim t_2$ 时段$\left(\dfrac{2l}{C}\right)$内为 $p_0+\Delta p$,在 $t_2\sim t_4$ 时段$\left(\dfrac{2l}{C}\right)$内为 $p_0-\Delta p$,下一个$\dfrac{2l}{C}$时段则又是 $p_0+\Delta p$。如此循环下去,所以是一个压力在 $p_0-\Delta p$ 和 $p_0+\Delta p$ 之间振荡的过程,如图 7-2 所示,每四个$\dfrac{l}{C}$为一个周期,以 T 表示。

$$T=\frac{4l}{C} \tag{7-1}$$

上面所讨论的是理想情况，而实际上由于流体流动有阻力等原因要消耗能量，故液压冲击压力也是逐渐减弱的，实际液压冲击压力随时间的变化情况如图 7-3 所示。

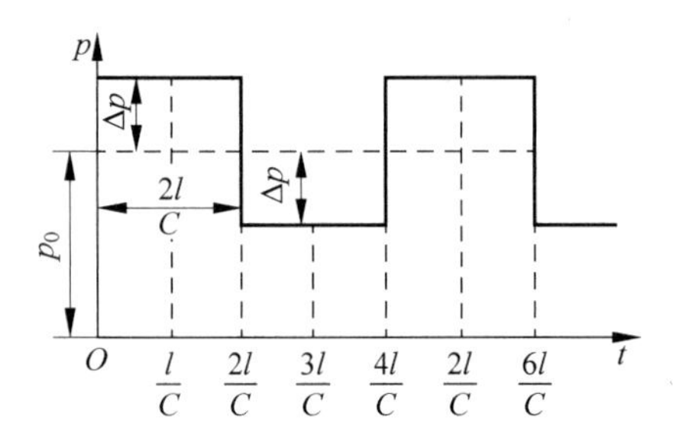

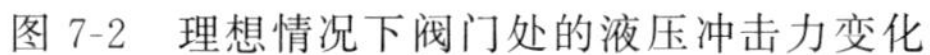

图 7-2 理想情况下阀门处的液压冲击力变化

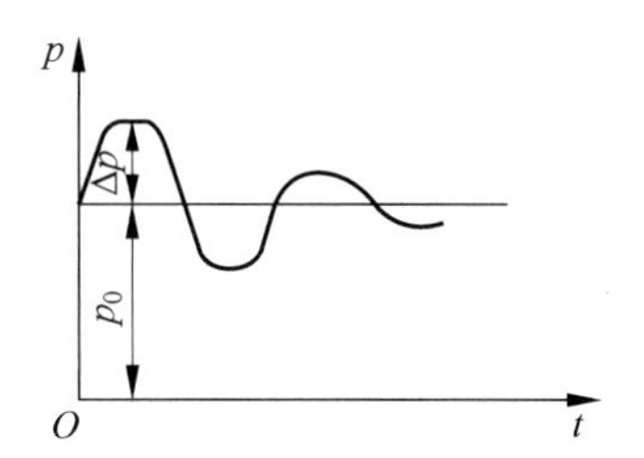

图 7-3 实际情况下阀门处的液压冲击压力变化

7.1.4 液压冲击力及冲击波传播速度的计算

以上只是定性地分析了液压冲击压力的振荡过程，下面将定量地分析液压冲击压力及液压冲击波的传播速度。

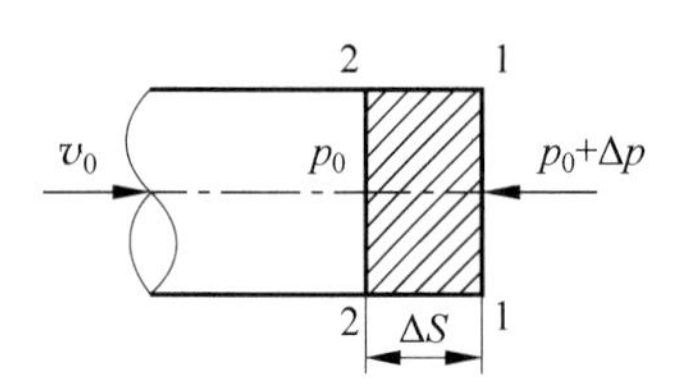

图 7-4 冲击压力及冲击波速

图 7-4 表示在图 7-1 中的阀门突然关闭后 Δt 时刻。紧靠阀门处取出一段流体来分析。根据前面的分析，紧靠阀门的一段流体 ΔS 停止流动并受压缩，压力上升为 $p_0+\Delta p$。而在 ΔS 左边的流体则仍然维持原来的流动状态。故在 ΔS 右边 1-1 断面上的压力为 $p_0+\Delta p$，在左边 2-2 断面上的压力则维持为 p_0。

对 1-1-2-2 这段流体沿管轴线方向列动量方程，则冲量为

$$\sum F\cdot\Delta t=(p_0+\Delta p-p_0)A\Delta t=\Delta pA\Delta t \quad \text{方向向左}$$

式中，A——管子断面积。

$$\text{关阀门前动量}=mv_0=\rho A\Delta Sv_0 \quad \text{方向向右}$$

关阀门后动量=0，所以

$$\Delta t\ \text{前后的动量变化}=0-\rho A\Delta Sv_0=-\rho A\Delta Sv_0$$

设 v_0 方向为“+”，则冲量 $\Delta p\Delta t$ 方向与 v_0 相反，故为“−”。按动量定理有

$$-\Delta pA\Delta t=-\rho A\Delta Sv_0$$

$$\Delta p=\rho\frac{\Delta S}{\Delta t}v_0$$

而 $\frac{\Delta S}{\Delta t}$=液压冲击波传播速度 C，则有

$$\Delta p=\rho Cv_0 \tag{7-2}$$

这就是液压冲击力的计算公式。

设 Δt 时间后紧靠阀门的流体 ΔS 停止流动。压力上升为 $p_0+\Delta p$，管子断面由 A 膨胀

为 $A+\mathrm{d}A$。由于压力升高,流体受压缩,其密度由 ρ 增加为$(\rho+\mathrm{d}\rho)$。则在 Δt 时间内,ΔS 这段管中流体质量的增加为

$$(\rho+\mathrm{d}\rho)(A+\mathrm{d}A)\Delta S-\rho A\Delta S=(\rho\mathrm{d}A+A\mathrm{d}\rho)\Delta S=(\rho\mathrm{d}A+A\mathrm{d}\rho)C\Delta t$$

而在 Δt 时刻,液压冲击波只传到 2-2 断面,2-2 断面左边的流体仍维持原来的流速 v_0,故在 Δt 时间内由 2-2 断面左边流入 ΔS 的流体质量为 $\rho v_0 A\Delta t$。

根据质量守恒定理,流入 ΔS 的质量应等于 ΔS 内质量的增加值,即

$$(\rho\mathrm{d}A+A\mathrm{d}\rho)C\Delta t=\rho v_0 A\Delta t$$

$$v_0=C\left(\frac{\mathrm{d}\rho}{\rho}+\frac{\mathrm{d}A}{A}\right) \tag{7-3}$$

管径为 D,则

$$A=\frac{\pi}{4}D^2,\quad \mathrm{d}A=\frac{\pi}{2}D\mathrm{d}D$$

$$\frac{\mathrm{d}A}{A}=\frac{2\mathrm{d}D}{D} \tag{7-4}$$

又根据流体的体积弹性系数的定义式(2-3)和式(2-4)有

$$E_0=\frac{1}{\beta_{\mathrm{p}}}=-\frac{\mathrm{d}p}{\dfrac{\mathrm{d}V}{V}}$$

而对一定质量的流体而言,在受压缩时,其体积缩小,密度加大,但质量是不变的。故对 $M=\rho V$ 微分则有 $0=\rho\mathrm{d}V+V\mathrm{d}\rho$,即$\dfrac{\mathrm{d}V}{V}=-\dfrac{\mathrm{d}\rho}{\rho}$,代入上式有

$$E_0=\frac{\mathrm{d}p}{\dfrac{\mathrm{d}\rho}{\rho}} \tag{7-5}$$

或

$$\frac{\mathrm{d}\rho}{\rho}=\frac{\mathrm{d}p}{E_0}$$

又根据材料力学有

$$\frac{\mathrm{d}D}{D}=\frac{\mathrm{d}\sigma}{E}$$

式中,σ——管壁中的应力;

E——管材的弹性系数。

而受液压力作用的管壁应力计算式为

$$\sigma=\frac{pD}{2\varepsilon}$$

式中,ε——管壁厚度。

故

$$\mathrm{d}\varepsilon=\frac{D}{2\varepsilon}\mathrm{d}p$$

$$\frac{\mathrm{d}D}{D}=\frac{\dfrac{D}{2\varepsilon}\mathrm{d}p}{E}=\frac{D\mathrm{d}p}{2\varepsilon E} \tag{7-6}$$

把式(7-4)、式(7-5)、式(7-6)代入式(7-3)可得

$$v_0 = C\left(\frac{\mathrm{d}p}{E_0} + \frac{D\mathrm{d}p}{\varepsilon E}\right)$$

即

$$\mathrm{d}p = \frac{V_0 E_0}{C\left(1 + \dfrac{DE_0}{\varepsilon E}\right)} \tag{7-7}$$

式(7-2)与式(7-7)都代表液压冲击力,两者相等可得

$$\rho C v_0 = \frac{v_0 E_0}{C\left(1 + \dfrac{DE_0}{\varepsilon E}\right)}$$

$$C = \frac{\sqrt{\dfrac{E_0}{\rho}}}{\sqrt{1 + \dfrac{DE_0}{\varepsilon E}}} \tag{7-8}$$

这就是液压冲击波的传播速度计算公式。

如果管子为绝对刚性,$E=\infty$,则式(7-8)成为

$$C_0 = \sqrt{\frac{E_0}{\rho}} \tag{7-9}$$

根据物理知识可知,C_0 就是液体中的声速。一般矿物油的 $C_0 = 890 \sim 1270\mathrm{m/s}$,水的 $C_0 = 1425\mathrm{m/s}$。

例 7-1 蓄能器至换向阀的管长 3m,管径 25mm,壁厚 3mm,钢管弹性系数 $E = 2 \times 10^5 \mathrm{MPa}$,液压油体积弹性系数 $E_0 = 1.4 \times 10^3 \mathrm{MPa}$,密度 $\rho = 900\ \mathrm{kg/m^3}$,管中流速为 5m/s。当换向阀突然换向时,可能产生的最大液压冲击力为若干?液压冲击波从换向阀传到蓄能器再返回换向阀所需时间为若干?

解:根据式(7-8),液压冲击波传播速度为

$$C = \sqrt{\frac{1.4 \times 10^9 / 900}{1 + \dfrac{25 \times 10^{-3} \times 1.4 \times 10^9}{3 \times 10^{-3} \times 2 \times 10^{11}}}} = 1212.36(\mathrm{m/s})$$

如果不考虑管壁弹性,则冲击波的传播速度为 $C_0 = 1247\mathrm{m/s}$。

根据式(7-2),可能产生的最大液压冲击力为

$$\Delta p = \rho C v_0 = 900 \times 1212.36 \times 5 = 5.46 \times 10^6 (\mathrm{Pa})$$

由此可见,如不采取适当措施,产生的液压冲击力是很大的。

冲击波传到蓄能器再返回换向阀所需时间为

$$t = \frac{2l}{C} = \frac{2 \times 3}{1212.36} = 4.95 \times 10^{-3} (\mathrm{s})$$

7.1.5 完全液压冲击和不完全液压冲击

式(7-2)是在假定阀是瞬间关闭的前提下推导出的,而实际上阀的关闭总是有一定时间

的，这种情况下液压冲击力如何计算呢？这要分两种情况来考虑：一种是关闭的时间 t_c 小于液压冲击波从阀传到容器再返回阀的时间 $\frac{2l}{C}=\frac{T}{2}$，即 $t_c<\frac{T}{2}$；另一种情况是 $t_c>\frac{T}{2}$。

先讨论 $t_c<\frac{T}{2}$ 的情况：事实上阀门逐渐关闭的过程可以看成是阀门每次关闭微小的面积 ΔA，逐渐积累到全部关闭。相应的管中流速也是从 v_0 每次减小 Δv_0，直至逐渐减为零。根据式(7-2)，每次流速变化 Δv_0 所引起阀门处的液压冲击力为 $\rho C\Delta v_0$，当阀门完全关闭时，则冲击力上升为 $\Delta p=\rho C\left(\sum\Delta v_0\right)=\rho Cv_0$。因此，对 $t_c<\frac{T}{2}$ 的情况，其最大液压冲击力与阀门瞬间关闭的冲击力是相同的，这称为完全液压冲击。

当 $t_c>\frac{T}{2}$ 时，则在最初时间段 $t_c-\frac{T}{2}$（这一段时间内关闭阀门所引起的冲击波传到容器后产生的负冲击波能返回到阀门，因冲击波来回振荡一次的时间为 $\frac{T}{2}$），由图 7-2 可知，当返回的负冲击波到达时，压力将每次降低 $\rho C\Delta v_0$，由于在阀门没完全关闭前（即压力还没上升到最大压力 ρCv_0 之前）负冲击波已经到达，所以将抵消进一步关阀门所引起的压力增加。因此，当阀门进一步关闭时，压力维持 $t=\frac{T}{2}$ 时所产生的液压冲击力。也就是说，对 $t_c>\frac{T}{2}$ 的情况，其最大液压冲击力就对应于 $t=\frac{T}{2}$ 时刻的液压冲击力，而达不到 ρCv_0。这种液压冲击称为不完全液压冲击。因为假设阀门是均匀关闭的，故 $t=\frac{T}{2}$ 时刻阀门已关闭 $\frac{\frac{T}{2}}{t_c}\times 100\%$。因此此时动量变化也是阀门全关闭时动量变化的 $\frac{\frac{T}{2}}{t_c}\times 100\%$，故相应的液压冲击力也就是 ρCv_0 的 $\frac{\frac{T}{2}}{t_c}\times 100\%$，即对于 $t_c>\frac{T}{2}$ 的不完全液压冲击来说，最大液压冲击力为

$$\Delta p=\rho Cv_0\,\frac{T}{2t_c} \tag{7-10}$$

例 7-2　对例 7-1 的情况，如果换向阀的关闭时间为 0.07s，试计算所产生的液压冲击力为若干？

解：因 $\frac{T}{2}=5.08\times 10^{-3}\,\mathrm{s}$，而 $t_c=0.07\mathrm{s}$，故按式(7-10)可知产生的液压冲击力为

$$\Delta p=\rho Cv_0\,\frac{\frac{T}{2}}{t_c}=5.31\times 10^6\times\frac{5.08\times 10^{-3}}{0.07}=3.85\times 10^5\,(\mathrm{Pa})$$

由此可见，适当延长换向阀换向时间可以大大降低液压冲击力。

7.1.6 减小液压冲击力的措施

从式(7-2)及式(7-10)可看出，要减小液压冲击力，就必须设法降低 $\rho C v_0$ 及 $\frac{\frac{T}{2}}{t_c}$。而液压油的密度一般是不变的，只能设法降低 C，v_0 及 $\frac{\frac{T}{2}}{t_c}$。目前一般采用以下几种办法：

(1) 尽量缩短管路长度。这是因为 $T=\frac{4l}{C}$，l 减小，则 T 可减小，从而使 $\frac{\frac{T}{2}}{t_c}$ 减小。

(2) 适当延长关阀(或开阀)时间。t_c 加长也能使 $\frac{\frac{T}{2}}{t_c}$ 减小。

(3) 适当限制管中流速。v_0 小则液压冲击力也降低。一般液压管路的允许流速有一定限制，除了从减小阻力损失的角度考虑，防止液压冲击不要过大也是一个因素。

(4) 适当选用大管径。这一方面是降低 v_0，另一方面是减小 C，因为从式(7-8)可看出，D 加大后液压冲击波的传播速度 C 可减小。

(5) 采用弹性管(如橡胶管)。采用弹性管可以大大降低管壁的 E_0 值，从式(7-8)可见这可以大大降低液压冲击波的传播速度 C。

(6) 在发生液压冲击的元件附近设置蓄能器。蓄能器上部有气体，其压缩性很大，因此液压冲击力传到蓄能器时，气体就压缩从而大大削减液压冲击力，其作用也类似于采用弹性管。在蓄能器处气体压缩时相当于管子断面大大膨胀，从而大大降低了液压冲击波的传播速度。

7.2 空穴现象

7.2.1 液压空穴现象

在流动的液体中，当某处的压力低于空气分离压时，原先溶解在液体中的空气就会分离出来，从而导致液体中出现大量的气泡，这种现象称为空穴现象；如果液体中的压力进一步降低到饱和蒸气压时，液体将迅速汽化，产生大量蒸气泡，使空穴现象更加严重。

空穴多发生在阀口和液压泵的进口处。由于阀口的通道狭窄，液流的速度增大，压力则下降，容易产生空穴；当泵的安装高度过高、吸油管直径太小、吸油管阻力太大或泵的转速过高时，都会造成进口处真空度过大而产生空穴。

7.2.2 液体的空气分离压与饱和蒸汽压

液体中的空气含量用液体中所含空气的体积分数来衡量。空气在液体中存在有两种形式：一种是溶解在液体中；另一种是以气泡的形式混合在液体中。前一种的空气对液体的体积模量没有影响。但当液体的压力降低时,溶解在油液中的空气就会从液体中分离出来,如图 7-5 所示。

在一定温度下,当液体压力低于某个数值时,溶解在液体中的空气将会突然地从液体中分离出来,产生大量气泡,这个压力称为液体在该温度下的空气分离压。有气泡的液体其体积模量将明显减小。气泡越多,液体的体积模量就越小。

当液体在某一温度下其压力继续下降而低于一定数值时,液体本身会迅速汽化,产生大量蒸气,这时的压力称为液体在该温度下的饱和蒸气压。一般来说,液体的饱和蒸气压比空气分离压要小得多。饱和蒸气压与温度的关系如图 7-6 所示。

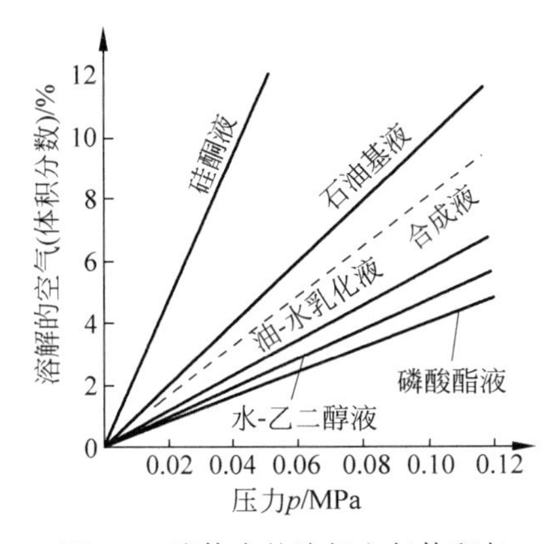

图 7-5　液体中的溶解空气体积与压力间的关系

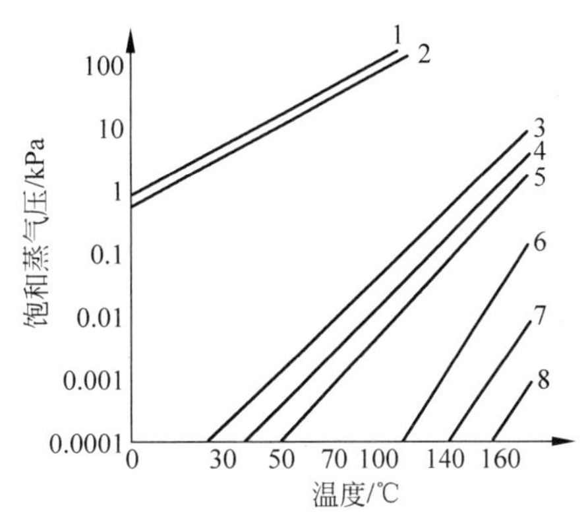

图 7-6　饱和蒸气压与温度的关系

1—油-水乳化液；2—水-乙二醇液压液；3—氯化烃液；4—合成液；5—石油基液；6—硅酸酯液；7—磷酸酯液；8—硅酮液

7.2.3　节流口处的空穴现象

如图 7-7 所示,水平管道中的液体沿流程 s 向右流动,当液体流动到节流口处(管道喉部)时,过流面积减小。根据连续性方程,流经管道各断面的液体流量不变($q = AV$),由于在节流口处过流面积减小,导致液体流速增大。根据伯努利方程可得,

$$\frac{v_1^2}{2g}+\frac{p_1}{\rho_1 g}=\frac{v_2^2}{2g}+\frac{p_2}{\rho_1 g}$$

因此,节流口喉部的压力很低。如果该处的压力低于液体工作温度下的空气分离压,就会出现空穴现象。同样,在液压泵的进油过程中,如果泵的进油管通径太小、流动阻力太大、滤网堵塞,或者泵的安装位置过高、转速过快等,也会导致液压泵进油腔的压力低于工作温度下的空气分离压,从而引发空穴现象。

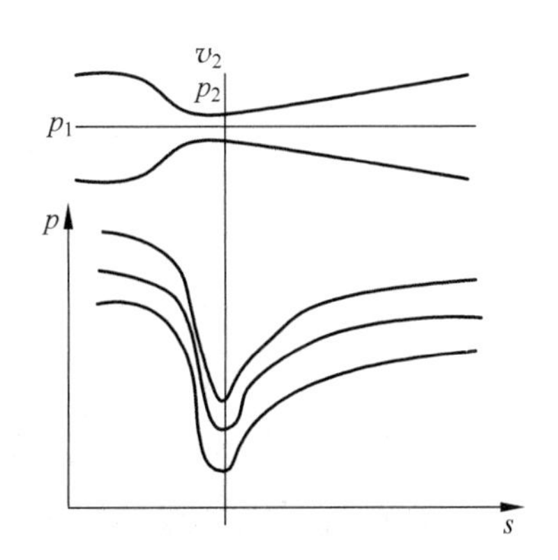

图 7-7　节流口处的压力变化示意图

当液压系统出现空穴现象时,大量的气泡使液流的流动特性变坏,造成流量不连续、流动不稳、噪声骤增。特别是当带有气泡的液流进入下游高压区时,气泡受到周围高压的作用而迅速破灭,使得局部

产生较大的液压冲击，严重损伤液压元件表面质量，大大缩短元件的使用寿命。

7.2.4 空穴现象的危害

空穴现象是一种有害的现象，它主要有以下几方面的危害：

(1) 液体在低压部分产生空穴后，到高压部分气泡又重新溶解于液体中，周围的高压液体迅速填补原来的空间，形成无数微小范围内的液压冲击，这将引起噪声、振动等有害现象。

(2) 液压系统受到空穴引起的液压冲击而造成零件的损坏。另外由于析出空气中有游离氧，对零件具有很强的氧化作用，引起元件的腐蚀。这些称为气蚀作用。

(3)空穴现象使液体中带有一定量的气泡，从而引起流量的不连续及压力的波动，严重时甚至断流，使液压系统不能正常工作。

7.2.5 减少空穴和气蚀措施

为减少空穴和气蚀的危害，通常采取下列措施：

(1) 减小孔口或缝隙前后的压力降。一般希望孔口或缝隙前后的压力比 $p_1/p_2<3.5$。

(2) 降低泵的吸油高度，适当加大吸油管直径，限制吸油管的流速，尽量减小吸油管路中的压力损失(如及时清洗过滤器或更换滤芯等)。对于自吸能力差的泵要安装辅助泵供油。

(3) 管路要有良好的密封性，防止空气进入。

(4) 提高液压零件的抗气蚀能力，采用抗腐蚀能力强的金属材料，减小零件表面粗糙度值等。

7.3 工程中的应用示例

7.3.1 液压冲击现象的示例

美国加利福尼亚州圣奥诺弗雷(San Onofre)核电厂原有三个核反应发电机组，具备数千兆瓦的发电能力，是该州主要的电力生产企业。1985 年 11 月 21 日凌晨，该核电厂的 1 号机组由于电源短路造成二回路(该回路将蒸汽发生器产生的饱和蒸汽输送至汽轮机，驱动汽轮机回转带动与汽轮机同轴连接的发电机转子回转，输出电力)主水泵停泵，4min 后运行工人误操作，启动了补水泵，从而产生了破坏力巨大的液压冲击，使 52m 长的给水管道严重扭曲变形，十八个支撑墩遭到破坏，位移量高达 30cm。有一处爆裂管道形成了 2cm 长的鱼嘴裂缝，该事故导致核电厂 1 号反应堆被迫停堆(图 7-8)。

图 7-8 停堆后的圣俄罗费尔核电站

7.3.2 空穴现象示例

在机械控制领域中广泛应用的液压技术是以液体为工作介质进行工作的。在液压系统中，借助于液压控制元件对输入液压缸（或液压马达）的液体的能量进行调整，使液压缸或液压马达按照所需要的速度（位置、驱动力）来操纵被控制对象。液体流经液压控制元件（液压阀）时，由于流道的突变往往会造成局部的低压甚至引发空穴现象（见7.2.3小节）。

如图7-9所示，锥形节流阀口开度为x，液压介质由入口流入，由阀的出口流出。当液压介质流经节流阀口处时，由于锥形阀芯与阀体间的圆环形过流通道的面积较小，易产生空穴现象。

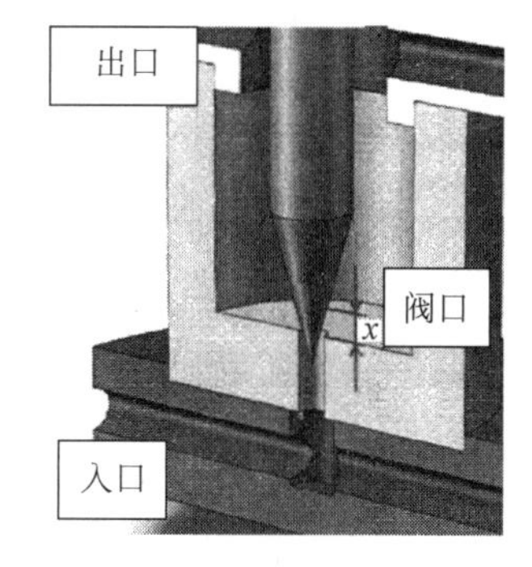

图7-9 锥形节流阀结构示意图

图7-10为锥形阀口处的空穴形成过程的高速摄影图片，所用液压介质为46号矿物油。由该图片可见，当通过阀口的液体压降达到一定程度（即流量增大到一定数值——参见第6章相关内容），空穴现象开始形成，并且随阀口压降的增加（流量的增加）而越来越严重。

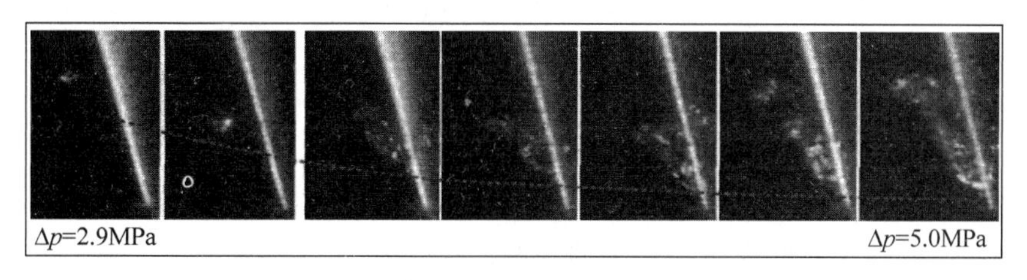

图7-10 锥形节流阀口处的空穴现象的形成与演变过程

思考题与习题

7-1 液压冲击产生的原因是什么？如何降低液压冲击造成的危害？

7-2 何谓空穴现象？空穴现象的危害有哪些？如何消除空穴现象？

7-3 试说明气蚀现象产生的原因。

第 8 章

相似理论基础

8.1 相似的概念

在工程流体力学研究的范围内，有些理论和公式，只是在某些主要方面近似地反映物理现象，因此常依靠实验来寻求有关流动现象的规律或验证理论与数值计算结果。流体力学实验的手段主要是通过风洞、水洞、激波管、水电比拟等设备模拟自然界的流体运动，实物的尺寸一般来讲都是比较大的，例如飞机、轮船等。在实验室制造这样的庞然大物需要大量的经费，有时甚至是不可能的。因此通常是做一个较实物小很多的几何相似模型，然后在模型上进行实验，得到所需要的实验数据，再换算到实物上去。其次，当解决某一具体流动问题时，常因数学上的困难无法直接求解，而需要进行实验测定。可见，实验研究是很重要的。

实验通常是在不同条件下(如模型尺寸比实物小)进行的。因此就存在如下三个问题：

(1) 在实验中要测定哪些量；

(2) 如何整理实验数据和处理实验结果；

(3) 实验结果可以应用到哪些现象上去。

这就是流体流动相似原理所要解决的问题。

相似的概念起源于几何学中图形的相似。所谓模型(m)和原型(n)相似，既要求这两个流动系统所有对应点的对应物理量(例如同类的力，如图 8-1 所示)成一定比例，又要满足力学相似(例如力的多边形相似)。因此力学相似即动力相似，是指模型流动与原型流动中，各种对应的力学量各自保持一定的比例，以便相互换算。由于力学量中包括几何量、运动学量和动力学量，所以动力相似就包括几何相似、运动相似和力相似。

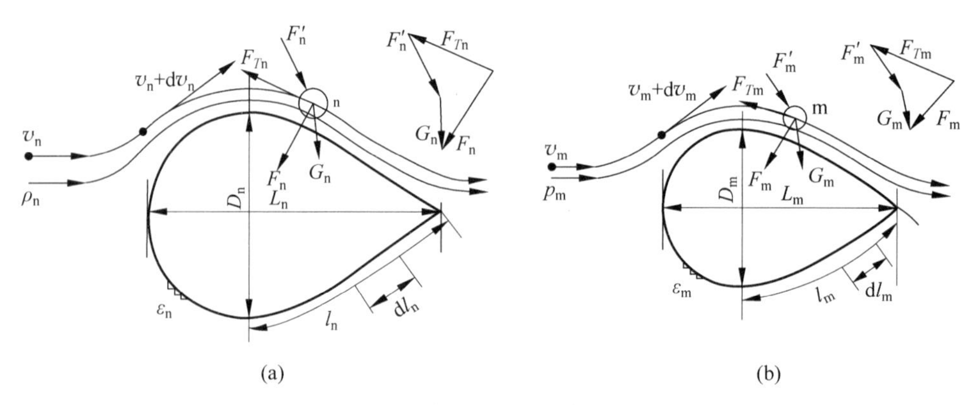

图 8-1 原型与模型流动的相似绕流示意图

(a) 原型(实物)流动(n)；(b) 模型流动(m)

8.2　相似三定理

8.2.1　力学相似及相似比例常数

1. 几何相似

原型流动和模型流动中的物体或流线上，其对应线段的方位相同而数值成一定比例，则此两个系统中的物体或流场为几何相似。其对应线段的几何比例常数 C_l，即原型流动与模型流动的尺寸比例（见图 8-1，包括绝对粗糙度 ε）为

$$C_l=\frac{l_n}{l_m}=\frac{dl_n}{dl_m}=\frac{D_n}{D_m}=\frac{\varepsilon_n}{\varepsilon_m}\tag{8-1}$$

在几何比例常数基础上，可以得出：
面积比例常数 C_l^2 为

$$C_l^2=\frac{A_n}{A_m}=\frac{dA_n}{dA_m}=\frac{l_n^2}{l_m^2}\tag{8-2}$$

体积比例常数 C_l^3 为

$$C_l^3=\frac{V_n}{V_m}=\frac{dV_n}{dV_m}=\frac{l_n^3}{l_m^3}\tag{8-3}$$

2. 运动相似

模型流动与原型流动中，对应质点的运动轨迹为几何相似，且流经对应线段所需时间成一定比例，则此两种流动为运动相似。其时间比例常数 C_t 为

$$C_t=\frac{t_n}{t_m}=\frac{dt_n}{dt_m}$$

在时间与几何比例常数基础上，可以得出速度、加速度和流量比例常数

$$\begin{cases}C_v=\dfrac{v_n}{v_m}=\dfrac{du_n}{du_m}=\dfrac{dl_n/dt_n}{dl_m/dt_m}=\dfrac{C_l}{C_t}\\[2ex] C_a=\dfrac{a_n}{a_m}=\dfrac{dv_n/dt_n}{dv_m/dt_m}=\dfrac{C_v}{C_t}=\dfrac{C_l}{C_t^2}=\dfrac{C_v^2}{C_l}\\[2ex] C_q=\dfrac{q_n}{q_m}=\dfrac{dq_n}{dq_m}=\dfrac{A_nv_n}{A_mv_m}=\dfrac{C_l^3}{C_t}=C_l^2C_v\end{cases}\tag{8-4}$$

上式表明，加速度与流量的比例常数不是独立的，而是由几何与时间或速度的比例常数组成的。

3. 动力相似

原型流动与模型流动中，对应点上所受的同类力，其方向相同而数值成一定比例，则此两种流动满足动力相似。其力的相似比例常数为

$$C_{\mathrm{F}}=\frac{F_{\mathrm{n}}}{F_{\mathrm{m}}}=\frac{F_{T\mathrm{n}}}{F_{T\mathrm{m}}}=\frac{G_{\mathrm{n}}}{G_{\mathrm{m}}}=\frac{F'_{\mathrm{n}}}{F'_{\mathrm{m}}}=\frac{\Delta F'_{\mathrm{n}}}{\Delta F'_{\mathrm{m}}} \tag{8-5}$$

式中，F、F_T、G、F'、$\Delta F'$分别代表合力、黏性力、重力、总压力和总压力差。

通过上述相似条件的讨论，可清楚地看到：两个相似流动，在对应点上同类物理量各自具有一定的比例常数。但是这些比例常数不能是任意的，而要受到动力相似准则或相似指标的约束。

8.2.2 动力相似准则（相似准数）

模型与原型的相似流动现象，是属于同一种类的现象，其运动规律可用完全相同的微分方程组来描述，两者的差别只是放大（或缩小）了若干倍的问题。

对于不可压缩黏性流体非定常流动，可用 N-S 方程来描述。当质量力只有重力（$Z=-g$）时，其 z 轴向的分式为：

对于原型流动

$$\begin{aligned}&\frac{\partial u'_z}{\partial t'}+u'_x\frac{\partial u'_z}{\partial x'}+u'_y\frac{\partial u'_z}{\partial y'}+u'_z\frac{\partial u'_z}{\partial z'}\\&=-g'-\frac{1}{\rho'}\frac{\partial p'}{\partial z'}+\frac{\mu'}{p'}\left(\frac{\partial^2 u'_z}{\partial x'^2}+\frac{\partial^2 u'_z}{\partial y'^2}+\frac{\partial^2 u'_z}{\partial z'^2}\right)\\&=\frac{\mathrm{d}F'}{\rho'\mathrm{d}x'\mathrm{d}y'\mathrm{d}z'}\end{aligned} \tag{8-6}$$

对于模型流动

$$\begin{aligned}&\frac{\partial u_z}{\partial t}+u_x\frac{\partial u_z}{\partial x}+u_y\frac{\partial u_z}{\partial y}+u_z\frac{\partial u_z}{\partial z}\\&=-g-\frac{1}{\rho}\frac{\partial p}{\partial z}+\frac{\mu}{\rho}\left(\frac{\partial^2 u_z}{\partial x^2}+\frac{\partial^2 u_z}{\partial y^2}+\frac{\partial^2 u_z}{\partial z^2}\right)\\&=\frac{\partial F}{\rho\mathrm{d}x\mathrm{d}y\mathrm{d}z}\end{aligned} \tag{8-7}$$

有关相似比例常数关系为

$$\frac{t'}{t}=C_{\mathrm{t}},\quad \frac{\rho'}{\rho}=C_{\rho},\quad \frac{g'}{g}=C_{\mathrm{g}},\quad \frac{\mu'}{\mu}=C_{\mu},\quad \frac{p'}{p}=C_{\mathrm{p}}$$

$$\frac{u'}{u}=C_{\mathrm{u}},\quad \frac{x'}{x}=\frac{y'}{y}=\frac{z'}{z}=\frac{\mathrm{d}x'}{\mathrm{d}x}=\frac{l'}{l}=C_{\mathrm{l}}$$

$$\frac{\partial u'}{\partial l'}=\frac{\partial(C_{\mathrm{u}}u)}{\partial(C_{\mathrm{l}}l)}=\frac{C_{\mathrm{u}}}{C_{\mathrm{l}}}\frac{\partial u}{\partial l}$$

$$\frac{\partial^2 u'}{\partial l'^2}=\frac{\partial^2(C_{\mathrm{u}}u)}{\partial(C_{\mathrm{l}}l)^2}=\frac{C_{\mathrm{u}}}{C_{\mathrm{l}}^2}\frac{\partial^2 u}{\partial l^2}$$

将上述相似转换关系代入原型流动式(8-6)，得

$$\frac{C_u}{C_t}\frac{\partial u_z}{\partial t}+\frac{C_u^2}{C_t}\left(u_x\frac{\partial u_z}{\partial x}+u_y\frac{\partial u_z}{\partial y}+u_z\frac{\partial u_z}{\partial z}\right)$$
$$=-C_g g-\frac{C_p}{C_\rho C_l}\frac{\partial p}{\partial z}+\frac{C_\mu C_u}{C_\rho C_l^2}\left(\frac{\partial^2 u_z}{\partial x^2}+\frac{\partial^2 u_z}{\partial y^2}+\frac{\partial^2 u_z}{\partial z^2}\right)$$
$$=\frac{C_F}{C_\rho C_l^3}\frac{dF}{\rho dx dy dz} \tag{8-8}$$

此式就是用模型流动方程所表示的原型流动方程。其中 6 个相似比例常数群，就是代表放大(或缩小)的倍数。因此，这 6 个常数群必相等：

$$\begin{pmatrix}\text{时　变}\\\text{惯性力}\end{pmatrix}\begin{pmatrix}\text{位　变}\\\text{惯性力}\end{pmatrix}\begin{pmatrix}\text{重}\\\text{力}\end{pmatrix}\quad(\text{压力})\quad(\text{黏性力})\quad(\text{合力})$$

$$\frac{C_u}{C_t}=\frac{C_u^2}{C_l}=C_g=\frac{C_p}{C_\rho C_l}=\frac{C_\mu C_u}{C_\rho C_l^2}=\frac{C_F}{C_\rho C_l^3}$$

用第二项遍除各项，得

$$C=\frac{C_l}{C_t C_u}=\frac{C_g C_l}{C_u^2}=\frac{C_p}{C_p C_u^2}=\frac{C_\mu}{C_u C_l C_\rho}=\frac{C_F}{C_\rho C_l^2 C_u^2}=1 \tag{8-9}$$

式中，C 称为相似指标。它是由一些物理量的相似比例常数组成。对于相似流动，其相似指标必等于 1。这就是相似比例常数之间所必须遵循的规律，即被相似指标所约束而不能是任意的。

将上述 5 个相似指标中的比例常数用物理量代换时，则有：

1）牛顿(Newton)准数

$$Ne=\frac{\text{合力}}{\text{位变惯性力}}=\frac{F_n}{\rho_n v_n^2 l_n^2}=\frac{F_m}{\rho_m v_m^2 l_m^2}=\frac{F}{\rho v^2 l^2} \tag{8-10}$$

2）斯特罗哈(Strouhal)准数

$$St=\frac{\text{时变惯性力}}{\text{位变惯性力}}=\frac{l_n}{t_n v_n}=\frac{l_m}{t_m v_m}=\frac{l}{tv} \tag{8-11}$$

3）弗劳德(Froude)准数

$$Fr=\frac{\text{位变惯性力}}{\text{重力}}=\frac{v_n^2}{g_n l_n}=\frac{v_m^2}{g_m l_m}=\frac{v^2}{gl} \tag{8-12}$$

4）雷诺(Reynolds)准数

$$Re=\frac{\text{位变惯性力}}{\text{黏性力}}=\frac{v_n l_n \rho_n}{\mu_n}=\frac{v_m l_m \rho_m}{\mu_m}=\frac{vl\rho}{\mu} \tag{8-13}$$

5）欧拉(Euler)准数

$$Eu=\frac{\text{压力}}{\text{位变惯性力}}=\frac{p_n}{\rho_n v_n^2}=\frac{p_m}{\rho_m v_m^2}=\frac{p}{\rho v} \tag{8-14}$$

欧拉准数也可用压差表示，即取 $p=\Delta p$ 时，得

$$Eu=\frac{\Delta p}{\rho v^2} \tag{8-15}$$

上述准则或准数表明：对于合力而言，当两种流动的 Ne 相等时，就满足动力相似。就

分力而言，对于不可压缩黏性流体非定常流动的两个流场，当所有对应点的4个相似准数各自对应相等时，则两个流场就满足动力相似。所以，相似准数是判断是否相似的标准，因而也称为相似准则或相似判据。

在研究有压管流或明渠水流时，由于压差是由黏性力、重力或惯性阻力所引起的，因此，当此三种力已满足相似条件时，则压差自然满足相似条件。所以欧拉准数不是独立(或定性)准数。

对于阻力平方区情况，λ 与 Re 无关(ε/d 已满足几何相似)，称为自动模化区，这时只要求 Re 都进入该区即可，而不要求两个系数中 Re 相等。因之在自动模化区，Re 就不是定性准数。

在模型实验中，使用对应点的相似准数是很不方便的。为此引入具有代表性且能表示流动的某些物理特性的参数，称为特征参数或特征值。如将管中的平均流速 v、直径 d 或当量直径 d_e 等，取为特征流速和特征长度。于是：

雷诺数 Re 简化为

$$Re=\frac{v\mathrm{d}\rho}{\mu}=\frac{vd}{\nu}$$

弗劳德数 Fr 简化为

$$Fr=\frac{v}{\sqrt{gd}}$$

8.2.3 模型实验与局部相似

在一般情况下，运动流体所受的作用力，主要是黏性力和重力。但在模型实验时，要同时使黏性力和重力都相似，几乎是不可能的。因为要满足黏性力相似，就要原型流动和模型流动的 Re 相等，则需有

$$v_{\mathrm{m}}=v_{\mathrm{n}}C_{\mathrm{l}}\frac{\nu_{\mathrm{m}}}{\nu_{\mathrm{n}}}$$

若在满足重力相似，又需两个系统的 Fr 相等，当 $g_{\mathrm{m}}=g_{\mathrm{n}}$ 时，则有

$$v_{\mathrm{m}}=\frac{v_{\mathrm{n}}}{\sqrt{C_{\mathrm{l}}}}$$

由以上两式可得几何相似比例常数为 $C_{\mathrm{l}}^{3/2}=\frac{v_{\mathrm{n}}}{v_{\mathrm{m}}}$，若采用同种流体 $v_{\mathrm{n}}/v_{\mathrm{m}}=1$，则 $C_{\mathrm{l}}=1$，即模型与原型一样大，这样就不成为模型试验了。否则必须用另外一种流体，例如模型为原型尺寸的1/10，则

$$v_{\mathrm{m}}=\frac{v_{\mathrm{n}}}{C_{\mathrm{l}}^{3/2}}=\frac{v_{\mathrm{n}}}{10^{2/3}}=\frac{v_{\mathrm{n}}}{31.6}$$

这就是说，模型流体的 v_{m} 应该为原型流体的1/31.6，这是很难配制的。可见，同时满足 Re 及 Fr 两个准则是有困难的。因此只能采取主要的作用力，满足其相似准则相等，来确定或设计模型尺寸。这种只满足部分力的相似，称为局部相似。

例 8-1 某煤油管路上的文丘里流量计，其入口直径为300mm，喉部直径为150mm，在

1∶3 的模型($C_l=3$)中用水进行实验。已知煤油密度为 0.82g/cm^3,水、煤油的 v 值分别为 0.01cm^2/s、0.045cm^2/s。

(1) 已知原型中煤油流量 $q_{vn}=100$L/s,为达到动力相似,模型中水的流量 q_{vm} 应是多少?

(2) 若在模型中测得流量计入口和喉部断面的测压管水头差 $\Delta h_m=1.05$m,求模型中 Δh_n 应是多少?

解:此系统中流动的主要作用力为黏性阻力和压力。定性准数为 Re,非定性准则为 Eu。

(1) 根据 Re,其相似指标 $C_v C_l / C_\nu = 1$,则

$$C_v=\frac{C_\nu}{C_l}=\frac{0.045}{0.01\times 3}=1.5$$

流量比例常数

$$C_{qv}=C_v C_l^2=1.5\times 3^2=13.5$$

所以

$$q_{vm}=\frac{q_{vn}}{C_{qv}}=\frac{100}{13.5}\text{L/s}=7.4(\text{L/s})$$

(2) 按 Eu,其相似指标($\Delta p=\rho g\Delta h$)为

$$\frac{C_{\Delta p}}{C_\rho C_v^2}=\frac{C_\rho C_g C_{\Delta h}}{C_\rho C_v^2}=1$$

模型与原型均在重力场,则 $C_g=1$,故得

$$C_{\Delta h}=C_v^2=1.5^2=2.25$$

所以

$$\Delta h_n=C_{\Delta h}\Delta h_m=2.25\times 1.05=2.36(\text{m})$$

8.3　量纲分析法及其应用

用相似理论指导模型实验时,首先要明确其相似准数。当流体运动过程的微分方程已知时,如前述可由方程确定相似准数。如果对某流动过程尚无法建立微分方程时,要寻求其相似准数(或建立准则方程),则可采用量纲分析法。

物理量的量纲分为基本量纲和导出量纲。基本量纲是独立的,不能从其他量的量纲导出。但基本量纲是人为选择的,不同单位制中有不同的基本量纲。基本量纲一经确定,所有其他的导出量纲,全由其乘幂组合而成。在力学中常取长度[L]、时间[T]、质量[M]为基本量纲。于是其他一切量的量纲,均可用这三个基本量纲的乘幂组合表示,如表 8-1 所示。

表 8-1　物理量量纲

名称	长度	时间	质量	力
符号	l	t	m	F
量纲	[L]	[T]	[M]	[MLT^{-2}]

续表

名称	压强	动力黏度	运动黏度
符号	p	μ	ν
量纲	$[ML^{-1}T^{-2}]$	$[ML^{-1}T^{-1}]$	$[L^2T^{-1}]$

量纲分析法的理论基础是量纲和谐性原理,即

(1) 自然界一切物理现象的规律,都可用完整的物理方程表达;

(2) 任何完整的物理方程,都必定满足量纲和谐性的条件。

量纲分析法常用的有瑞利法和 π 定理两种,分述如下。

8.3.1 瑞利法

如果过程的物理方程为单项指数关系式,则可采用瑞利(Rayleigh,1988 年)量纲分析法,其步骤为:

(1) 列出影响流动过程的全部 n 个物理量的隐函数 $x_n=F(x_1,x_2,\cdots,x_{n-1})$,将其写成单项指数关系式为

$$x_n=Kx_1^{a_1}x_2^{a_2}\cdots x_{n-1}^{a_{n-1}} \tag{8-16}$$

式中,$a_1,a_2,\cdots,a_{n-1}$ 为待定指数;K 为无量纲比例常数。

(2) 用基本量纲[M]、[L]、[T]表示各物理量的量纲,写出量纲关系式:

$$[x_n]=[x_1]^{a_1}[x_2]^{a_2}\cdots[x_{n-1}]^{a_{n-1}} \tag{8-17}$$

(3) 根据量纲和谐性原理,比较上式左右两边[M]、[L]、[T]的量纲,从而解出其中的三个指数值;

(4) 如果 $n\leqslant 4$,可得到确定的指数关系式形式。如果 $n\geqslant 4$,则有$(n-4)$个指数有待经过实验来确定。

例 8-2 已知(管中层流与紊流分界的)临界速度 v_k 与流体的 μ、ρ 及管径 d 有关,试建立表达 v_k 的关系式。

解:按式(8-16),则有

$$v_k=K\rho^{a_1}\mu^{a_2}d^{a_3}$$

此式的量纲关系为

$$[LT^{-1}]=[ML^{-3}]^{a_1}[ML^{-1}T^{-1}]^{a_2}[L]^{a_3}=[M]^{a_1+a_2}[L]^{-3a_1-a_2+a_3}[T]^{-a_2}$$

再按量纲和谐性,则有

对于[M]:

$$a_1+a_2=0$$

对于[L]:

$$-3a_1-a_2+a_3=1$$

对于[T]:

$$-a_2=-1$$

解此联立方程得:$a_1=-1,a_2=1,a_3=1$

所以

$$v_k = K\frac{\mu}{\rho d} \tag{8-18}$$

可见此 K 正是下临界雷诺数，即

$$K = Re_u = \frac{v_k \rho d}{\mu} = \frac{v_k d}{\nu} \tag{8-19}$$

由此例可看出，瑞利量纲分析法的作用是：

(1) 通过量纲分析，将有关量的隐函数转化成量纲和谐的单项指数关系式，如式(8-18)；

(2) 确定无量纲相似准数，如式(8-19)；

(3) 通过实验测试来确定实验系数 K，便可使式(8-18)成为可定量计算 v_k 的物理公式。

8.3.2 π 定理

对于不限于单项指数式的物理方程，可用布金汉(Buckingham，1914 年)的 π 定理进行量纲分析。其步骤如下：

(1) 列出影响流动过程的全部 n 个物理量，写成如下一般函数形式

$$f(x_1, x_2, x_3, \cdots, x_n) = 0 \tag{8-20}$$

(2) 选择其中三个在量纲上彼此独立的物理量 x_1，x_2 和 x_3 作为基本量。通常可选特征长度 l、特征流速 u 和特征密度 ρ。

(3) 用这三个基本量的量纲组合，来表示其他 $(n-3)$ 个非基本量的量纲，这样可写出 $(n-3)$ 个量纲关系式：

$$[x_i] = [x_1]^{\alpha_i}[x_2]^{\beta_i}[x_3]^{\gamma_i} \tag{8-21}$$

(4) 根据量纲和谐性原理，比较各量纲关系式左右两边[M]、[L]、[T]的因次，可解出全部指数 α_i、β_i 和 γ_i。

(5) 建立 $(n-3)$ 个无量纲的综合物理量，称为 π 项：

$$\pi_i = \frac{x_i}{x_1^{\alpha_i} x_2^{\beta_i} x_3^{\gamma_i}} \tag{8-22}$$

(6) n 个物理量之间的待求函数关系式(8-20)可改写为 $(n-3)$ 个无量纲 π 项之间的待求函数关系式：

$$\phi(\pi_4, \pi_5, \cdots, \pi_n) = 0 \tag{8-23}$$

由于独立变量的数目减少了 3 个，使物理公式的建立和实验资料的整理大为简便。至于这 $(n-3)$ 个 π 项之间的定量关系式，必须通过实验来确定。

布金汉是以 π 来表示每个无量纲综合物理量，故称之为 π 定理。

例 8-3　某流动现象由下列因素决定：流速 v，密度 ρ，一些线性量 l、l_1、l_2，压降 Δp，重力加速度 g，动力黏性系数 μ，表面张力 σ，弹性模量 E 等。试用 π 定理建立相似准则。

解：有关量的物理方程为

$$f(v, \rho, l, l_1, l_2, \Delta p, g, \mu, \sigma, E) = 0$$

10 个物理量中包含 3 个基本量纲，对此复杂情况，一般选 v，ρ，l 为基本量而组成基本

量群,求 10−3=7 个无量纲 π 项:

$$\pi_1=\frac{\Delta p}{v^{x_1}\rho^{y_1}l^{z_1}},\quad \pi_2=\frac{g}{v^{x_2}\rho^{y_2}l^{z_2}},\quad \pi_3=\frac{\mu}{v^{x_3}\rho^{y_3}l^{z_3}},\quad \pi_4=\frac{\sigma}{v^{x_4}\rho^{y_4}l^{z_4}},$$

$$\pi_5=\frac{E}{v^{x_5}\rho^{y_5}l^{z_5}},\quad \pi_6=\frac{l_1}{v^{x_6}\rho^{y_6}l^{z_6}},\quad \pi_7=\frac{l_2}{v^{x_7}\rho^{y_7}l^{z_7}}$$

且

$$F(\pi_1,\pi_2,\pi_3,\pi_4,\pi_5,\pi_6,\pi_7)=0$$

以 π_1 为例,将各物理量分别用其相当的量纲代换:

$$\pi_1=\frac{\mathrm{ML^{-1}T^{-2}}}{[\mathrm{LT^{-1}}]^{x_1}[\mathrm{ML^{-3}}]^{y_1}[\mathrm{L}]^{z_1}}=\frac{\mathrm{ML^{-1}T^{-2}}}{\mathrm{M}^{y_1}\mathrm{L}^{x_1-3y_1+z_1}\mathrm{T}^{-x_1}}$$

因 π 项无量纲,所以分子与分母的量纲应相等:

$$y_1=1,\quad x_1-3y_1+z_1=-1,\quad -x_1=-2$$

结果得

$$x_1=2,\quad y_1=1,\quad z_1=0$$

所以

$$\pi_1=\frac{\Delta p}{\rho v^2}$$

同理可得

$$\pi_2=\frac{v^2}{gl},\quad \pi_3=\frac{\mu}{vl\rho},\quad \pi_4=\frac{\sigma}{\rho v^2 l}$$

$$\pi_5=\frac{E}{\rho v^2},\quad \pi_6=\frac{l_1}{l},\quad \pi_7=\frac{l_2}{l}$$

于是

$$F\left(\frac{\Delta p}{\rho v^2},\frac{gl}{v^2},\frac{\mu}{v\rho l},\frac{\sigma}{\rho v^2 l},\frac{E}{\rho v^2},\frac{l_1}{l},\frac{l_2}{l}\right)=0$$

为了方便,将上式中某些 π 项取其倒数或开方得

$$Fr=\sqrt{\frac{v^2}{gl}},\quad Re=\frac{v\rho l}{\mu}$$

韦伯(Weber)准数:

$$We=\frac{\rho v^2 l}{\sigma} \tag{8-24}$$

马赫(Mach)准数:

$$M=\sqrt{\frac{\rho v^2}{E}}=\frac{v}{a} \tag{8-25}$$

式中,We、M 分别是满足表面张力、弹性力的动力相似准数;a 为介质的当地声速。

也可写成

$$F_1\left(\frac{\Delta p}{\rho v^2},Fr,Re,We,M,\frac{l_1}{l},\frac{l_2}{l}\right)=0$$

即为本流动现象的准则方程。其中各 π 项为本流动现象的相似准数。若提 π_1 项时，则为

$$\Delta p=\rho v^2 F_2\left(Fr,Re,We,M,\frac{l_1}{l},\frac{l_2}{l}\right)=0$$

函数 F_1 与 F_2 的具体形式须经实验来确定。应用于不可压缩流体的管流时，无因次参数 Fr、We、M 均不重要，可忽略不计；取 l 为管径 d，l_1 为管长 l，l_2 为壁面糙度 ε，于是

$$\frac{\Delta p}{\rho v^2}=F_3\left(Re,\frac{\varepsilon}{d},\frac{l}{d}\right)$$

理论和实验都指明，管道中的压损 Δp 与 l/d 成线性变化，因而可写成

$$\frac{\Delta p}{\frac{\rho v^2}{2}\frac{l}{d}}=F_4\left(Re,\frac{\varepsilon}{d}\right)=\lambda \tag{8-26}$$

此式就是用 π 定理求解(瑞利法也可得出)的有压管流沿程阻力系数的函数关系式。它指明了是 Re 及相对糙度 ε/d 的函数；并表明实验中应测定 Δp、v、μ 及已知 ρ、l、d、ε，则可按上式算出许多对应的 λ、Re 及 ε/d 值；最后以 ε/d 为参变量而建立 λ 与 Re 的变化曲线。尼古拉兹及莫迪的 λ 实验曲线，就是根据这一理论整理的实验结果(资料)。这一实验结果可推广应用于具有相等 Re 及相同 ε/d 值的动力相似系统。

8.4　工程实际应用示例

研究昆虫如何飞行是量纲分析的一个典型工程应用。昆虫(例如小果蝇)体积小，翼速快，因此很难测量力或可视化翅膀产生的空气运动。但是，使用量纲分析原理，可以在大型、缓慢移动的模型——机器昆虫上研究昆虫空气动力学。如果认为雷诺数 Re 在任何情况下都相同，则悬停的果蝇和拍打机翼的机器果蝇产生的力在动态上是相似的。对于扑动翼，Re 的计算公式为 $2\varphi RL_c\omega/v$，其中 φ 为翼行程的角幅值，R 为翼长，L_c 为平均翼宽(弦长)，ω 为行程角频率，v 是周围流体的运动粘度。一只果蝇在运动粘度为 $1.5\times10^{-5}\,\mathrm{m^2/s}$ 的空气中以 2.8 弧度的行程每秒拍动其 2.5 毫米长、0.7 毫米宽的翅膀 200 次，由此产生的雷诺数约为 130。考虑机械果蝇在矿物油中，通过选择运动粘度为 $1.15\times10^{-4}\,\mathrm{m^2/s}$ 的矿物油，可以在大 100 倍的机器果蝇上匹配这个雷诺数，拍打翅膀的速度比果蝇慢 1000 多倍！如果果蝇不是静止的，而是在空中移动，则需要匹配另一个无量纲参数，以确保动态相似性，即降低频率，$\sigma=2\varphi R\omega/V$，它是测量翼尖扑动速度($2\varphi R\omega$)到身体前进速度($V$)的比率。为了模拟果蝇向前飞行，可以通过一组电机以适当的速度牵引机器果蝇在矿物油中运动。

动态缩放的机器昆虫有助于展示昆虫在飞行时使用各种不同的机制来产生力。在每次来回的行程中，昆虫的翅膀都会以高攻角飞行，从而产生突出的前缘涡流。这个大涡流的低压将翅膀向上拉。昆虫可以通过在每次划动结束时旋转翅膀来进一步增强前缘涡流的强度。在翅膀改变方向后，它还可以通过快速穿过前一个划动的尾流来产生力。

图 8-2(a)显示了一只真正的果蝇拍打它的翅膀，图 8-2(b)显示了机器果蝇拍打它的翅膀。由于该模型具有较大的长度比例尺和较短的时间比例尺，因此可以进行测量和流动可视化。而且，研究人员也可从动态缩放昆虫模型实验中了解昆虫如何操纵翅膀的运动。

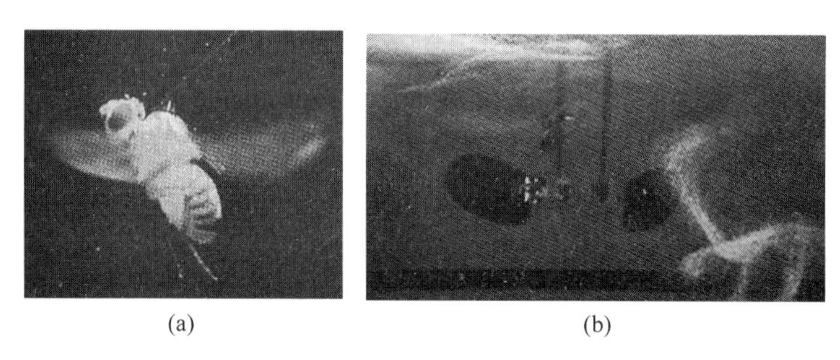

(a) (b)

图 8-2 飞行相似试验

(a) 果蝇拍打翅膀；(b) 机器果蝇拍打翅膀

思考题与习题

8-1 几何相似、运动相似和动力相似三者之间的关系如何？

8-2 原型和模型中采用同一种液体，能否同时满足重力相似和黏性力相似？

8-3 有量纲物理量和量纲为一的物理量各有什么特点？角度和弧度是有因次物理量还是无因次物理量？

8-4 对 20℃空气的供气等径直管路，拟用 20℃的水流在 1∶4 模型中进行试验，若原型中气流速度 $v_n=24\text{m/s}$。(1)求解模型中的水流速度；(2)若测得模型中每米管长压降为 13.8kPa，求原型中相应压降值。

8-5 如题 8-5 图所示，在设计高为 1.5m，最大车速为 108km/h 的汽车时，需确定其正面阻力。拟在风洞中用模型进行试验：(1)如风洞中最大风速为 45m/s，求模型高度；(2)在前面相同条件及其所确定高度下，测出模型正面风阻为 1.5kN，求原型在最大车速时的正面风阻。

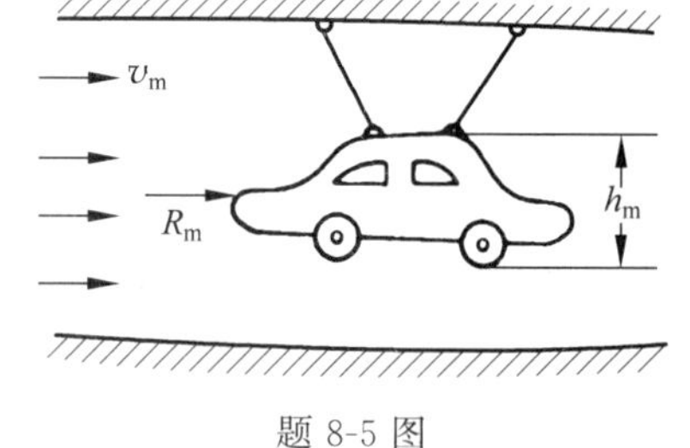

题 8-5 图

8-6 矩形堰单位宽度的流量 $q_V/B=KH^x g^y$ (K 为常数，H 为堰顶水头，g 为重力加速度)。试用量纲分析法确定指数 x、y 值。

8-7 颗粒在流体中的等速沉降速度 u 与颗粒 d_s、密度 ρ_s 和流体密度 ρ、动力黏度 μ 及重力加速度 g 有关。试用 π 定理建立沉降速度公式的基本形式。

第 9 章

黏性流体力学基础

在第 3、4 章中，我们从工程的角度出发，以比较简单的办法导出了一些常用的公式，如伯努利方程是从能量守恒的原则导出的，有些公式则是以实验作为基础得出的(如阻力计算的有关公式)。这些公式在工程上有着广泛的应用，是很重要的。但是，它们还不是反映流体运动的最本质的方程。反映流体运动的最本质的方程是流体运动微分方程，它是一切流体运动规律的基本出发点。为了对流体运动的本质有更深入更普遍的了解，有必要对流体运动微分方程进行系统的讨论，这是本章要研究的重点问题，也是第 3、4 章所讨论的动力学及阻力计算问题的进一步提高，使之更加理论化和系统化。在得出黏性流体的运动微分方程以后，还进一步导出附面层理论和润滑理论中的雷诺方程。

9.1 连续性方程的微分方程形式

根据第 1 章中流体的连续性假设，把流体看作连续介质。连续性方程就是从数学上来反映流体的这一特性。为了建立连续性微分方程，我们从流动空间中取出一个无穷小的六面体空间(注意是空间体积，不是一块流体)如图 9-1 所示。研究这一六面体内部流体质量的变化，先研究通过垂直于 x 方向的两个面 $abcd$ 和 $efgh$ 的流体质量的变化。设 $abcd$ 面的中心点 m 处的速度在 x 方向的分量为 u_x，密度为 ρ，则单位时间内通过 m 点附近单位面积沿 x 方向流入六面体的流体质量为 $dM_m=\rho u_x$。由于 m 点速度在 y 方向和 z 方向的分量都与 $abcd$ 面相平行，因此不会产生流入 $abcd$ 面的流动。

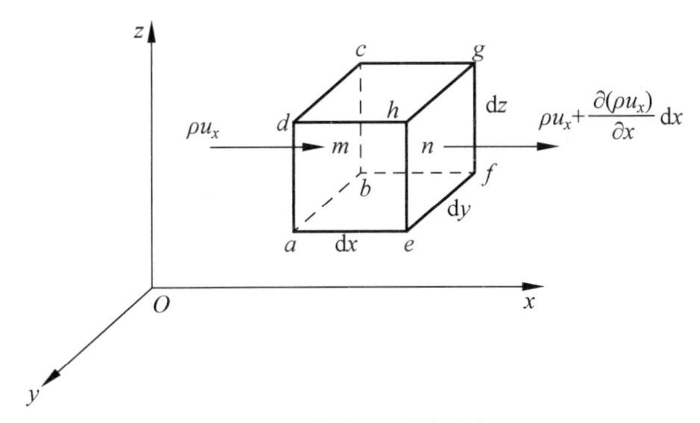

图 9-1　微小六面体空间

由于流体是连续介质，故所有运动要素都是空间坐标的连续函数，因此，坐标不同运动要素的数值也不同，ρu_x 也是运动要素，故坐标变化时 ρu_x 的值也是变化的。在 x 方向单位距离的变化率为$\frac{\partial(\rho u_x)}{\partial x}$。

$efgh$ 面的中心点 n 与 m 点的坐标差为 dx，故 n 点与 m 点的 ρu_x 的变化量为$\frac{\partial(\rho u_x)}{\partial x}dx$。因此单位时间通过 n 点附近单位面积沿 x 方向流出六面体的流体质量为

$$dM_n=\rho u_x+\frac{\partial(\rho u_x)}{\partial x}dx$$

由于 $abcd$ 面与 $efgh$ 面的面积都是无穷小，因此 m 点与 n 点的运动要素可以分别代表这两个平面上的运动要素的平均值。而 $abcd$ 面与 $efgh$ 面的面积都是 $dydz$，故 dt 时间内沿 x 方向流入与流出六面体的流体质量之差（假定流入为正，流出为负）为

$$dM_x=\rho u_x dydzdt-\left[\rho u_x+\frac{\partial(\rho u_x)}{\partial x}dx\right]dydzdt=-\frac{\partial(\rho u_x)}{\partial x}dxdydzdt \tag{9-1}$$

同理，在 dt 时间内沿 y 方向及 z 方向流入与流出六面体的流体质量之差分别为

$$dM_y=-\frac{\partial(\rho u_y)}{\partial y}dxdydzdt,\quad dM_z=-\frac{\partial(\rho u_z)}{\partial z}dxdydzdt \tag{9-2}$$

故 dt 时间内流入与流出六面体的流体质量总差值为

$$dM=dM_x+dM_y+dM_z=-\left[\frac{\partial(\rho u_x)}{\partial x}+\frac{\partial(\rho u_y)}{\partial y}+\frac{\partial(\rho u_z)}{\partial z}\right]dxdydzdt \tag{9-3}$$

若原来六面体中的流体密度为 ρ，则总质量为 $\rho dxdydz$。dt 时间后密度变为 $\rho+\frac{\partial\rho}{\partial t}dt$，故总质量变为$\left(\rho+\frac{\partial\rho}{\partial t}dt\right)dxdydz$。

故 dt 时间后六面体内部质量的增加值为

$$dM=\left(\rho+\frac{\partial\rho}{\partial t}dt\right)dxdydz-\rho dxdydz=\frac{\partial\rho}{\partial t}dxdydzdt \tag{9-4}$$

由于流体是连续介质，在六面体内部没有空隙，因此根据质量守恒定理可知 dt 时间内流入六面体的流体质量一定等于六面体内部质量的增加值，即式(9-3)应与式(9-4)相等，故：

$$-\left[\frac{\partial(\rho u_x)}{\partial x}+\frac{\partial(\rho u_y)}{\partial y}+\frac{\partial(\rho u_z)}{\partial z}\right]dxdydzdt=\frac{\partial\rho}{\partial t}dxdydzdt$$

以 $dxdydzdt$ 除全式可得

$$\frac{\partial\rho}{\partial t}+\frac{\partial(\rho u_x)}{\partial x}+\frac{\partial(\rho u_y)}{\partial y}+\frac{\partial(\rho u_z)}{\partial z}=0 \tag{9-5}$$

这就是连续性方程最一般的形式，是质量守恒定理在流体力学中的具体体现。下面再讨论在其他条件下连续性方程的其他形式。

若为稳定流，则运动要素不随时间变化，故$\partial\rho/\partial t=0$。

因此式(9-5)变为

$$\frac{\partial(\rho u_x)}{\partial x}+\frac{\partial(\rho u_y)}{\partial y}+\frac{\partial(\rho u_z)}{\partial z}=0 \tag{9-6}$$

式(9-6)为可压缩流体稳定流的连续性方程。

若为不可压缩流体，则 ρ 等于常数，故 $\partial\rho/\partial t=0$；而且 $\dfrac{\partial(\rho u_x)}{\partial x}$ 等项中的 ρ 都可以提到偏微分号外面，因此式(9-5)可写成

$$\rho\left(\frac{\partial u_x}{\partial x}+\frac{\partial u_y}{\partial y}+\frac{\partial u_z}{\partial z}\right)=0$$

或

$$\frac{\partial u_x}{\partial x}+\frac{\partial u_y}{\partial y}+\frac{\partial u_z}{\partial z}=0 \tag{9-7}$$

式(9-7)适用于不可压缩流体，稳定流及非稳定流均可。

9.2　理想流体运动的微分方程及其解

在讨论黏性流体运动的微分方程之前，我们先讨论理想流体的运动微分方程，这不仅因为分析理想流体运动微分方程的一些手法也适用于黏性流体运动微分方程的分析，而且从理想流体运动微分方程本身就可以得出一些重要的结论。例如理想流体的伯努利方程就可以从理想流体运动微分方程积分得出。本节除了讨论理想流体运动微分方程的建立，还将从该微分方程积分出伯努利方程，以作为理想流体运动微分方程应用的实例。

在第 3 章中建立伯努利方程时，我们只讨论了流体在重力场中的运动规律，工程中的大多数问题是质量力只有重力的情况。但是为了使微分方程具有更普遍的意义，我们讨论更为一般的情况，即在 x、y、z 三个方向都有质量力作用。单位质量力在 x、y、z 三个方向的分量分别以 X、Y、Z 表示。

9.2.1　理想流体运动的微分方程

从流动空间中取出一块边长为 $\mathrm{d}x$、$\mathrm{d}y$、$\mathrm{d}z$ 的无限小流体六面体(注意所取的是一块流体，而不是像导出连续性微分方程时那样取一个空间体积)，如图 9-2 所示。

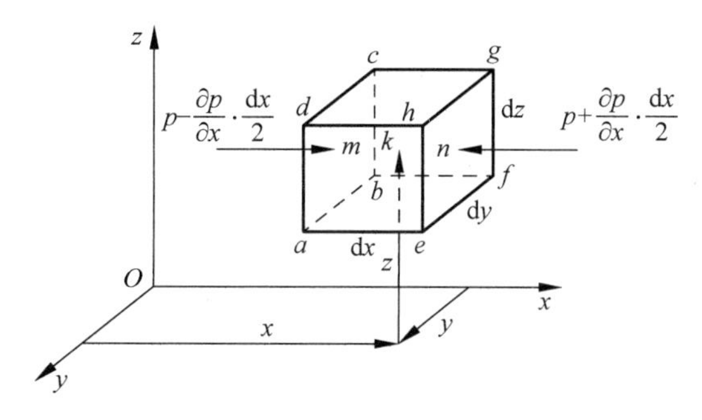

图 9-2　理想流体的微小六面体

六面体中心点 k 的坐标为(x,y,z)，压力为 p，速度为 u，它在 x,y,z 三个方向的分量为 u_x,u_y,u_z。根据牛顿第二定理有 $\sum F_x=ma_x$，$\sum F_y=ma_y$，$\sum F_z=ma_z$。

先分析 x 方向六面体所受的力：由于在连续介质中运动要素是坐标的连续函数，故沿 x 方向单位距离内 p 的变化率为$\partial p/\partial x$，$abcd$ 面的中心点 m 离 k 的距离为$-\mathrm{d}x/2$，$efgh$ 面的中心点 n 离 k 的距离为$+\mathrm{d}x/2$。故 m 及 n 点的压力分别为

$$p_m=p-\frac{\partial p}{\partial x}\frac{\mathrm{d}x}{2},\quad p_n=p+\frac{\partial p}{\partial x}\frac{\mathrm{d}x}{2}$$

p_m 和 p_n 的方向都是与作用面垂直的，如图 9-2 所示，而 $abcd$ 面及 $efgh$ 面的面积是无穷小的，因此 m 点及 n 点的压力可以分别代表这两个微小面积上的平均压力，其他面上的压力垂直于 x 方向，在 x 方向没有分量，故 x 方向总的表面力为

$$p_m\mathrm{d}y\mathrm{d}z-p_n\mathrm{d}y\mathrm{d}z=\left(p-\frac{\partial p}{\partial x}\cdot\frac{\mathrm{d}x}{2}\right)\mathrm{d}y\mathrm{d}z-\left(p+\frac{\partial p}{\partial x}\cdot\frac{\mathrm{d}x}{2}\right)\mathrm{d}y\mathrm{d}z=-\frac{\partial p}{\partial x}\mathrm{d}x\mathrm{d}y\mathrm{d}z$$

这块流体受的单位质量力设为 R，它在 x、y、z 三个方向的分量为 X、Y、Z，则这块流体在 x 方向所受的总的质量力为 $X\cdot\rho\mathrm{d}x\mathrm{d}y\mathrm{d}z$，故六面体所受的 x 方向的合力为

$$\sum F_n=-\frac{\partial p}{\partial x}\mathrm{d}x\mathrm{d}y\mathrm{d}z+\rho X\mathrm{d}x\mathrm{d}y\mathrm{d}z$$

根据合力方程可有

$$-\frac{\partial p}{\partial x}\mathrm{d}x\mathrm{d}y\mathrm{d}z+\rho X\mathrm{d}x\mathrm{d}y\mathrm{d}z=ma_x=\rho\mathrm{d}x\mathrm{d}y\mathrm{d}z\frac{\mathrm{d}u_x}{\mathrm{d}t}\tag{9-8}$$

以六面体的总质量 $\rho\mathrm{d}x\mathrm{d}y\mathrm{d}z$ 除上式(则所得结论是对单位质量的流体而言)得

$$X-\frac{1}{\rho}\frac{\partial p}{\partial x}=\frac{\mathrm{d}u_x}{\mathrm{d}t}\tag{9-9}$$

同理分析 y、z 两个方向的情况可得

$$Y-\frac{1}{\rho}\frac{\partial p}{\partial y}=\frac{\mathrm{d}u_y}{\mathrm{d}t},\quad Z-\frac{1}{\rho}\frac{\partial p}{\partial z}=\frac{\mathrm{d}u_z}{\mathrm{d}t}\tag{9-10}$$

式(9-9)、式(9-10)组成了理想流体运动微分方程，也称为欧拉理想流体运动微分方程。该方程对于压缩性或不可压缩流体，稳定流或非稳定流都适用。但只适用于理想流体，不适用于黏性流体(实际流体)，因为分析时没考虑黏性力。

为了加深对该方程的理解，下面讨论理想流体运动微分方程的物理意义。

$\frac{1}{\rho}\frac{\partial p}{\partial x},\frac{1}{\rho}\frac{\partial p}{\partial y},\frac{1}{\rho}\frac{\partial p}{\partial z}$ 表示单位质量流体所受的表面力(压力)在 x、y、z 三个方向的变量。

$\frac{\mathrm{d}u_x}{\mathrm{d}t},\frac{\mathrm{d}u_y}{\mathrm{d}t},\frac{\mathrm{d}u_z}{\mathrm{d}t}$ 表示加速度在 x、y、z 三个方向的分量，而这就是单位质量流体$(m=1)$所受的惯性力在 x、y、z 三个方向的分量 ma_x,ma_y,ma_z。

因此，理想流体运动微分方程就是牛顿第二定理在分析理想流体运动时的具体体现。

根据数学中关于全微分的公式，理想流体运动微分方程还可以表示成另外一种形式。

$$\frac{\mathrm{d}u_x}{\mathrm{d}t}=\frac{\partial u_x}{\partial t}+\frac{\partial u_x}{\partial x}\cdot\frac{\partial x}{\partial t}+\frac{\partial u_x}{\partial y}\cdot\frac{\partial y}{\partial t}+\frac{\partial u_x}{\partial z}\cdot\frac{\partial z}{\partial t}=\frac{\partial u_x}{\partial t}+u_x\frac{\partial u_x}{\partial x}+u_y\frac{\partial u_x}{\partial y}+u_z\frac{\partial u_x}{\partial z}$$

同理

$$\frac{\mathrm{d}u_y}{\mathrm{d}t}=\frac{\partial u_y}{\partial t}+u_x\frac{\partial u_y}{\partial x}+u_y\frac{\partial u_y}{\partial y}+u_z\frac{\partial u_y}{\partial z}$$

$$\frac{\mathrm{d}u_z}{\mathrm{d}t}=\frac{\partial u_z}{\partial t}+u_x\frac{\partial u_z}{\partial x}+u_y\frac{\partial u_z}{\partial y}+u_z\frac{\partial u_z}{\partial z}$$

故式(9-9)、式(9-10)可写成

$$\begin{cases}X-\dfrac{1}{\rho}\dfrac{\partial p}{\partial x}=\dfrac{\partial u_x}{\partial t}+u_x\dfrac{\partial u_x}{\partial x}+u_y\dfrac{\partial u_x}{\partial y}+u_z\dfrac{\partial u_x}{\partial z}\\ Y-\dfrac{1}{\rho}\dfrac{\partial p}{\partial y}=\dfrac{\partial u_y}{\partial t}+u_x\dfrac{\partial u_y}{\partial x}+u_y\dfrac{\partial u_y}{\partial y}+u_z\dfrac{\partial u_y}{\partial z}\\ Z-\dfrac{1}{\rho}\dfrac{\partial p}{\partial z}=\dfrac{\partial u_z}{\partial t}+u_x\dfrac{\partial u_z}{\partial x}+u_y\dfrac{\partial u_z}{\partial y}+u_z\dfrac{\partial u_z}{\partial z}\end{cases}\tag{9-11}$$

在一般情况下，流体受的质量力 X、Y、Z 是已知的。若所研究的流体是不可压缩的，则 ρ 作为常数也是已知的。因此在式(9-11)中仅有 u_x，u_y，u_z，p 4 个未知数。式(9-11)及连续性方程式(9-8)共有 4 个方程式，解出 u_x，u_y，u_z，p 这 4 个未知数，这在理论上是完全可以的。若为压缩性流体，则 ρ 为变量，故有 u_x，u_y，u_z，p，ρ 5 个未知数，引入状态方程及连续性方程共 5 个方程式，但又增加一个未知数 T，故还需加一个过程方程（等温过程或绝热过程），共有 6 个方程式，解 u_x，u_y，u_z，p，ρ，T 这 6 个未知数，这在理论上也是可以的。但是在实际上由于数学上的困难，目前还不能得出式(9-11)的普遍解，而只能在附加一些限制条件后才能对式(9-11)进行积分，最著名的就是由式(9-11)积分得出伯努利方程。

9.2.2　理想流体沿流线的伯努利方程

在第 4 章中用能量守恒定理导出了理想流体的伯努利方程。在这里，我们将从理想流体运动微分方程积分得出伯努利方程。正如上面所述，这不是微分方程的普遍解，而是加了一些限制条件后得出的，这些条件将在积分过程中逐步加入。

第一个条件是稳定流，故

$$\frac{\partial u_x}{\partial t}=\frac{\partial u_y}{\partial t}=\frac{\partial u_z}{\partial t}=0,\quad \frac{\partial p}{\partial t}=0$$

可知式(9-11)等号右边第一项皆为零。

第二个条件是研究同一条流线上的情况，或称为同一条微小流束，因为在流线附近断面很小的范围内的运动情况与流线上是一样的，微小流束就是由流线组成的断面为无穷小的一股流体。

由于流线上各点速度与流线相切，故流线上任一点 M 附近的一微小段流线 $\mathrm{d}s$ 在 x、y、z 三个方向的分量 $\mathrm{d}x$、$\mathrm{d}y$、$\mathrm{d}z$ 应当与 M 点的速度 u 在 x、y、z 三个方向的分量 u_x，u_y，u_z 成比例，如图 9-3 所示，故流线方程式可表示为

$$\frac{\mathrm{d}x}{u_x}=\frac{\mathrm{d}y}{u_y}=\frac{\mathrm{d}z}{u_z}\tag{9-12}$$

以微小流线段 $\mathrm{d}s$ 在 x、y、z 三个方向的分量 $\mathrm{d}x$，$\mathrm{d}y$，$\mathrm{d}z$ 分别乘式(9-11)的三个式子，则

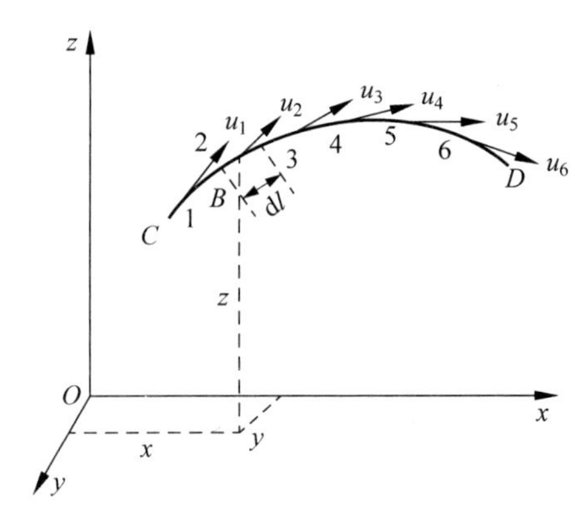

图 9-3 流线

乘第一式得

$$X\mathrm{d}x-\frac{1}{\rho}\frac{\partial p}{\partial x}\mathrm{d}x=\frac{\partial u_x}{\partial x}u_x\mathrm{d}x+\frac{\partial u_x}{\partial y}u_y\mathrm{d}x+\frac{\partial u_x}{\partial z}u_z\mathrm{d}x$$

而由式(9-12)知 $u_x\mathrm{d}y=u_y\mathrm{d}x$，$u_x\mathrm{d}z=u_z\mathrm{d}x$，代入上式可得

$$X\mathrm{d}x-\frac{1}{\rho}\frac{\partial p}{\partial x}\mathrm{d}x=u_x\left(\frac{\partial u_x}{\partial x}\mathrm{d}x+\frac{\partial u_x}{\partial y}\mathrm{d}y+\frac{\partial u_x}{\partial z}\mathrm{d}z\right)$$

在稳定流中，u_x 仅仅是坐标 x、y、z 的函数，故上式括号中表示 u_x 的全微分 $\mathrm{d}u_x$，因此上式可写成：

$$X\mathrm{d}x-\frac{1}{\rho}\frac{\partial p}{\partial x}\mathrm{d}x=u_x\mathrm{d}u_x=\mathrm{d}\left(\frac{u_x^2}{2}\right)$$

同理，式(9-11)中其他两式可写成

$$Y\mathrm{d}y-\frac{1}{\rho}\frac{\partial p}{\partial y}\mathrm{d}y=\mathrm{d}\left(\frac{u_y^2}{2}\right)$$

$$Z\mathrm{d}z-\frac{1}{\rho}\frac{\partial p}{\partial z}\mathrm{d}z=\mathrm{d}\left(\frac{u_z^2}{2}\right)$$

将上述三式相加可得

$$(X\mathrm{d}x+Y\mathrm{d}y+Z\mathrm{d}z)-\frac{1}{\rho}\left(\frac{\partial p}{\partial x}\mathrm{d}x+\frac{\partial p}{\partial y}\mathrm{d}y+\frac{\partial p}{\partial z}\mathrm{d}z\right)=\mathrm{d}\left(\frac{u_x^2}{2}+\frac{u_y^2}{2}+\frac{u_z^2}{2}\right)$$

而上式中的第二个括号中代表 p 的全微分，可用 $\mathrm{d}p$ 表示。

再加入第三个条件：质量力只有重力作用，则 $X=Y=0$，$Z=-g$。

故上式变成

$$-g\mathrm{d}z-\frac{1}{\rho}\mathrm{d}p=\mathrm{d}\left(\frac{u^2}{2}\right)$$

第四个条件是流体为不可压缩流体，则 ρ 等于常数，故

$$\frac{1}{\rho}\mathrm{d}p=\mathrm{d}\left(\frac{p}{\rho}\right)$$

代入上式并移项可得

$$\mathrm{d}\left(gz+\frac{p}{\rho}+\frac{u^2}{2}\right)=C \tag{9-13}$$

积分得

$$gz+\frac{p}{\rho}+\frac{u^2}{2}=C$$

由于式(9-11)是对单位质量流体而言的,因此其积分式也是对单位质量流体而言,若以重力加速度 g 除上式,则方程式变为对单位重力流体而言,即

$$z+\frac{p}{\rho g}+\frac{u^2}{2g}=C \tag{9-14}$$

式中,C 为常数。这就是理想流体沿流线的伯努利方程,它说明在任一条流线上,三项水头 z、$\frac{p}{\rho g}$、$\frac{u^2}{2g}$之和为常数。

9.3　黏性流体运动的微分方程

黏性流体与理想流体的主要区别在于有黏性力存在,而黏性力的大小又与流体微团的变形运动有关,因此在建立黏性流体的运动微分方程之前,我们首先分析流体微团的变形运动。

9.3.1　流体微团的旋转和变形

在概述中我们已经指出流体运动与刚体运动的主要区别在于流体有变形运动存在。刚体运动主要只有平移和旋转这两种,而流体运动则除了平移和旋转外还有流体本身的变形运动。

图 9-4(a)表示刚体微团的运动,刚体微团 $ABCDEFGH$ 的中心点原来的坐标为(x,y,z),在经过一段时间后,运动到 $A'B'C'D'E'F'G'H'$,其中心点的坐标为(x',y',z'),同时对角线 $\boldsymbol{CE}$ 的方向也改变为 $\boldsymbol{C'E'}$的方向了。所以刚体运动有平移,从(x,y,z)平移到(x',y',z'),也有旋转,对角线方向 $\boldsymbol{CE}$ 变为 $\boldsymbol{C'E'}$。但微团本身形状不变,仍为矩形,对角线长度不变,$CE=C'E'$。

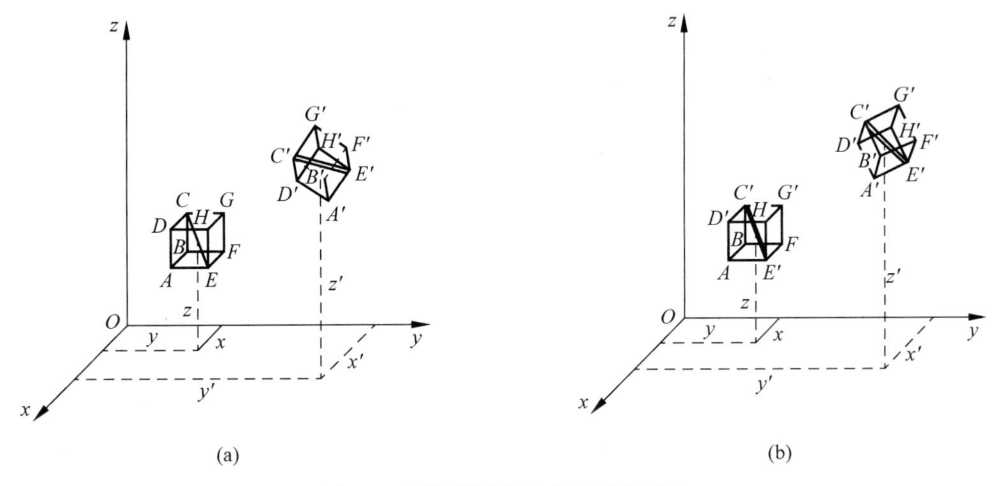

图 9-4　刚体微团和流体微团的运动

图 9-4(b)表示流体微团的运动,它除了有平移和旋转,从(x,y,z)变到(x',y',z'),对角线 **CE** 变为 $\boldsymbol{C'E'}$ 外,而且还有变形运动,原来的矩形变成了菱形,相应的对角线长度 CE 与 $C'E'$ 也不相等了。

流体微团的平移和旋转与刚性一样,并不引起流体质点间的相对运动,因此不会引起黏性力,引起黏性力的就是流体微团的变形运动。下面就着重讨论流体微团内部质点的相对运动。

流体微团内部质点间的相对运动主要是由质点间的速度差造成,因此下面首先讨论质点之间的速度差,设流体微团 $ABCDEFGH$ 的边长分别为 $\mathrm{d}x$、$\mathrm{d}y$、$\mathrm{d}z$,先研究 xOy 平面中的 $ABFE$ 面的情况,边长分别为 $\mathrm{d}x$ 和 $\mathrm{d}y$。设 B 点的速度为 u_x 和 u_y,而$\partial u_x/\partial x$、$\partial u_y/\partial x$ 代表 x 方向单位距离内 u_x、u_y 的变化率;$\partial u_x/\partial y$、$\partial u_y/\partial y$ 代表 y 方向单位距离内 u_x、u_y 的变化率。故 A 点的速度为 $u_x+(\partial u_x/\partial x)\mathrm{d}x$ 及 $u_y+(\partial u_y/\partial x)\mathrm{d}x$。$F$ 点速度为 $u_x+(\partial u_x/\partial y)\mathrm{d}y$ 及 $u_y+(\partial u_y/\partial y)\mathrm{d}y$。而 E 点速度则为 $u_x+(\partial u_x/\partial x)\mathrm{d}x+(\partial u_x/\partial y)\mathrm{d}y$ 及 $u_y+(\partial u_y/\partial x)\mathrm{d}x+(\partial u_y/\partial y)\mathrm{d}y$,如图 9-5(a)所示。

B、A、E、F 各点速度中的 u_x、u_y 部分都相等,因此这一部分速度将使 $ABFE$ 作为一个整体平移。而 A、E、F 点的速度与 B 点速度的差值则将引起 $ABFE$ 的质点间的相对运动(旋转和变形)。在这里我们只分析这些速度差引起的相对运动。设经过 $\mathrm{d}t$ 时间后 $ABFE$ 变成 $A'B'F'E'$(如图 9-4 所示),为了研究其质点间的相对运动,我们把 B 点和 B' 点重合在一起,则 A'、E'、F' 点与 A、E、F 点就不可能重合了,如图 9-5(b)所示。A'、E'、F' 点与 A、E、F 点之所以不重合就是由于 A、E、F 各点与 B 点有速度差。

A 点与 B 点在 x 方向的速度差引起 AB 边伸长,$\mathrm{d}t$ 时间伸长的长度为$(\partial u_x/\partial x)\mathrm{d}x\mathrm{d}t$。$A$ 点与 B 点在 y 方向的速度差则引起 AB 边偏转,$\mathrm{d}t$ 时间内 A 点向右偏转$(\partial u_y/\partial x)\mathrm{d}x\mathrm{d}t$。$BA$ 边的偏转角度为

$$\mathrm{d}\alpha=\frac{\partial u_y}{\partial x}\mathrm{d}x\mathrm{d}t/\mathrm{d}x=\frac{\partial u_y}{\partial x}\mathrm{d}t \tag{9-15}$$

BF 边的伸长为$\dfrac{\partial u_y}{\partial y}\mathrm{d}y\mathrm{d}t$,$F$ 点偏转为$\dfrac{\partial u_x}{\partial y}\mathrm{d}y\mathrm{d}t$。故 BF 边的偏转角为

$$\mathrm{d}\beta=\frac{\partial u_x}{\partial y}\mathrm{d}y\mathrm{d}t/\mathrm{d}y=\frac{\partial u_x}{\partial y}\mathrm{d}t \tag{9-16}$$

E 点与 A 点的速度差则引起 AE 边的伸长和偏转,AE 伸长为$(\partial u_y/\partial y)\mathrm{d}y\mathrm{d}t$,$E$ 点对 A 点偏转$(\partial u_x/\partial y)\mathrm{d}y\mathrm{d}t$。而 E 点对 F 点的速度差则引起 FE 边的伸长和偏转,FE 伸长$(\partial u_x/\partial x)\mathrm{d}x\mathrm{d}t$,$E$ 点对 F 点偏转$(\partial u_y/\partial x)\mathrm{d}x\mathrm{d}t$。因此经过 $\mathrm{d}t$ 时间以后,矩形 $ABFE$ 就变成菱形 $A'B'F'E'$ 了。如图 9-5(b)所示。为了便于理解,我们把 $ABFE$ 变成 $A'B'F'E'$ 的过程分解为两步。

第一步是微团 $ABFE$ 维持正方形不变,像刚性一样旋转一个角 $\mathrm{d}\gamma$ 而成为 $BA''E''F''$,称作微团的旋转运动。第二步是 $BA''E''F''$ 维持对角线 BE'' 的方向不转动,而仅仅是各边伸长,同时 BA'' 向对角线 BE'' 方向偏转为 BA'、BF'' 向 BE'' 方向偏转为 BF',两条边都产生 $\mathrm{d}\theta$ 的角变形。同理 $A''E''$ 及 $F''E''$ 也变形为 $A'E'$ 及 $F'E'$。从 $BA''E''F''$ 变为 $BA'F'E'$ 的过程称为流体微团的变形运动。如再进一步分解,则流体微团的变形运动又可分为两部分:一部分是各边的伸长,而微团仍维持为矩形,这称为线变形;另一部分是各边长度不变,只是 BA'',BF'',$E''F''$,$E''A''$ 与对角线 BE'' 的夹角都变一个 $\mathrm{d}\theta$ 角度,这称为角变形。

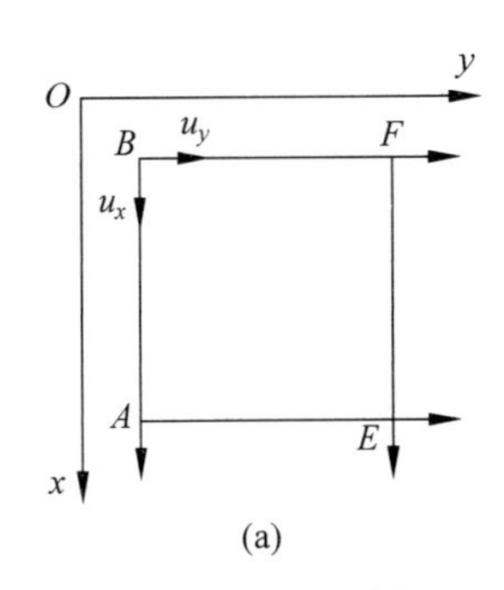

(a)

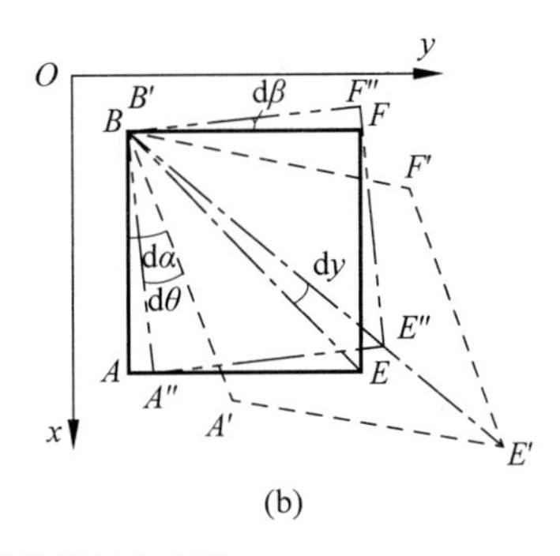

(b)

图 9-5　流体微团的旋转和变形

事实上，这种旋转和变形的过程是同时进行的，微团一面旋转一面伸长和角变形。上面这种对运动的分解纯粹是人为的，目的是把一个复杂的运动过程分解为几种单纯的运动之和，以便于理解。

从图 9-5(b)可以看出

$$\mathrm{d}\theta + \mathrm{d}\gamma = \mathrm{d}\alpha \tag{9-17}$$

$$\mathrm{d}\theta - \mathrm{d}\gamma = \mathrm{d}\beta \tag{9-18}$$

两式相加，并把式(9-15)和式(9-16)代入，可得 $\mathrm{d}t$ 时间内变形角为

$$\mathrm{d}\theta = \frac{1}{2}(\mathrm{d}\alpha + \mathrm{d}\beta) = \frac{1}{2}\left(\frac{\partial u_y}{\partial x} + \frac{\partial u_x}{\partial y}\right)\mathrm{d}t$$

故流体微团在 xOy 平面内的变形角速度为

$$e_{xy} = \frac{\mathrm{d}\theta}{\mathrm{d}t} = \frac{1}{2}\left(\frac{\partial u_y}{\partial x} + \frac{\partial u_x}{\partial y}\right) \tag{9-19}$$

将式(9-17)与式(9-18)相减可得 $\mathrm{d}t$ 时间内的旋转角为

$$\mathrm{d}\gamma = \frac{1}{2}(\mathrm{d}\alpha - \mathrm{d}\beta) = \frac{1}{2}\left(\frac{\partial u_y}{\partial x} - \frac{\partial u_x}{\partial y}\right)\mathrm{d}t \tag{9-20}$$

则流体微团在 xOy 平面内绕 z 轴的旋转角速度为

$$\omega_z = \frac{1}{2}\left(\frac{\partial u_y}{\partial x} - \frac{\partial u_x}{\partial y}\right) \tag{9-21}$$

而 BA 边及 FE 边的伸长值为$\frac{\partial u_x}{\partial x}\mathrm{d}t$，故流体微团在 x 方向的线变形速度为

$$e_{xx} = \frac{\partial u_x}{\partial x} \tag{9-22}$$

同理 BF 及 AE 的伸长值为$\frac{\partial u_y}{\partial y}\mathrm{d}t$，故流体微团在 y 方向的线变形速度为

$$e_{yy} = \frac{\partial u_y}{\partial y} \tag{9-23}$$

同理，分析 yOz 及 zOx 平面中的线变形速度、角变形速度及旋转角速度也可得出 e_{xx}、e_{yy}、e_{yz}、e_{zx}、ω_y、ω_x 等量的表达式。归纳起来为

$$e_{xx} = \frac{\partial u_x}{\partial x},\quad e_{yy} = \frac{\partial u_y}{\partial y},\quad e_{zz} = \frac{\partial u_z}{\partial z} \tag{9-24}$$

$$\begin{cases} e_{xy} = \dfrac{1}{2}\left(\dfrac{\partial u_y}{\partial x} + \dfrac{\partial u_x}{\partial y}\right) \\ e_{yz} = \dfrac{1}{2}\left(\dfrac{\partial u_z}{\partial y} + \dfrac{\partial u_y}{\partial z}\right) \\ e_{zx} = \dfrac{1}{2}\left(\dfrac{\partial u_x}{\partial z} + \dfrac{\partial u_z}{\partial x}\right) \end{cases} \tag{9-25}$$

$$\begin{cases} \omega_x = \dfrac{1}{2}\left(\dfrac{\partial u_z}{\partial y} - \dfrac{\partial u_y}{\partial z}\right) \\ \omega_y = \dfrac{1}{2}\left(\dfrac{\partial u_x}{\partial z} - \dfrac{\partial u_z}{\partial x}\right) \\ \omega_z = \dfrac{1}{2}\left(\dfrac{\partial u_y}{\partial x} - \dfrac{\partial u_x}{\partial y}\right) \end{cases} \tag{9-26}$$

e_{xx}、e_{yy}、e_{zz} 表示流体微团在 x、y、z 三个方向的线变形速度，e_{xy}、e_{yz}、e_{zx} 表示流体微团在 xOy、yOz、zOx 平面内的角变形速度；ω_x、ω_y、ω_z 表示流体微团绕 x、y、z 轴方向的旋转角速度，ω_x、ω_y、ω_z 仅仅使流体微团像一个整体似地旋转，微团内的质点之间没有相对运动，因此并不引起黏性力。只是 e_{xx}、e_{yy}、e_{zz}、e_{xy}、e_{yz} 及 e_{zx} 能引起微团内部质点之间的相对运动，这是引起黏性力的原因。

9.3.2 黏性流体运动微分方程

为了建立黏性流体的运动微分方程，我们也和建立理想流体的运动微分方程时一样，在黏性流体中取出一块微小六面体来分析其受力情况，然后用牛顿第二定理来建立这些力与运动的关系。

设我们从黏性流体中取出一个微小六面体 $ABCDEFGH$（是一块流体，不是空间体积），其表面分别与坐标轴 x、y、z 相垂直，边长分别为 dx、dy、dz，如图 9-6 所示。显然，这块微小六面体受到周围流体对它作用的表面力，另外还受到质量力。

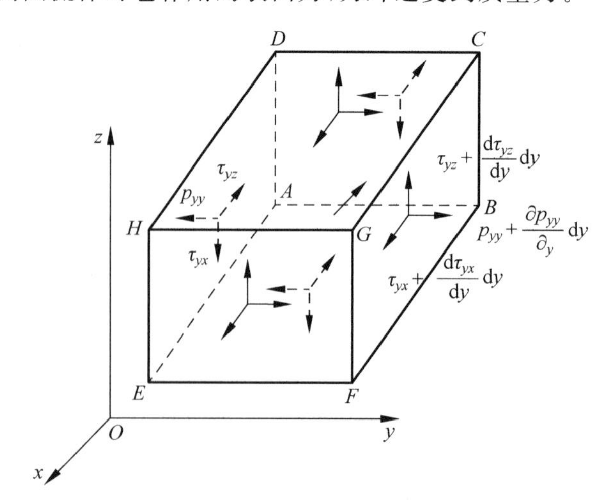

图 9-6 黏性流体微小六面体上的应力分布

在任一表面上，表面力可分解为 x、y、z 三个方向的分量。垂直于该表面的力为正应力，平行于该表面的力为切应力，例如在 $ABCD$ 面上的正应力以 p_{xx} 表示，切应力以 τ_{xy} 及 τ_{xz} 表示。同理在 $ADHE$ 面上的正应力为 p_{yy}，切应力为 τ_{yx} 及 τ_{yz}。$ABFE$ 面上的正应力为 p_{zz}，切应力为 τ_{zx} 及 τ_{zy}。与以前分析理想流体类似，每一个量对 x、y、z 的偏导数分别表示该量在 x、y、z 三个方向上单位距离的变化率。例如 $\dfrac{\partial p_{xx}}{\partial x}$ 代表 p_{xx} 沿 x 方向单位距离的变化率，则可以写出 $EFGH$ 面上的应力为 $p_{xx}+\dfrac{\partial p_{xx}}{\partial x}\mathrm{d}x$、$\tau_{xy}+\dfrac{\partial \tau_{xy}}{\partial x}\mathrm{d}x$、$\tau_{xz}+\dfrac{\partial \tau_{xz}}{\partial x}\mathrm{d}x$；$BCGF$ 面上的应力为 $p_{yy}+\dfrac{\partial p_{yy}}{\partial y}\mathrm{d}y$、$\tau_{yx}+\dfrac{\partial \tau_{yx}}{\partial y}\mathrm{d}y$、$\tau_{yz}+\dfrac{\partial \tau_{yz}}{\partial y}\mathrm{d}y$；$CDHG$ 面上的应力为 $p_{zz}+\dfrac{\partial p_{zz}}{\partial z}\mathrm{d}z$、$\tau_{zx}+\dfrac{\partial \tau_{zx}}{\partial z}\mathrm{d}z$、$\tau_{zy}+\dfrac{\partial \tau_{zy}}{\partial z}\mathrm{d}z$。

这里应力都有两个角标，我们规定第一个角标代表该应力作用面的法线方向；第二个角标代表该应力本身的作用方向。例如 τ_{xy} 代表作用在 $ABCD$ 面（该面的法线方向为 x）上在 y 方向的切应力，至于各表面上应力的作用方向，我们就规定为图 9-6 所示的方向（怎样规定没什么关系，如果规定反了，则得出的结论符号也相反）。因此，在六面体的 6 个表面上，共有 18 个不同的应力作用。

除了表面力，对六面体还有质量力作用，设单位质量力为 R，R 在 x、y、z 三个方向的分量分别为 X、Y、Z。

在 x、y、z 三个方向上分别应用牛顿第二定理式(9-9)。先分析 x 方向，各表面在 x 方向的作用力就是该表面的面积乘该表面上指向 x 方向的应力（即第二个角标为 x 的应力）。x 方向的作用力计有：

$ABCD$ 面上：$-p_{xx}\mathrm{d}y\mathrm{d}z$（加负号是由于图 9-6 中 p_{xx} 方向与 x 轴相反）。

$EFGH$ 面上：$\left(p_{xx}+\dfrac{\partial p_{xx}}{\partial x}\mathrm{d}x\right)\mathrm{d}y\mathrm{d}z$

$AEHD$ 面上：$-\tau_{yx}\mathrm{d}x\mathrm{d}z$

$BCGF$ 面上：$\left(\tau_{yx}+\dfrac{\partial \tau_{yx}}{\partial y}\mathrm{d}y\right)\mathrm{d}x\mathrm{d}z$

$ABFE$ 面上：$-\tau_{zx}\mathrm{d}y\mathrm{d}x$

$EFGH$ 面上：$\left(\tau_{zx}+\dfrac{\partial \tau_{zx}}{\partial z}\mathrm{d}z\right)\mathrm{d}y\mathrm{d}x$

此外还有质量力在 x 方向的分量 $\rho\mathrm{d}x\mathrm{d}y\mathrm{d}zX$，所以作用在六面体上沿 x 方向的合力为

$$
\begin{aligned}
\sum F_x &= \frac{\partial p_{xx}}{\partial x}\mathrm{d}x\mathrm{d}y\mathrm{d}z+\frac{\partial p_{yx}}{\partial y}\mathrm{d}x\mathrm{d}y\mathrm{d}z+\frac{\partial p_{zx}}{\partial z}\mathrm{d}x\mathrm{d}y\mathrm{d}z+\rho X\mathrm{d}x\mathrm{d}y\mathrm{d}z \\
&= \left(\frac{\partial p_{xx}}{\partial x}+\frac{\partial p_{yx}}{\partial y}+\frac{\partial p_{zx}}{\partial z}+\rho X\right)\mathrm{d}x\mathrm{d}y\mathrm{d}z
\end{aligned}
$$

六面体在 x 方向的加速度为 $\dfrac{\mathrm{d}u_x}{\mathrm{d}t}$，故根据牛顿第二定理有

$$
\left(\frac{\partial p_{xx}}{\partial x}+\frac{\partial p_{yx}}{\partial y}+\frac{\partial p_{zx}}{\partial z}+\rho X\right)\mathrm{d}x\mathrm{d}y\mathrm{d}z=\rho\mathrm{d}x\mathrm{d}y\mathrm{d}z\frac{\mathrm{d}u_x}{\mathrm{d}t}
$$

以六面体的质量 $\rho \mathrm{d}x\mathrm{d}y\mathrm{d}z$ 除全式(得出的结论是对单位质量流体而言)得

$$X+\frac{1}{\rho}\left(\frac{\partial p_{xx}}{\partial x}+\frac{\partial p_{yx}}{\partial y}+\frac{\partial p_{zx}}{\partial z}\right)=\frac{\mathrm{d}u_x}{\mathrm{d}t}$$

同理,在 y 方向及 z 方向,我们用牛顿第二定律分析也可得出类似结论,归纳在一起为

$$\begin{cases}X+\dfrac{1}{\rho}\left(\dfrac{\partial p_{xx}}{\partial x}+\dfrac{\partial \tau_{yx}}{\partial y}+\dfrac{\partial \tau_{zx}}{\partial z}\right)=\dfrac{\mathrm{d}u_x}{\mathrm{d}t}\\ Y+\dfrac{1}{\rho}\left(\dfrac{\partial \tau_{xy}}{\partial x}+\dfrac{\partial p_{yy}}{\partial y}+\dfrac{\partial \tau_{zy}}{\partial z}\right)=\dfrac{\mathrm{d}u_y}{\mathrm{d}t}\\ Z+\dfrac{1}{\rho}\left(\dfrac{\partial \tau_{xz}}{\partial x}+\dfrac{\partial \tau_{yz}}{\partial y}+\dfrac{\partial p_{zz}}{\partial z}\right)=\dfrac{\mathrm{d}u_z}{\mathrm{d}t}\end{cases} \tag{9-27}$$

再加上连续性方程(9-6)共有 4 个方程式。在这些方程中,质量力 X、Y、Z 一般是已知的,因此尚有 p_{xx}、p_{yy}、p_{zz}、τ_{xy}、τ_{yx}、τ_{xz}、τ_{zx}、τ_{yz}、τ_{zy}、u_x、u_y、u_z 12 个未知数。至于 ρ 则对不可压缩流体来说是已知的常量,对于可压缩性流体来说则还可加上状态方程及过程方程,但又加了两个未知数 T 及 ρ,而方程也增加两个。故真正独立的未知数还只有 12 个,方程式有 4 个。为了解出上述 12 个未知数,尚须补充 8 个方程式。下面就来找这些补充方程式。

首先对通过六面体中心而指向 x 方向的轴取力矩,根据牛顿第二定理的力矩方程形式有 $\sum M_x=Ia_x$,在这里 M_x 是三阶无穷小,而 I 则是五阶无穷小,$I=\rho \mathrm{d}x\mathrm{d}y\mathrm{d}z\Delta l^2$、而 Δl 与 $\mathrm{d}x$ 等是同一阶无穷小,因此 Ia_x 可忽略,所以 $\sum M_x=0$。

由图 9-6 可见,只有 τ_{yz}、$\tau_{yz}+\dfrac{\partial \tau_{yz}}{\partial y}\mathrm{d}y$、$\tau_{zy}$、$\tau_{zy}+\dfrac{\partial \tau_{zy}}{\partial z}\mathrm{d}z$ 这 4 个力能对通过六面体中心平行于 x 轴的轴产生力矩。所以

$$\begin{aligned}\sum M_x&=\tau_{yz}\mathrm{d}x\mathrm{d}z\frac{\mathrm{d}y}{2}-\tau_{zy}\mathrm{d}y\mathrm{d}x\frac{\mathrm{d}z}{2}+\left(\tau_{yz}+\frac{\partial \tau_{yz}}{\partial y}\mathrm{d}y\right)\mathrm{d}x\mathrm{d}z\frac{\mathrm{d}y}{2}-\\&\quad\left(\tau_{zy}+\frac{\partial \tau_{zy}}{\partial z}\mathrm{d}z\right)\mathrm{d}x\mathrm{d}y\frac{\mathrm{d}z}{2}\\&=\tau_{yz}\mathrm{d}x\mathrm{d}y\mathrm{d}z-\tau_{zy}\mathrm{d}x\mathrm{d}y\mathrm{d}z+\frac{1}{2}\frac{\partial \tau_{yz}}{\partial y}\mathrm{d}x\mathrm{d}z\mathrm{d}y^2-\\&\quad\frac{1}{2}\frac{\partial \tau_{zy}}{\partial z}\mathrm{d}x\mathrm{d}y\mathrm{d}z^2=0\end{aligned}$$

忽略高阶无穷小,则上式成为

$$(\tau_{yz}-\tau_{zy})\mathrm{d}x\mathrm{d}y\mathrm{d}z=0,\quad 即\ \tau_{yz}=\tau_{zy}$$

同理,列出通过六面体中心而平行与 y 轴和 z 轴的轴的力矩方程可得 $\tau_{xz}=\tau_{zx}$,$\tau_{xy}=\tau_{yx}$,归纳在一起得

$$\tau_{xy}=\tau_{yx},\quad \tau_{yz}=\tau_{zy},\quad \tau_{xz}=\tau_{zx} \tag{9-28}$$

式(9-28)说明,在黏性流体中,黏性切应力是成对出现的,互相垂直的平面上对应的切应力相等。

下面我们还可以根据牛顿黏性定律来建立黏性力与变形速度之间的关系,牛顿内摩擦

定律是以速度梯度的形式表示的，这种形式可以改成以变形角速度表示的形式。

任意取一层流体的厚度为 dn，该层流体下部和上部的速度分别为 u 和 $u+\mathrm{d}n$，如图 9-7(a)所示。在该层流体中取出一个微团 $ABCD$ 来研究。经过时间 dt 后，由于 AB 的速度与 CD 的速度不同，故矩形 $ABCD$ 就变成菱形 $A'B'C'D'$ 了，如图 9-7(b)所示。显然，变形角 dθ 为

$$\mathrm{d}\theta=\frac{\mathrm{d}u\,\mathrm{d}t}{\mathrm{d}n},\quad \frac{\mathrm{d}u}{\mathrm{d}n}=\frac{\mathrm{d}\theta}{\mathrm{d}t} \tag{9-29}$$

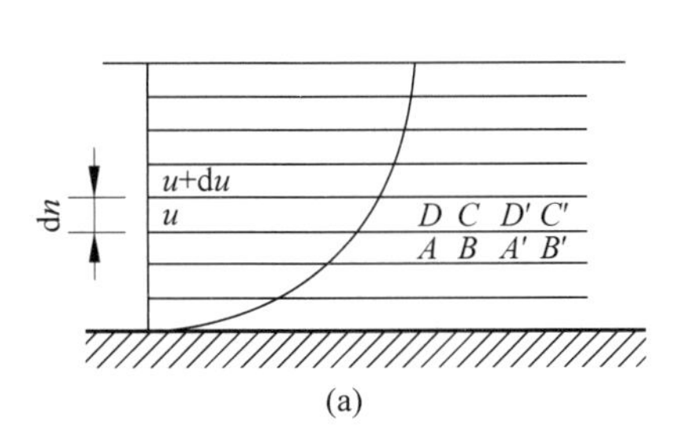

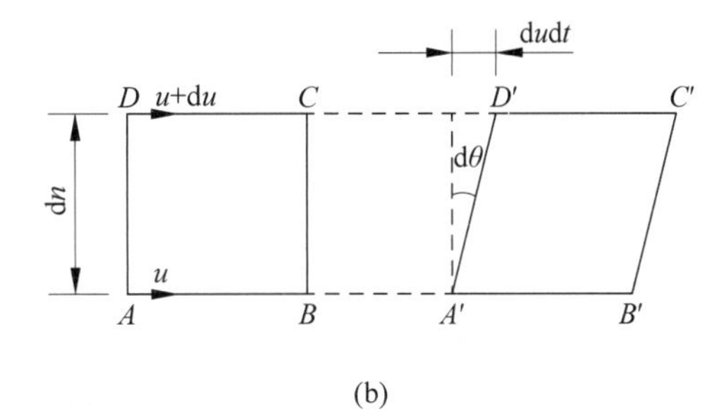

图 9-7　流体微团的变形

把式(9-29)代入式(2-6)，则牛顿黏性定理可改写成以变形角速度表示的形式

$$\tau=\mu\frac{\mathrm{d}\theta}{\mathrm{d}t} \tag{9-30}$$

式(9-30)说明，相邻两层流体之间的切应力，与这两层流体之间的变形角速度 dθ/dt 成正比，与黏性系数成正比，下面把这一结论应用到图 9-6 所示的六面体情形中。

先分析 xOy 平面中的 $ABFE$ 面的情况，经过 dt 时间后，$ABFE$ 面变形为菱形 $A'B'F'E'$，如图 9-8 所示，原来的直角∠BAE 变为锐角∠$B'A'E'$，角度减小值 dθ 为 dα＋dβ。

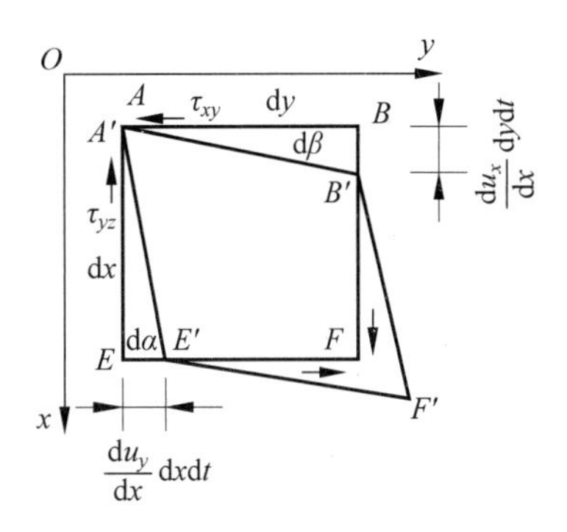

图 9-8　流体微团的变形

而

$$\mathrm{d}\alpha=\frac{\dfrac{\partial u_y}{\partial x}\mathrm{d}x\,\mathrm{d}t}{\mathrm{d}x}=\frac{\partial u_y}{\partial x}\mathrm{d}t$$

$$\mathrm{d}\beta=\frac{\dfrac{\partial u_x}{\partial y}\mathrm{d}y\,\mathrm{d}t}{\mathrm{d}y}=\frac{\partial u_x}{\partial y}\mathrm{d}t$$

变形角速度则为

$$\frac{\mathrm{d}\theta}{\mathrm{d}t}=\frac{\dfrac{\partial u_y}{\partial x}\mathrm{d}t+\dfrac{\partial u_x}{\partial y}\mathrm{d}t}{\mathrm{d}t}=\frac{\partial u_y}{\partial x}+\frac{\partial u_x}{\partial y}$$

根据牛顿黏性定律，并注意到式(9-25)、式(9-28)，则有

$$\tau_{xy}=\tau_{yx}=\mu\left(\frac{\partial u_y}{\partial x}+\frac{\partial u_x}{\partial y}\right)=2\mu e_{xy}$$

同理分析 yOz 平面及 yOx 平面的情况，可分别得到

$$\tau_{yz}=\tau_{zy}=\mu\left(\frac{\partial u_z}{\partial y}+\frac{\partial u_y}{\partial z}\right)=2\mu e_{yz},\quad \tau_{zx}=\tau_{xz}=\mu\left(\frac{\partial u_x}{\partial z}+\frac{\partial u_z}{\partial x}\right)=2\mu e_{zx}$$

合并到一起，我们有

$$\begin{cases}\tau_{xy}=\tau_{yx}=\mu\left(\dfrac{\partial u_y}{\partial x}+\dfrac{\partial u_x}{\partial y}\right)=2\mu e_{xy}\\ \tau_{yz}=\tau_{zy}=\mu\left(\dfrac{\partial u_z}{\partial y}+\dfrac{\partial u_y}{\partial z}\right)=2\mu e_{yz}\\ \tau_{zx}=\tau_{xz}=\mu\left(\dfrac{\partial u_x}{\partial z}+\dfrac{\partial u_z}{\partial x}\right)=2\mu e_{zx}\end{cases}\tag{9-31}$$

式(9-31)建立了变形角速度与切向应力之间的关系，下面再分析法向应力与线变形速度之间的关系。

在理想流体中，表面力只有正应力，而且某一空间点的正应力只与该点的坐标有关，而与作用面的方向无关。而在黏性流体中，正应力不仅与该点的坐标有关，而且与其作用面的方向有关。因此可以认为，在黏性流体中，同一点在不同方向上的应力不同是由于黏性引起的，所以我们在黏性流体中，把正应力分成两部分：一部分是假定黏性趋近于零时流体变为理想流体时的正应力 p（与作用面方向无关，仅是该空间点坐标的函数）；另一部分是由于流体黏性引起的附加正应力（与作用面方向有关），在 x、y、z 三个方向上分别以 p'_{xx}、p'_{yy}、p'_{zz} 表示之，故图 9-6 中各表面的正应力可写成

$$\begin{cases}p_{xx}=-p+p'_{xx}\\ p_{yy}=-p+p'_{yy}\\ p_{zz}=-p+p'_{zz}\end{cases}\tag{9-32}$$

式(9-32)中的 p 前面加负号是由于理想流体中 p 的方向总是内法线方向，而图 9-6 中所规定的正应力都是外法线方向。

至于式(9-32)中 p'_{xx}、p'_{yy}、p'_{zz} 则显然与黏性流体的线变形有关。在不可压缩的黏性流体中，可以证明(该证明的数学推导比较烦琐)：

$$\begin{cases}p'_{xx}=2\mu e_{xx}=2\mu\dfrac{\partial u_x}{\partial x}\\ p'_{yy}=2\mu e_{yy}=2\mu\dfrac{\partial u_y}{\partial y}\\ p'_{zz}=2\mu e_{zz}=2\mu\dfrac{\partial u_z}{\partial z}\end{cases}\tag{9-33}$$

在这里，我们仅用与切应力类比的办法来说明式(9-33)的合理性。因为附加正应力及切应力都是由黏性引起的，而前面已经说明，无论式(9-24)表示的线变形速度还是式(9-25)表示的角变形速度都是流体变形运动引起的，本质上是一致的，它们与流体的黏性配合在一起在流体中形成黏性力。而根据式(9-31)把其中的 y 改为 x，则

$$\tau_{xy}\rightarrow\tau_{xx}=p'_{xx}$$

而

$$\mu=\left(\frac{\partial u_x}{\partial y}+\frac{\partial u_y}{\partial x}\right)\rightarrow\mu\left(\frac{\partial u_x}{\partial x}+\frac{\partial u_y}{\partial y}\right)=2\mu\frac{\partial u_x}{\partial x}=2\mu e_{xx}$$

所以

$$p'_{xx}=2\mu\frac{\partial u_x}{\partial x}=2\mu e_{xx}$$

同理，在 y 方向及 z 方向也可得类似的结论。因此可以推论式(9-33)是合理的。把式(9-33)代入式(9-32)可得

$$\begin{cases} p_{xx}=-p+2\mu\dfrac{\partial u_x}{\partial x} \\ p_{yy}=-p+2\mu\dfrac{\partial u_y}{\partial y} \\ p_{xx}=-p+2\mu\dfrac{\partial u_z}{\partial z} \end{cases} \tag{9-34}$$

在原来的式(9-6)和式(9-27)这 4 个方程基础上，现在又增加了式(9-28)、式(9-31)、式(9-34)9 个方程，同时又增加了一个未知数 p。这样共有 13 个未知数、13 个方程，因此是可解的。为了进一步减少未知数，下面再把一些方程式合并化简。

把方程(9-34)的三式相加，则有

$$p_{xx}+p_{yy}+p_{zz}=-3p+2\mu\left(\frac{\partial u_x}{\partial x}+\frac{\partial u_y}{\partial y}+\frac{\partial u_z}{\partial z}\right)$$

对不可压缩流体来说，由连续性方程(9-7)可知上式右边括号中各项应等于零，故

$$p=-\frac{1}{3}(p_{xx}+p_{yy}+p_{zz})$$

这说明在黏性流体中，虽然正应力是与作用的方向有关的，但是同一点上任意 3 个互相垂直的方向上(因坐标轴 x、y、z 3 个方向是任意取的)的正应力的平均值则保持为常数 p 不变，因此 p 也可以理解为该点 3 个方向上正应力的平均值。一般所说的黏性流体中某一点的应力就是指的 p。

为了进一步简化式(9-27)，我们把式(9-31)、式(9-34)代入式(9-27)。先看 x 方向的情况：

$$X+\frac{1}{\rho}\left\{\frac{\partial}{\partial x}\left(-p+2\mu\frac{\partial u_x}{\partial x}\right)+\frac{\partial}{\partial y}\left[\mu\left(\frac{\partial u_x}{\partial x}+\frac{\partial u_x}{\partial y}\right)\right]+\frac{\partial}{\partial z}\left[\mu\left(\frac{\partial u_z}{\partial x}+\frac{\partial u_x}{\partial z}\right)\right]\right\}=\frac{\mathrm{d}u_x}{\mathrm{d}t}$$

或

$$X-\frac{1}{\rho}\frac{\partial p}{\partial x}+\frac{\mu}{\rho}\left(\frac{\partial^2 u_x}{\partial x^2}+\frac{\partial^2 u_x}{\partial y^2}+\frac{\partial^2 u_x}{\partial z^2}\right)+\frac{\mu}{\rho}\frac{\partial}{\partial x}\left(\frac{\partial u_x}{\partial x}+\frac{\partial u_y}{\partial y}+\frac{\partial u_z}{\partial z}\right)=\frac{\mathrm{d}u_x}{\mathrm{d}t}$$

把连续性方程式(9-7)代入上式，则得

$$X-\frac{1}{\rho}\frac{\partial p}{\partial x}+\frac{\mu}{\rho}\left(\frac{\partial^2 u_x}{\partial x^2}+\frac{\partial^2 u_x}{\partial y^2}+\frac{\partial^2 u_x}{\partial z^2}\right)=\frac{\mathrm{d}u_x}{\mathrm{d}t}$$

同理可简化 y 方向及 z 方向的方程，归纳在一起则成

$$\begin{cases} X-\dfrac{1}{\rho}\dfrac{\partial p}{\partial x}+\dfrac{\mu}{\rho}\left(\dfrac{\partial^2 u_x}{\partial x^2}+\dfrac{\partial^2 u_x}{\partial y^2}+\dfrac{\partial^2 u_x}{\partial z^2}\right)=\dfrac{\mathrm{d}u_x}{\mathrm{d}t} \\ Y-\dfrac{1}{\rho}\dfrac{\partial p}{\partial y}+\dfrac{\mu}{\rho}\left(\dfrac{\partial^2 u_y}{\partial x^2}+\dfrac{\partial^2 u_y}{\partial y^2}+\dfrac{\partial^2 u_y}{\partial z^2}\right)=\dfrac{\mathrm{d}u_y}{\mathrm{d}t} \\ Z-\dfrac{1}{\rho}\dfrac{\partial p}{\partial z}+\dfrac{\mu}{\rho}\left(\dfrac{\partial^2 u_z}{\partial x^2}+\dfrac{\partial^2 u_z}{\partial y^2}+\dfrac{\partial^2 u_z}{\partial z^2}\right)=\dfrac{\mathrm{d}u_z}{\mathrm{d}t} \end{cases} \tag{9-35}$$

这就是黏性流体的运动微分方程，也称为纳维-斯托克斯方程(N-S 方程)。比较式(9-35)和式(9-10)可以看出，黏性流体与理想流体运动微分方程的主要区别就在于式(9-35)中多了一项，这一项就是黏性引起的黏性力。

式(9-35)中共有 p、u_x、u_y、u_z 4 个未知数，式(9-35)与连续性方程(9-7)一起共有 4 个方程式，理论上是可解，但实际上由于比理想流体运动微分方程更复杂，因此解起来也更困难，但是作为黏性流体流动的普遍方程式。式(9-35)还是有重要意义的。它是不少问题分析的出发点，在有些问题中配合实验，对式(9-35)行进简化，就可为问题的讨论提供理论基础。

最后还应指出，式(9-35)在推导过程中是引用一些限制条件的：一个是引用了牛顿黏性定律，而牛顿黏性定律只适用于层流；第二是引用了不可压缩流体的连续性方程(9-7)。因此式(9-35)只适用于不可压缩流体的层流运动。

9.3.3 黏性流体运动微分方程在平行壁面间层流运动的解

在 9.1 节中，我们从牛顿黏性定律及牛顿第二定理求出了平行壁面间层流运动的速度分布公式(9-1)及压差计算公式(9-4)。在这里，我们将从黏性流体运动微分方程积分得出式(9-1)及式(9-4)，作为式(9-35)应用的实例。

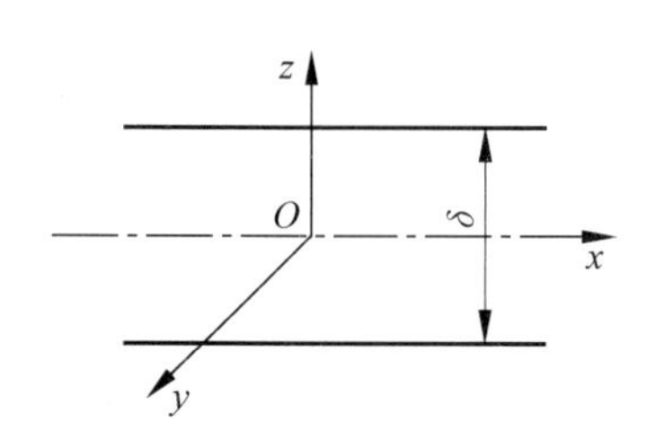

图 9-9 平行壁面间的层流运动

我们讨论问题，加以下一些限制条件：①流体为不可压缩流体；②稳定流；③质量力只有重力作用；④层流；⑤壁面在 y 方向无限宽。为讨论方便，假定平行壁面水平放置与 x 轴一致，而 z 轴与平行壁面垂直，原点 O 取在两壁面的中心，如图 9-9 所示。

因为是不可压缩稳定流，故式(9-35)可用。另外在我们这一具体情况，还有以下条件可以应用：

(1) 运动是稳定流，故

$$\frac{\partial u_x}{\partial t}=\frac{\partial u_y}{\partial t}=\frac{\partial u_z}{\partial t}=0 \tag{9-36}$$

(2) 质量力只有重力作用，故

$$X=0、\quad Y=0、\quad Z=-g \tag{9-37}$$

(3) x 坐标轴与流动方向一致，故

$$u_y=0、\quad u_z=0 \tag{9-38}$$

(4) 由于壁面是平行的，故沿 x 方向速度不变，可以用 u 代替 u_x，且 $u=$常数(沿 x 方向)，所以

$$\frac{\partial u}{\partial x}=0,\quad \frac{\partial^2 u}{\partial x^2}=0 \tag{9-39}$$

(5) 由于壁面沿 y 方向无限宽,故 y 的变化不会引起速度的变化,则有

$$\frac{\partial u}{\partial y}=0,\quad \frac{\partial^2 u}{\partial y^2}=0 \tag{9-40}$$

把式(9-37),式(9-38)代入式(9-35),则纳维-斯托克斯方程的三个式子分别为

$$-\frac{1}{\rho}\frac{\partial p}{\partial x}+\frac{\mu}{\rho}\left(\frac{\partial^2 u}{\partial x^2}+\frac{\partial^2 u}{\partial y^2}+\frac{\partial^2 u}{\partial z^2}\right)=\frac{\mathrm{d}u}{\mathrm{d}t}=\frac{\partial u}{\partial t}+\frac{\partial u}{\partial x}\cdot u \tag{9-41}$$

$$-\frac{1}{\rho}\frac{\partial p}{\partial y}=0 \tag{9-42}$$

$$-g-\frac{1}{\rho}\frac{\partial p}{\partial z}=0 \tag{9-43}$$

对式(9-43)沿 z 方向积分(x、y)不变,则有

$$\frac{p}{\gamma}+z=C_1(C_1\text{ 是沿 }z\text{ 方向的常数}) \tag{9-44}$$

该式就是流体静力学基本方程式。这说明在平行壁面间的层流运动中,沿垂直于流速方向的平面上,压力分布符合流体静压力分布的规律。对式(9-42)积分可得

$$p=C_2(C_2\text{ 是沿 }y\text{ 方向的常数}) \tag{9-45}$$

这说明压力沿 y 方向不变,这也与流体静压力分布的规律一致。在静止流体中,同一水平面上(y 相同)的压力是相等的。

把式(9-36)、式(9-39)、式(9-40)代入式(9-41)可得

$$-\frac{1}{\rho}\frac{\partial p}{\partial x}+\frac{\mu}{\rho}\frac{\partial^2 u}{\partial z^2}=0 \tag{9-46}$$

而$\partial p/\partial x$ 代表沿流动方向单位距离的压力增量,在同一个过流断面上,由于 p 符合式(9-44),故$\partial p/\partial x$ 在同一过流断面上为常数。由于沿流动方向过流断面不变,流速不变,故阻力损失不变,因此沿流动方向上$\partial p/\partial x$ 也就不变了,就等于压力坡度 J 的负值。在这里 J 表示单位距离的压力降

$$J=-\frac{\partial p}{\partial x}=\frac{\Delta p}{l} \tag{9-47}$$

Δp 代表沿流动方向 l 距离内的压力降。由于 u 仅仅随 l 而变化,故

$$\frac{\partial^2 u}{\partial z^2}=\frac{\mathrm{d}^2 u}{\mathrm{d}z^2}$$

式(9-46)可写成

$$\frac{\mathrm{d}^2 u}{\mathrm{d}z^2}=-\frac{J}{\mu}$$

积分一次得

$$\frac{\mathrm{d}u}{\mathrm{d}z}=-\frac{J}{\mu}z+C_3 \tag{9-48}$$

式中,C_3——积分常数。由于在中心处流速最大,故当 $z=0$ 时,$\mathrm{d}u/\mathrm{d}z=0$。

代入式(9-48)得 $C_3=0$，则$\frac{\mathrm{d}u}{\mathrm{d}z}=-\frac{J}{\mu}z$，再将上式积分可得

$$u=-\frac{J}{2\mu}z^2+C_4 \tag{9-49}$$

在 $z=\frac{\delta}{z}$时 $u=0$，代入上式得

$$C_4=\frac{J}{2\mu}\frac{\delta^2}{4}=\frac{J}{8\mu}\delta^2$$

把上式代入式(9-49)可得

$$u=\frac{J}{2\mu}\left(\frac{\delta^2}{4}-z^2\right) \tag{9-50}$$

这就是黏性流体在平行壁面间做层流运动时的速度分布公式，是抛物线分布。在整个过流断面上积分就可求出单位宽度流量 q 与 J 的关系，再注意到式(9-47)就可求出在 l 长度上的压力降 Δp 为

$$\Delta p=\frac{12\mu lq}{\delta^3}$$

9.3.4 黏性流体运动微分方程式在圆管层流运动中的解

在第 4 章中，我们根据牛顿黏性定律及牛顿第二定理求出了圆管层流中的速度分布公式，在这里，我们从纳维—斯托克斯方程积分来得出这一速度分布公式。

问题的讨论也是在下列前提下进行的：①流体不可压缩；②稳定流；③质量力只有重力作用；④层流。

设圆管水平放置，取坐标轴 x 与流动方向一致，原点在管轴心上，如图 9-10 所示。

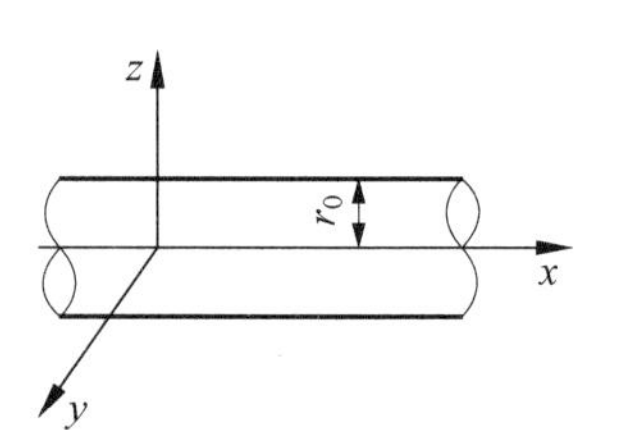

图 9-10 圆管层流运动

因为是不可压缩层流，故纳维—斯托克斯方程可适用。又根据上述几个条件，故式(9-36)、式(9-37)、式(9-38)、式(9-39)仍然适用。又根据圆管流动是轴对称的，故

$$\frac{\partial u}{\partial y}=\frac{\partial u}{\partial z},\quad \frac{\partial^2 u}{\partial y^2}=\frac{\partial^2 u}{\partial z^2} \tag{9-51}$$

把式(9-37)、式(9-38)代入式(9-35)可得式(9-41)、式(9-42)及式(9-43)，三个公式仍适用于圆管层流运动。而对式(9-42)、式(9-43)积分得式(9-44)、式(9-45)，则可证明在圆管中垂直于流速方向的断面上压力分布符合流体静力学分布规律。

而把式(9-36)、式(9-39)、式(9-51)代入式(9-42)可得

$$-\frac{1}{\rho}\frac{\partial p}{\partial x}+\frac{\mu}{\rho}\frac{\partial^2 u}{\partial z^2}=0 \tag{9-52}$$

注意到$\partial p/\partial x$ 的物理意义仍与平行壁面间的层流运动时相同，代表单位管长的压力增量，故式(9-47)对圆管仍成立。把式(9-47)代入式(9-52)，并注意到 u 只随 z 变化，故 $\partial^2 u/\partial z^2=\mathrm{d}^2 u/\mathrm{d}z^2$，则有

$$\frac{\mathrm{d}^2 u}{\mathrm{d}z^2} = -\frac{J}{2\mu}$$

$$\frac{\mathrm{d}u}{\mathrm{d}z} = -\frac{J}{2\mu}z + C_5 \tag{9-53}$$

在 $z=0$ 处流速为最大，故$\frac{\mathrm{d}u}{\mathrm{d}z}=0$，代入上式可得 $C_5=0$，所以式(9-53)成为

$$\frac{\mathrm{d}u}{\mathrm{d}z} = -\frac{J}{2\mu}z$$

再积分一次得

$$u = -\frac{J}{4\mu}z^2 + C_6 \tag{9-54}$$

当 $z=r_0$ 时，$u=0$，代入式(9-54)得

$$C_6 = \frac{J}{4\mu}r_0^2$$

故式(9-54)变为

$$u = \frac{J}{4\mu}(r_0^2 - z^2) \tag{9-55}$$

由于圆管流动是轴对称的，故 z 可理解为半径 r，式(9-55)可改写成

$$u = \frac{J}{4\mu}(r_0^2 - r^2) \tag{9-56}$$

9.4　附面层理论基础

9.4.1　附面层的概念

在流体流过固体表面时(例如流体流过管壁或绕过机具、桥墩等)，实验证明其速度分布大致如图 9-11 所示。在紧靠固体表面上，速度 $u=0$，在离壁面较近的区域内，速度急剧增加，如图 9-11 中速度分布曲线的 AB 段所示，而在离壁面一定距离后，速度则近似为常数，

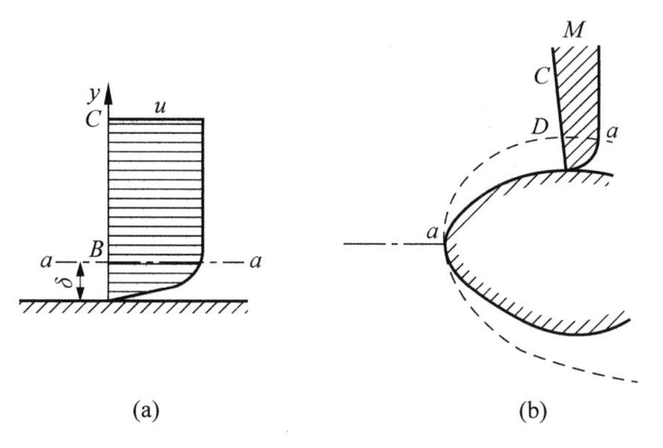

图 9-11　附面层速度分布

如速度分布图上的 BC 段所示。把垂直于固体表面的各个速度分布图中的 B 点连起来，就得到 a-a 曲线，在 a-a 线内部，速度变化急剧、黏性力作用显著的区域称为附面层区。而在 a-a 线以外的区域，速度沿 y 方向基本不变，黏性力可以忽略不计，流体可以看作是理想流体，这种流动称为势流。

B 点不是一个非常明确的点，附面层的边界线也不是一条明确的线，一般认为当某点的速度达到附面层外部势流速度的 99%～99.5%时，就认为该点是附面层的边界。还应当说明一点，必须把附面层与第 4 章中所说的管流中的层流边层这两个概念分开。层流边层是指紊流流动中靠近固体边界的层流层，肯定是层流，而且在层流边层的外部速度梯度还可以很大。而附面层则主要以速度达到外部势流流速的 99%～99.5%为标准来分界的。附面层内部的流动可以是层流也可以是紊流，而在紊流附面层内靠近固体壁面处可以有一条层流边层。

根据长期观察和实验，发现附面层有以下两个特点：

(1) 附面层厚度 δ 很薄(例如 1 ～2m 宽的机翼上的附面层只有几毫米厚)，而且随着 Re 增加，δ 进一步减小。

(2) 在附面层内部黏性力与惯性力是同一数量级。

这两个特性是说明附面层基本性质的特性。下面就是根据这两个特性来简化纳维-斯托克斯方程，从而建立附面层的微分方程的。

9.4.2 附面层微分方程

在建立附面层微分方程时，我们只研究二元流动(即运动要素仅在 x、y 两个坐标内有变化，而在 z 方向没有变化，也称平面流动)，如图 9-12 所示。固体边界是直线边界，附面层厚度为 δ，并假定附面层是层流运动，流体不可压缩。

取坐标轴的 x 轴沿着固体表面，y 轴则垂直于固体边界。

由于假定了附面层内部是不可压缩流体的层流运动，故纳维-斯托克斯方程式(9-35)是适用的。在一般情况下，我们忽略质量力，特别对于空气，由于密度小，忽略质量力不会引起多大误差，对于二元流动，式(9- 35)中只有 x、y 两个方向的方程起作用，此时式(9-35)为

$$\frac{\partial u_x}{\partial t}+u_x\frac{\partial u_x}{\partial x}+u_y\frac{\partial u_x}{\partial y}=-\frac{1}{\rho}\frac{\partial p}{\partial x}+\frac{\mu}{\rho}\left(\frac{\partial^2 u_x}{\partial x^2}+\frac{\partial^2 u_x}{\partial y^2}\right) \tag{9-57}$$

$$\frac{\partial u_y}{\partial t}+u_x\frac{\partial u_y}{\partial x}+u_y\frac{\partial u_y}{\partial y}=-\frac{1}{\rho}\frac{\partial p}{\partial y}+\frac{\mu}{\rho}\left(\frac{\partial^2 u_y}{\partial x^2}+\frac{\partial^2 u_y}{\partial y^2}\right) \tag{9-58}$$

在二元流动中，连续性方程(9-7)变为

$$\frac{\partial u_x}{\partial x}+\frac{\partial u_y}{\partial y}=0 \tag{9-59}$$

为了简化上述方程式，我们分析方程中各项的数量级，从而可以把高价微量忽略。在附面层中，$0\leqslant y\leqslant\delta$，所以 y 是与 δ 同一数量级的，即

$$y\sim\delta \tag{9-60}$$

根据附面层的第一个特点，其厚度 δ 较之被绕流物体的长度 l 来说是很小很小的，即

$$\frac{\delta}{l} \ll 1 \tag{9-61}$$

若附面层外势流的速度以 V 表示，则

$$u_x \sim V \tag{9-62}$$

故

$$\frac{\partial u_x}{\partial y} \sim \frac{V}{\delta}, \quad \frac{\partial^2 u_x}{\partial y^2} \sim \frac{V}{\delta^2} \tag{9-63}$$

$$\frac{\partial u_x}{\partial x} \sim \frac{V}{l}, \quad \frac{\partial^2 u_x}{\partial x^2} \sim \frac{V}{l^2} \tag{9-64}$$

根据式(9-59)有

$$-\frac{\partial u_x}{\partial x} = \frac{\partial u_y}{\partial y}$$

故 $\frac{\partial u_x}{\partial x}$ 与 $\frac{\partial u_y}{\partial y}$ 是同一数量级的，所以

$$\frac{\partial u_y}{\partial y} \sim \frac{V}{l}, \quad \frac{\partial^2 u_y}{\partial y^2} \sim \frac{V}{l\delta} \tag{9-65}$$

而

$$u_y = \int_0^y \frac{\partial u_y}{\partial y} \mathrm{d}y$$

所以

$$u_y \sim \frac{V}{l} \cdot \delta \tag{9-66}$$

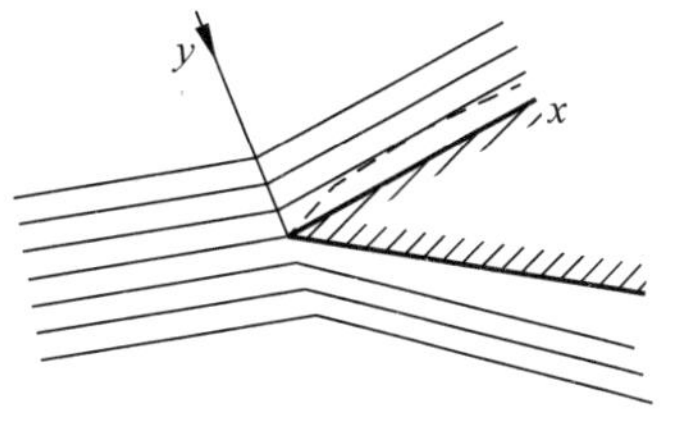

图 9-12　流体流过固体边界的附面层

所以

$$\frac{\partial u_y}{\partial x} \sim \frac{V \cdot \delta}{l^2}, \quad \frac{\partial^2 u_y}{\partial x^2} \sim \frac{V\delta}{l^3} \tag{9-67}$$

对式(9-57)分析其每一项对应的数量级得

$$\frac{\partial u_x}{\partial t} + u_x \frac{\partial u_x}{\partial x} + u_y \frac{\partial u_x}{\partial y} = -\frac{1}{p}\frac{\partial p}{\partial x} + v\left(\frac{\partial^2 u_x}{\partial x^2} + \frac{\partial^2 u_x}{\partial y^2}\right)$$

因为 $l \gg \delta$，故 $V/l^2 \ll V/\delta^2$，故黏性力中的第一项相对于第二项来说可忽略不计。又根据附面层的第二个特性：惯性力与黏性力是同一数量级的，故

$$\frac{V^2}{l} : v\frac{V}{\delta^2} \approx 1 \quad \text{或} \quad \frac{\delta^2}{l^2} \approx \frac{1}{\frac{Vl}{v}} = \frac{1}{Re}$$

及

$$\frac{\delta}{l} \approx \frac{1}{\sqrt{Re}} \tag{9-68}$$

由此可见，Re 越大，则附面层厚度 δ 越小。

在忽略了高阶无穷小后，式(9-57)可写成

$$\frac{\partial u_x}{\partial t}+u_x\frac{\partial u_x}{\partial x}+u_y\frac{\partial u_x}{\partial y}=-\frac{1}{\rho}\frac{\partial p}{\partial x}+v\frac{\partial^2 u_x}{\partial y^2} \tag{9-69}$$

式(9-69)与式(9-59)一起合称普朗特附面层方程。

在式(9-69)中还有$\partial u_x/\partial t$及$(1/\rho)\partial p/\partial x$这两项，也认为与惯性力及黏性力是同一数量级的。现在来分析式(9-58)的数量级，

$$\frac{\partial u_y}{\partial t}+u_x\frac{\partial u_y}{\partial x}+u_y\frac{\partial u_y}{\partial y}=-\frac{1}{\rho}\frac{\partial p}{\partial y}+v\left(\frac{\partial^2 u_y}{\partial x^2}+\frac{\partial^2 u_y}{\partial y^2}\right)$$

比较式(9-57)与式(9-58)的惯性力，由于$\frac{V^2\delta}{l^2}\ll\frac{V^2}{l}$，因此，与$x$方向的惯性力相比，$y$方向的惯性力$\left(u_x\frac{\partial u_x}{\partial x}+u_y\frac{\partial u_x}{\partial y}\right)$可忽略不计。按附面层的第二个特性，$y$方向的惯性力与黏性力也是同一数量级的。因此，$y$方向的黏性力相对于$x$方向的黏性力来说也可忽略不计。

同x方向一样，也认为$\partial u_y/\partial t$与y方向惯性力是同一数量级的。因此$\partial u_y/\partial t$相对于x方向的惯性力来说也可忽略不计。因此，最后式(9-58)成为

$$\frac{\partial p}{\partial y}=0 \tag{9-70}$$

这说明，沿着固体外壁的法线方向压力不变，等于附面层边界上的压力。这一结论也被实验很好地证明了。因此按外部是理想流体解出的压力分布完全可以应用到附面层内部。

对稳定流来说：$\frac{\partial u_x}{\partial t}=0$，$\frac{\partial p}{\partial t}=0$。此外$\frac{\partial p}{\partial x}$也可以用$\frac{\mathrm{d}p}{\mathrm{d}x}$来代替。因为一共有$x$、$y$、$t$ 3个变量，而现在$\frac{\partial p}{\partial y}=0$、$\frac{\partial p}{\partial t}=0$，故$\mathrm{d}p=\frac{\partial p}{\partial x}\mathrm{d}x+\frac{\partial p}{\partial y}\mathrm{d}y+\frac{\partial p}{\partial t}\mathrm{d}t=\frac{\partial p}{\partial x}\mathrm{d}x$，所以$\frac{\mathrm{d}p}{\mathrm{d}x}=\frac{\partial p}{\partial x}$。

故在稳定流情况下，附面层的微分方程(9-69)及式(9-59)可写成

$$\begin{aligned}&u_x\frac{\partial u_x}{\partial x}+u_y\frac{\partial u_x}{\partial y}=-\frac{1}{\rho}\frac{\mathrm{d}p}{\mathrm{d}x}+v\frac{\partial^2 u_x}{\partial y^2}\\&\frac{\partial u_x}{\partial x}+\frac{\partial u_y}{\partial y}=0\end{aligned} \tag{9-71}$$

如果按外部理想流体流动解出其压力分布，则$\mathrm{d}p/\mathrm{d}x$就已知。因此按式(9-71)就可解出附面层内部的速度分布。但即使经过这么多简化，直接解式(9-71)还是很困难的，但是，式(9-71)是研究附面层问题的理论基础，分析问题和做模型试验需从它出发，因此该方程组的意义还是很重大的。

还应当指出一点：附面层微分方程(9-71)虽是从固体边界为直线的前提下推导出的，但这一结论对曲线边界也是足够准确的，此时只要把x轴看成是沿固体边界线弯曲的曲线，而y是沿固体边界的法线方向即可。式(9-71)是在层流的前提下从纳维-斯托克斯方程导出的，因此只适用于层流情况。

由于解式(9-71)存在困难，一般实际的附面层问题不用直接解式(9-71)来解决，而是利用另外更简单的办法来解决，这就是下面要讨论的附面层的动量积分方程。

9.4.3　附面层的动量积分方程

只研究最常见的不可压缩流体稳定流的附面层，而且是二元流动。

在附面层中，我们取一长 $\mathrm{d}x$ 的微小段附面层 $ABCD$ 来分析，设其宽度为单位宽度 1，如图 9-13 所示。

研究 $\mathrm{d}t$ 时间内该微小段中的动量变化。先看 $\mathrm{d}t$ 时间内由 AB 流入的流体质量为

$$M_{\mathrm{AB}}=\mathrm{d}t\int_0^{\delta}\rho u_x\,\mathrm{d}y$$

$\mathrm{d}t$ 时间内由 CD 流出的流体质量为

$$M_{\mathrm{CD}}=\mathrm{d}t\int_0^{\delta}\rho u_x\,\mathrm{d}y+\frac{\partial}{\partial x}\left(\mathrm{d}t\int_0^{\delta}\rho u_x\,\mathrm{d}y\right)\mathrm{d}x$$

式中，$\frac{\partial}{\partial x}\left(\mathrm{d}t\int_0^{\delta}\rho u_x\,\mathrm{d}y\right)$ 代表沿 x 方向单位距离流过附面层的流体质量变化率。

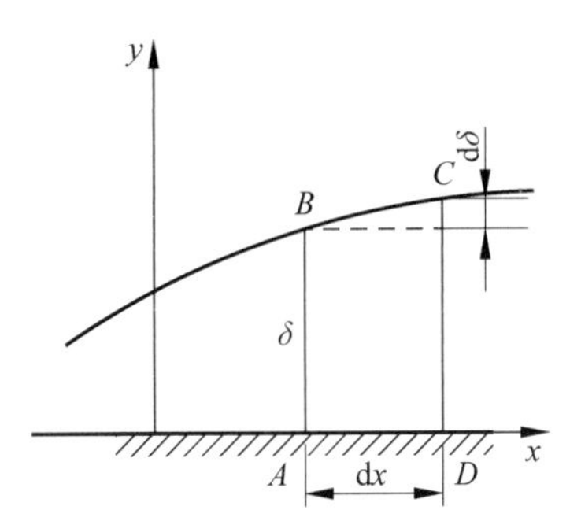

图 9-13　微小段附面层

AD 是固体壁面，不能有流体出入，而经 BC 流入的流体质量设为 M_{BC}，则按连续性条件：

$$M_{\mathrm{BC}}=M_{\mathrm{CD}}-M_{\mathrm{AB}}=\mathrm{d}x\,\mathrm{d}t\,\frac{\partial}{\partial x}\int_0^{\delta}\rho u_x\,\mathrm{d}y$$

再来分析 $ABCD$ 在 $\mathrm{d}t$ 时间内的动量变化：

$\mathrm{d}t$ 时间内由 AB 流入的动量

$$I_{\mathrm{AB}}=\mathrm{d}t\int_0^{\delta}\rho u_x^2\,\mathrm{d}y$$

$\mathrm{d}t$ 时间内从 CD 流出的动量

$$I_{\mathrm{CD}}=\mathrm{d}t\int_0^{\delta}\rho u_x^2\,\mathrm{d}y+\frac{\partial}{\partial x}\left(\mathrm{d}t\int_0^{\delta}\rho u_x^2\,\mathrm{d}y\right)\mathrm{d}x$$

式中，$\frac{\partial}{\partial x}\left(\mathrm{d}t\int_0^{\delta}\rho u_x^2\,\mathrm{d}y\right)$ 代表沿 x 方向单位距离流过附面层的流体动量的变化率。

附面层外部的流体流速为 V，严格说附面层边界上的流速是 $(0.99\sim0.995)V$，但这里就用 V 作为附面层边界上的速度，误差很小。故 $\mathrm{d}t$ 时间内通过 BC 流入 $ABCD$ 的流体动量为

$$I_{\mathrm{BC}}=M_{\mathrm{BC}}\cdot V=\left(\mathrm{d}x\,\mathrm{d}t\,\frac{\partial}{\partial x}\int_0^{\delta}\rho u_x\,\mathrm{d}y\right)V$$

故在 $\mathrm{d}t$ 时间内 $ABCD$ 内的动量变化为

$$\begin{aligned}\Delta I&=I_{\mathrm{CD}}-I_{\mathrm{AB}}-I_{\mathrm{BC}}=\mathrm{d}x\,\mathrm{d}t\,\frac{\partial}{\partial x}\int_0^{\delta}\rho u_x^2\,\mathrm{d}y-V\cdot\mathrm{d}x\,\mathrm{d}t\,\frac{\partial}{\partial x}\int_0^{\delta}\rho u_x\,\mathrm{d}y\\&=\mathrm{d}x\,\mathrm{d}t\left(\frac{\partial}{\partial x}\int_0^{\delta}\rho u_x^2\,\mathrm{d}y-V\,\frac{\partial}{\partial x}\int_0^{\delta}\rho u_x\,\mathrm{d}y\right)\end{aligned}\tag{9-72}$$

下面再分析作用在 $ABCD$ 上的外力在 x 方向的分量。

作用在 AB 上的压力 $P_{\mathrm{AB}}=p\delta$，P_{AB} 的方向指向右边，而 AB 面上的切应力则与 x 方向垂直，故不考虑。

作用在 CD 上的压力为

$$P_{\mathrm{CD}}=p\delta+\frac{\partial}{\partial x}(p\delta)\mathrm{d}x$$

由于是稳定流，故$\dfrac{\partial(p\delta)}{\partial t}=0$，又由于式(9-70)以及 δ 与 y 无关，故只有 x 能引起 $p\delta$ 变化。所以 $\dfrac{\partial(p\delta)}{\partial x}=\dfrac{\mathrm{d}(p\delta)}{\mathrm{d}x}$

$$P_{\mathrm{CD}}=p\delta+\frac{\mathrm{d}(p\delta)}{\mathrm{d}x}\mathrm{d}x=p\delta+\left(p\frac{\mathrm{d}\delta}{\mathrm{d}x}+\delta\frac{\mathrm{d}p}{\mathrm{d}x}\right)\mathrm{d}x$$

P_{CD} 的方向指向左边。至于作用在 CD 上的切应力，则在 x 方向没有分量，不考虑。

设固体表面附面层的摩擦应力为 τ_0，则作用在流体 AD 上的外力为 $P_{\mathrm{AD}}=\tau_0\mathrm{d}x$，$P_{\mathrm{AD}}$ 的方向指向左边。至于作用在 AD 上的压力则与 x 方向垂直，故在 x 方向没有分量。

在 BC 面上的压力在 x 方向的分量为

$$P_{\mathrm{BC}}=p\cdot\mathrm{d}x\frac{\mathrm{d}\delta}{\mathrm{d}x}$$

方向指向右方。由于在 BC 外部的流体黏性力忽略不计，故在 BC 面上没有切应力作用。至于质量力则忽略不计。所以作用在 $ABCD$ 上的外力的合力在 x 方向的分量为

$$\begin{aligned}\sum F_x&=P_{\mathrm{AB}}-P_{\mathrm{CD}}-P_{\mathrm{AD}}+P_{\mathrm{BC}}\\&=p\delta-\left[p\delta+\left(p\frac{\mathrm{d}\delta}{\mathrm{d}x}+\delta\frac{\mathrm{d}p}{\mathrm{d}x}\right)\mathrm{d}x\right]-\tau_0\mathrm{d}x+p\frac{\mathrm{d}\delta}{\mathrm{d}x}\mathrm{d}x\\&=-\left(\delta\frac{\mathrm{d}p}{\mathrm{d}x}+\tau_0\right)\mathrm{d}x\end{aligned}$$

$\mathrm{d}t$ 时间内外力对 $ABCD$ 的冲量在 x 方向的分量为

$$\sum F_x=-\left(\delta\frac{\mathrm{d}p}{\mathrm{d}x}+\tau_0\right)\mathrm{d}x\mathrm{d}t \tag{9-73}$$

根据冲动量定理，式(9-72)应与式(9-73)相等，故

$$\mathrm{d}x\mathrm{d}t\left(\frac{\partial}{\partial x}\int_0^\delta\rho u_x^2\mathrm{d}y-V\frac{\partial}{\partial x}\int_0^\delta\rho u_x\mathrm{d}y\right)=-\left(\delta_0\frac{\mathrm{d}p}{\mathrm{d}x}+\tau_0\right)\mathrm{d}x\mathrm{d}t$$

而 $\int_0^\delta\rho u_x^2\mathrm{d}y$ 是对 y 的定积分，用积分限 0 及 δ 代入后就不是 y 的函数了，又由于是稳定流，故也不是 t 的函数，而仅仅是 x 的函数。所以

$$\frac{\partial}{\partial x}\int_0^\delta\rho u_x^2\mathrm{d}y=\frac{\mathrm{d}}{\mathrm{d}x}\int_0^\delta\rho u_x^2\mathrm{d}y,\quad 同理\frac{\partial}{\partial x}\int_0^\delta\rho u_x\mathrm{d}y=\frac{\mathrm{d}}{\mathrm{d}x}\int_0^\delta\rho u_x\mathrm{d}y$$

则

$$\frac{\mathrm{d}}{\mathrm{d}x}\int_0^\delta\rho u_x^2\mathrm{d}y-V\frac{\mathrm{d}}{\mathrm{d}x}\int_0^\delta\rho u_x\mathrm{d}y=-\delta\frac{\mathrm{d}p}{\mathrm{d}x}-\tau_0 \tag{9-74}$$

这就是附面层的动量积分方程。应当指出，式(9-74)的推导过程中并没有用到附面层是层流这一条件，故该式不论对层流或紊流附面层都适用。

通过解附面层外部势流场可以求得 p 的分布，从而可求出 $\mathrm{d}p/\mathrm{d}x$。因此在式(9-74)中尚有 u_x、τ_0 及 δ 三个未知数。要解决附面层问题，还须补充两个方程式。这要结合具体的边界条件来确定。

9.4.4 平板层流附面层计算

作为动量积分方程的一个应用实例，我们用它来分析平板附面层的问题。同时平板附面层的问题本身也有着很大的实用价值，因为平板附面层是一个典型的附面层问题，有一些曲面附面层也可近似地用平板附面层的结论来分析。

平板附面层的问题是：已知平板长度 l 及来流流体速度 u_0（u_0 方向与平板长度方向一致，又是稳定流的前提下），计算①附面层厚度沿平板长度方向的变化规律；②附面层对平板的摩擦阻力（因为是二元流动，这里的阻力是指单宽平板所受的阻力）。

在平板附面层外部的势流场中，速度没有受到附面层的干扰，故 V 不变。所以 $\mathrm{d}u/\mathrm{d}x=0$。在外部势流场中伯努利方程在忽略了质量力后成为

$$\frac{p}{\rho g}+\frac{V^2}{2g}=\text{常数}$$

在外部势流场中 V 不变，故按上式可知 p 也不能变，则 $\mathrm{d}p/\mathrm{d}x=0$。

所以式(9-74)写成

$$\frac{\mathrm{d}}{\mathrm{d}x}\int_0^\delta \rho u_x^2\,\mathrm{d}y-u_0\frac{\mathrm{d}}{\mathrm{d}x}\int_0^\delta \rho u_x\,\mathrm{d}y=-\tau_0 \tag{9-75}$$

这里有 u_x、δ、τ_0 三个未知数，还须补充两个方程式，这从两方面来解决：①求出平板法线方向的速度分布规律，即 u_x 随 y 的变化规律；②求出 τ_0 与 δ 的关系。

先求平板法线方向的速度分布，为此，我们用待定系数假定法。

$$u_x=a+by+cy^2+dy^3 \tag{9-76}$$

式中，a、b、c、d——待定系数，由边界条件来确定，边界条件有以下几个：

条件 1　当 $u=0$ 时，$u_x=0$；

条件 2　当 $y=\delta$ 时，速度为 u_0（严格说 $y=\delta$ 时，$u_x=(0.99\sim0.995)u_0$，但一般就认为等于 u_0），即 $y=\delta$ 时，$u_x=u_0$。

条件 3　在附面层边界上，u_x 基本不变，故 $y=\delta$ 时，$\dfrac{\partial u_x}{\partial y}=0$。

条件 4　当 $y=0$ 时，$u_x=u_y=0$，故式(9-69)写成

$$-\frac{1}{\rho}\frac{\mathrm{d}p}{\mathrm{d}x}+v\frac{\partial^2 u_x}{\partial y^2}=0$$

而在平板附面层中$\dfrac{\mathrm{d}p}{\mathrm{d}x}=0$，故得 $y=0$ 时，$\dfrac{\partial^2 u_x}{\partial y^2}=0$。

以条件 1 代入式(9-76)可求得

$$a=0 \tag{9-77}$$

以条件 2 代入式(9-76)可求得

$$a+b\delta+c\delta^2+d\delta^3=u_0 \tag{9-78}$$

求式(9-76)对 y 的一次及二次导数可得

$$\frac{\partial u_x}{\partial y}=b+2cy+3\mathrm{d}y^2,\quad \frac{\partial^2 u_x}{\partial y^2}=2c+6\mathrm{d}y$$

以条件 3 及条件 4 分别代入上两式可得

$$b+2c\delta+3d\delta^2=0 \tag{9-79}$$

$$2c=0 \tag{9-80}$$

联立式(9-77)、式(9-78)、式(9-79)、式(9-80)可解出

$$a=0,\quad b=\frac{3}{2}\frac{u_0}{\delta},\quad c=0,\quad d=-\frac{u_0}{2\delta^3}$$

代入式(9-76)得

$$u_x=\frac{u_0}{2\delta}\left(3y-\frac{y^3}{\delta^2}\right) \tag{9-81}$$

这就是对式(9-75)的第一个补充关系式。

现在再谈第二个补充关系式——建立 τ_0 和 δ 之间的关系。因为讨论的是层流，故牛顿黏性内摩擦定律适用。对紧靠平板的那层流体有：

$$\tau_0=\mu\left(\frac{\partial u_x}{\partial y}\right)_{y=0}$$

根据式(9-81)可求得

$$\frac{\partial u_x}{\delta y}=\frac{u_0}{2\delta}\left(3-\frac{3}{\delta^2}y^2\right)$$

所以

$$\left(\frac{\partial u_x}{\partial y}\right)_{y=0}=\frac{3u_0}{2\delta}$$

$$\tau_0=\frac{3}{2}\frac{\mu u_0}{\delta} \tag{9-82}$$

把式(9-81)、式(9-82)代入式(9-75)可得出 δ 与 x 的关系。为此先求

$$\int_0^\delta \rho u_x\,\mathrm{d}y=\int_0^\delta \rho\frac{u_0}{2\delta}\left(3y-\frac{y^3}{\delta^2}\right)\mathrm{d}y=\frac{3\rho u_0}{2\delta}\int_0^\delta y\,\mathrm{d}y+\frac{\rho u_0}{2\delta^3}\int_0^\delta y^3\,\mathrm{d}y$$

$$=\frac{3}{4}\rho u_0\delta-\frac{1}{8}\rho u_0\delta=\frac{5}{8}\rho u_0\delta$$

$$\int_0^\delta \rho u_x^2\,\mathrm{d}y=\int_0^\delta \rho\left[\frac{u_0}{2\delta}\left(3y-\frac{y^3}{\delta^2}\right)\right]^2\mathrm{d}y=\frac{\rho u_0^2}{4\delta^2}\int_0^\delta\left(9y^2-6\frac{y^4}{\delta^2}+\frac{y^6}{\delta^4}\right)\mathrm{d}y$$

$$=\frac{\rho u_0^2}{4\delta^2}\left(3\delta^3-\frac{6}{5}\delta^3+\frac{1}{7}\delta^3\right)=\frac{17}{35}\rho u_0^2\delta$$

所以动量积分方程(9-75)成为

$$\frac{17}{35}\rho u_0^2\frac{\mathrm{d}\delta}{\mathrm{d}x}-\frac{5}{8}\rho u_0^2\frac{\mathrm{d}\delta}{\mathrm{d}x}=-\frac{3}{2}\frac{\mu u_0}{\delta}$$

即

$$\frac{13}{140}\rho u_0\delta\,\mathrm{d}\delta=\mu\,\mathrm{d}x$$

积分得

$$\frac{13}{280}\rho u_0 \delta^2 = \mu x + C$$

当 $x=0$ 时，$\delta=0$，代入上式得 $C=0$，所以

$$\delta = \sqrt{\frac{280}{13}\frac{\mu x}{\rho u_0}} = 4.64\sqrt{\frac{v \cdot x}{u_0}} \tag{9-83}$$

这说明，附面层厚度 δ 随 x 的变化规律是二次抛物线关系。x 越大(即离平板端点越远)，来流速度 u_0 越小，则 δ 越大。

把式(9-83)代入式(9-82)并在整个平板上积分就可求得附面层对单宽面板的阻力(单面阻力)为

$$T = \int_0^l \tau_0 \mathrm{d}x = \int_0^l \frac{3}{2}\mu u_0 \frac{\mathrm{d}x}{4.64\sqrt{vx/u_0}} = \frac{3}{2\times 4.64}\sqrt{\mu\rho u_0^3}\int_0^l \frac{\mathrm{d}x}{\sqrt{x}} = \frac{1.3}{2}\sqrt{\rho\mu u_0^3 l}$$

或

$$T = 1.3\sqrt{\frac{v}{u_0 l}}\frac{\rho u_0^2}{2} l \tag{9-84}$$

式(9-84)是单位宽度平板的单面阻力。若平板宽度为 b，则阻力为

$$T = 1.3\sqrt{\frac{v}{u_0 l}}\frac{\rho u_0^2}{2} bl = \frac{1.3}{\sqrt{Re}} S \frac{\rho u_0^2}{2} \tag{9-85}$$

式中，S——平板的面积 bl；

$Re = \dfrac{u_0 l}{v}$。

式(9-85)常表示成

$$T = C_x S \frac{\rho u_0^2}{2} \tag{9-86}$$

式中，C_x——层流附面层的阻力系数，$C_x = \dfrac{1.3}{\sqrt{Re}}$。

9.4.5 平板紊流附面层的计算

对紊流附面层来说，积分方程(9-75)仍然适用，但是两个补充关系式速度分布式(9-81)及切应力式(9-82)不适用了，因为边界条件 4 引用了只适用于层流的附面层微分方程。因此，在紊流中需另外找两个补充关系式。

由于圆管中的紊流流动研究得比较充分，因此，在平板附面层中就借用圆管中的结论。实验证明，借用后得出的结论是符合实际的。借用的速度分布公式是

$$u_x = u_0\left(\frac{y}{r_0}\right)^{\frac{1}{7}} \tag{9-87}$$

式中，r_0——圆管管径，在平板附面层中用 δ 代替 r_0。此时平板附面层在垂直平板方向的速度公式为

$$u_x = u_0 \left(\frac{y}{\delta}\right)^{\frac{1}{7}} \tag{9-88}$$

对光滑管的情况，可从实验得出流体的摩擦力公式为

$$\tau_0 = 0.0225 \rho u^2 \frac{1}{Re^{1/4}}$$

式中，$Re = ny/v$，y 为管中任一点离管壁的距离，v 为该点的流速。将该公式借用到平板紊流附面层中，并令 $y=\delta$，$u=u_0$，则得到附面层对平板的切应力为

$$\tau_0 = 0.0225 \rho u^2 \left(\frac{v}{u_0 \delta}\right)^{1/4} \tag{9-89}$$

把式(9-88)及式(9-89)代入动量积分方程(9-75)就可求得平板紊流附面层中 δ 随 x 的变化规律。先求

$$\int_0^\delta \rho u_x \mathrm{d}y = \int_0^\delta \rho u_0 \left(\frac{y}{\delta}\right)^{1/7} \mathrm{d}y = \frac{\rho u_0^2}{\delta^{1/7}} \int_0^\delta y^{1/7} \mathrm{d}y = \frac{7}{8} \rho u_0 \delta$$

$$\int_0^\delta \rho u_x^2 \mathrm{d}y = \int_0^\delta \rho u_0^2 \left(\frac{y}{\delta}\right)^{2/7} \mathrm{d}y = \frac{\rho u_0^2}{\delta^{2/7}} \int_0^\delta y^{2/7} \mathrm{d}y = \frac{7}{9} \rho u_0^2 \delta$$

把上述两式代入式(9-75)并注意到式(9-89)，有

$$\frac{7}{9} \rho u_0^2 \frac{\mathrm{d}\delta}{\mathrm{d}x} - \frac{7}{8} \rho u_0^2 \frac{\mathrm{d}\delta}{\mathrm{d}x} = -\tau_0 = -0.0225 \rho u_0^2 \left(\frac{v}{u_0 \delta}\right)^{1/4} \tag{9-90}$$

化简得

$$\delta^{1/4} \mathrm{d}\delta = 0.0225 \frac{72}{7} \left(\frac{v}{u_0}\right)^{1/4} \mathrm{d}x$$

积分得

$$\frac{4}{5} \delta^{5/4} = 0.0225 \frac{72}{7} \left(\frac{v}{u_0}\right)^{1/4} x + C$$

当 $x=0$ 时，$\delta=0$，代入上式得 $C=0$，化简得

$$\delta = 0.37 \left(\frac{v}{u_0 x}\right)^{1/5} x \tag{9-91}$$

把式(9-91)与层流附面层厚度公式(9-83)相比较可以看出：在紊流附面层中，附面层厚度 δ 与 $x^{4/5}$ 成正比，而层流附面层中 δ 与 $x^{1/2}$ 成正比。这说明紊流附面层厚度的增长速度比层流附面层要快，其原因从物理概念上来解释为：紊流运动是有质点交换的，故紊流附面层与其外部的势流场中的流体质点之间有质点交换，从而使附面层的厚度增长更快。

由式(9-90)得 $\tau_0 = \frac{7}{72} \rho u_0^2 \frac{\mathrm{d}\delta}{\mathrm{d}x}$，故单宽平面摩擦阻力为

$$T = \int_0^l \frac{7}{72} \rho u_0^2 \frac{\mathrm{d}\delta}{\mathrm{d}x} \mathrm{d}x = \frac{7}{72} \rho u_0^2 \int_0^{\delta(l)} \mathrm{d}\delta$$

式中，$\delta(l)$ 表示在 $x=l$ 时的附面层厚度。由式(9-91)知 $\delta(l) = 0.37 \left(\frac{v}{u_0 l}\right)^{1/5} \cdot l$，

$$T = \frac{7}{72} \rho u_0^2 \delta(l) = 0.036 \rho u_0^2 l \left(\frac{v}{u_0 l}\right)^{1/5} \tag{9-92}$$

对于宽度为 b 的平板，则附面层对平板的阻力为

$$T=0.036\rho u_0^2 l\left(\frac{v}{u_0 l}\right)^{1/5}=C_x S\frac{\rho u_0^2}{2} \tag{9-93}$$

这里紊流附面层的阻力系数

$$C_x=\frac{0.072}{Re^{1/5}} \tag{9-94}$$

实验证明，式(9-94)中的系数 0.072 改为 0.074 更符合实际。

应当指出，式(9-91)、式(9-93)只适用于 $Re<10^7$ 的情况，对 $10^7<Re<10^9$ 时，C_x 可用下式计算

$$C_x=\frac{0.445}{(\lg Re)^{2.58}} \tag{9-95}$$

9.4.6　平板上的混合附面层

平板上附面层的流动状态主要取决于 $Re=u_0 l/v$。当 Re 较小时，附面层全部是层流，当 Re 很大时，则附面层全部是紊流，而当附面层中 $3\times10^5<Re<5\times10^6$ 时，附面层的前半段是层流，后半段为紊流，这称为混合附面层。

对于混合附面层，只能在加了简化条件后才能进行计算。所加的简化条件为下面两个：

(1) 假定由层流附面层变为紊流附面层是在 A 点突然发生的，A 点离平板端点 O 的距离 OA 用 x_C 表示，如图 9-14 所示。

(2) 假定混合附面层后半段紊流部分的厚度、切应力以及垂直方向的速度分布情况与由 O 点算起的紊流附面层的后半段完全一样。

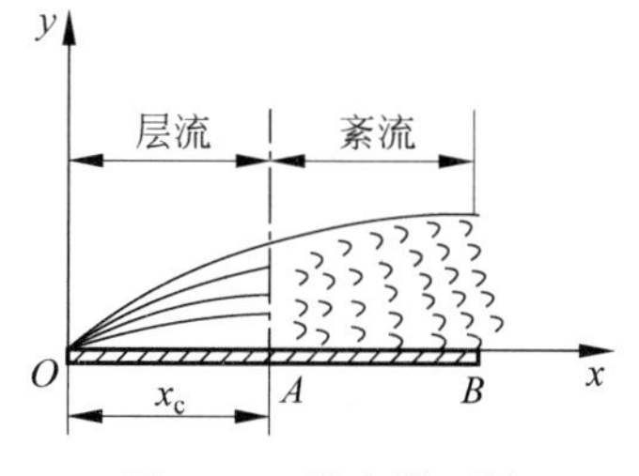

图 9-14　混合附面层

在这两个简化条件的前提下，混合附面层的计算方法如下：

附面层的厚度计算分两段进行，OA 段层流部分按式(9-83)计算，AB 段紊流附面层按式(9-91)计算。

附面层对平板的阻力则按下述步骤进行：

先按平板全长 l 上都是紊流附面层算出阻力 T''，再按 $I=x_C$ 算出 OA 段上紊流附面层的阻力 T''_{OA}，则 $T''-T''_{OA}$就代表 AB 段附面层的紊流部分的阻力。再按层流附面层的阻力计算公式求出 x_C。长度上的阻力为 T'_{OA}。所以平板上混合附面层的总阻力为

$$T=T'_{OA}+T''-T''_{OA}$$

设层流附面层的阻力系数为 C'_x，紊流附面层的阻力系数为 C''_x，则

$$T'_{OA}=C'_x\frac{\rho u_0^2}{2}x_c b,\quad T''_{OA}=C''_x\frac{\rho u_0^2}{2}x_C b,\quad T''=C''_x\frac{\rho u_0^2}{2}lb$$

所以

$$T=C''_x\frac{\rho u_0^2}{2}lb-(C''_x-C'_x)\frac{\rho u_0^2}{2}x_C b=\left(C''_x-\frac{C''_x-C'_x}{l}x_c\right)\frac{\rho u_0^2}{2}lb$$

或

$$T=C_x\frac{\rho u_0^2}{2}lb \tag{9-96}$$

在这里,混合附层面的阻力系数为

$$C_x=C''_x-(C''_x-C'_x)\frac{x_c}{l} \tag{9-97}$$

至于平板附面层的流动状态,则可根据 $Re=u_0l/v$ 来判断。如 $Re<Re_k$,则为层流附面层;如 $Re>Re_k$,则为混合附面层或紊流附面层。至于 Re_k 的值,则影响的因素较多,如平板表面的粗糙度、来流的初始紊动度等都有影响。根据汉森的实验,大致可取 $Re_k=3\times10^5$。

例 9-1 已知气流以 15m/s 的速度对静止平板绕流,平板的长度方向与气流方向一致,板长 1m,宽 5m,试判断平板上附面层的类型及平板两面所受的阻力,并求出在平板末端处附面层的厚度。空气的温度为 15℃。

解:空气在 15℃时的运动黏度 $\nu=0.152\text{cm}^2/\text{s}$,密度 $\rho=1.23\text{kg/m}^3$。

$Re=\dfrac{15\times1}{0.152\times10^{-4}}=9.85\times10^5>3\times10^5$,故附面层是混合附面层。

按 $Re_k=3\times10^5$ 可求得混合附面层的临界长度

$$x_C=\frac{3\times10^5}{15/0.152\times10^{-4}}=0.304(\text{m})$$

混合附面层层流段的阻力系数

$$C'_x=\frac{1.3}{\sqrt{Re_k}}=\frac{1.3}{\sqrt{3\times10^5}}=2.37\times10^{-3}$$

而紊流阻力系数

$$C''_x=\frac{0.074}{Re^{1/5}}=\frac{0.074}{(9.85\times10^5)^{1/5}}=4.68\times10^{-3}$$

混合附面层的阻力系数为

$$\begin{aligned}C_x&=C''_x-(C''_x-C'_x)\frac{x_C}{l}\\&=4.68\times10^{-3}-(4.68\times10^{-3}-2.37\times10^{-3})\times\frac{0.304}{1}=4.0\times10^{-3}\end{aligned}$$

附面层的单面阻力为

$$T=C_x\frac{\rho u_0^2}{2}bl=4.0\times10^{-3}\times\frac{1.23\times15^2}{2}\times5\times1=2.79(\text{N})$$

故双面阻力为 $2\times2.79=5.58\text{N}$。

在平面末端的附面层厚度可按式(9-91)算得

$$\delta=0.37\times\frac{l}{Re^{1/5}}=0.37\times\frac{1}{(9.85\times10^5)^{1/5}}=2.34\times10^{-2}(\text{m})$$

如全部按紊流附面层计算,则单面阻力为

$$T=C''_x\frac{\rho u_0^2}{2}bl=4.7\times10^{-3}\times\frac{1.23\times15^2}{2}\times5\times1=3.25(\text{N})$$

比按混合附面层的计算值大[(3.25−2.79)/2.79]×100%=16.5%。

9.4.7 曲面附面层、附面层的分离及运动物体阻力

在前面讨论的平板附面层问题中,外部势流场的速度 $V=u_0$ 是常数,因此相应的压力 p 也为常数,故 $\mathrm{d}p/\mathrm{d}x=0$。但当附面层为曲面时,则附面层外部势流场各点的速度就不是常数了,相应的 p 也不能是常数,$\mathrm{d}p/\mathrm{d}x\neq 0$,问题就比较复杂。在这里我们仅做一些定性的分析,以了解曲面附面层的主要特点,不准备涉及曲面附面层的理论分析。

事实上,曲面附面层的阻力主要是通过实验来确定的。

当在无穷远处的速度和压力分别为 u_∞ 及 p_∞ 的流体流过一个曲面时,在曲面上一定有一点 A,该点的速度 $u=0$,称为驻点。附面层就是从驻点开始向曲面上下发展的,如图 9-15 所示。在附面层外部流体的速度则由驻点开始先逐渐加大,到 M 点处达到最大,过了 M 点后又逐渐减小。对伯努利方程(9-14)(忽略质量力)微分可得

$$\frac{\mathrm{d}p}{\mathrm{d}x}=-\rho u\frac{\mathrm{d}u}{\mathrm{d}x}$$

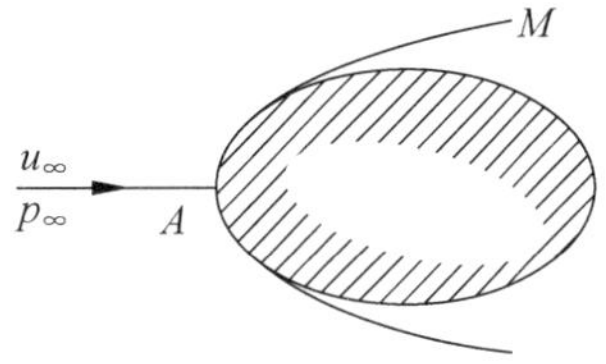

M

u_∞

p_∞

A

图 9-15 曲面上的附面层

在 M 点以前,u 逐渐增大,故 $\mathrm{d}u/\mathrm{d}t$ 为正,而在 M 点以后,$\mathrm{d}u/\mathrm{d}t$ 为负。故相应的 $\mathrm{d}p/\mathrm{d}x$ 在 M 点以前小于 0,而在 M 点以后 $\mathrm{d}p/\mathrm{d}x>0$。而在 M 点处则 $\mathrm{d}p/\mathrm{d}x=0$,在这里坐标轴是沿曲面表面方向而弯曲的。

上述分析是对附面层外部的势流场而言的,但前面已经证明了在附面层内部 $\partial p/\partial y=0$,因此附面层内部的压力与外部势流场的压力是一致的。因此,上述 $\mathrm{d}p/\mathrm{d}x$ 的变化情况也完全适用于附面层内部。这种 $\mathrm{d}p/\mathrm{d}x$ 沿着曲面表面先减少后又增大的性质是曲面附面层与平板附面层的主要区别之一。在平板附面层中,p 沿平板表面不变,故 $\mathrm{d}p/\mathrm{d}x$ 始终等于零。正是由于曲面附面层中 $\mathrm{d}p/\mathrm{d}x$ 的这种特性,使得附面层在曲面上发展到一定程度后就会离开曲面表面,这种现象称为附面层的分离。下面定性地分析产生附面层分离的原因。

在紧靠固体表面上的速度 u_x 都等于 0。而在 M 点以前,$\mathrm{d}p/\mathrm{d}x<0$,故在靠近固体表面处压差的作用方向与 x 方向是一致的,相应地由此产生的速度也是与 x 方向一致的,在固体表面上这一部分的速度梯度 $\tan\alpha>0$,如图 9-16 所示。

到 M 点处,$\mathrm{d}p/\mathrm{d}x=0$,但由于惯性的作用,速度不能一下子换向,因此 M 点的速度梯度仍为正,即 $\tan\alpha>0$。

过了 M 点以后,$\mathrm{d}p/\mathrm{d}x>0$,此时压差的作用方向与 x 轴相反,对流体流动起了阻碍作用,故在靠近固体表面这部分流速在这种反压力差的作用下逐渐降低,即 $\tan\alpha$ 逐渐减小。在到 S 点时,固体表面附近的速度降为 0,即 $\tan\alpha=0$。

过了 S 点以后,在反向压力差的作用下,将使固体表面附近的速度反向,产生倒流,即 $\tan\alpha<0$。这股倒流就把附面层逃离固体表面,产生附面层的分离。这些倒流的流体质点又被外层的正向流动流体带走,因此在附面层分离区形成旋涡,如图 9-16 所示。

S 点称为附面层的分离点。在 S 点左边,$\tan\alpha=(\partial u_x/\partial y)_{y=0}>0$,在 S 点右边 $\tan\alpha=(\partial u_x/\partial y)_{y=0}<0$,只有在 S 点处 $\tan\alpha=(\partial u_x/\partial y)_{y=0}=0$。

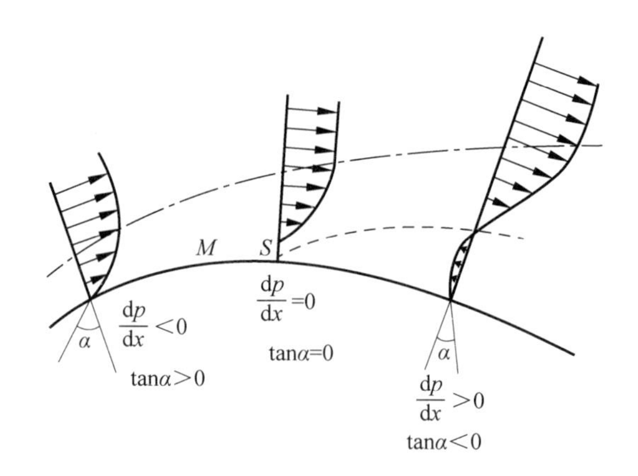

图 9-16　曲面附面层的分离

实验证明，在分离点 S 以后的旋涡区，压力基本上与分离点 S 处的压力相同。如果不分离，则在 S 点以后 $\mathrm{d}p/\mathrm{d}x>0$，故压力是将逐渐增加的，附面层分离后，$S$ 点以后的压力都与 S 点相同了，因此整个旋涡区的压力是低于不分离的理想情况的。也就是说附面层分离后，在固体后部的压力减小了，固体前后就形成压差，从而使固体受一个向后的作用力，这种作用力称为流体对固体的压差阻力。

因此，对于黏性流体绕过固体流动（或固体在静止的流体中运动）时，固体所受的作用力包括下述两部分：一部分是附面层对固体表面的摩擦力 τ_0 引起的阻力 T_i；另一部分是附面层分离而形成旋涡区后所产生的压差阻力 T_p。即总阻力为

$$T=T_\mathrm{i}+T_\mathrm{p} \tag{9-98}$$

实验证明，压差阻力 T_p 与固体在流速方向的投影面积 A 成正比，还与 $\frac{1}{2}\rho u_\infty^2$ 成正比。此外还与固体表面的形状、粗糙情况、流体黏性等因素有关，后面这些因素都由阻力系数来反映，则

$$T_\mathrm{p}=C_{x\mathrm{p}}A\frac{\rho u_\infty^2}{2} \tag{9-99}$$

至于 T_i 则根据与前面平板附面层阻力类比的办法可以知道，其结构也是 $T_\mathrm{i}=C_{x\mathrm{i}}A\rho u_\infty^2/2$ 的形式，不过 $C_{x\mathrm{i}}$ 随物体的形状、粗糙情况及物体黏性的不同而不同。所以

$$T=(C_{x\mathrm{p}}+C_{x\mathrm{i}})A\frac{\rho u_\infty^2}{2} \tag{9-100}$$

实际上，对于曲面物体，不管 T_i 还是 T_p 都难于从理论上算出，一般都是从实验测出的，因此也就不分 T_i 或 T_p 而是用一个统一的阻力系数 C_x 来表示，这里

$$C_x=C_{x\mathrm{p}}+C_{x\mathrm{i}}$$

C_x 是由实验测定的，故运动物体的阻力为

$$T=C_xA\frac{\rho u_\infty^2}{2} \tag{9-101}$$

9.5 油膜润滑的流体力学理论

本节的内容与 9.4 节一样，一方面是作为纳维-斯托克斯方程的实际应用的一个例子，另一方面也是为分析油膜润滑问题提供一点流体力学的理论基础。在这里，我们并不准备全面讨论各种润滑理论，而仅仅针对以液体作为润滑剂的滑动轴承的基本理论。

9.5.1 滑动轴承油膜中的速度分布，雷诺方程

滑动轴承的轴颈在承载以后达到稳定状态时，轴颈以固定的角速度 ω 旋转，轴颈与轴承的相对位置不变，轴颈与轴承间的间隙充满运动着的润滑油，如图 9-17(a)所示。

轴承中心为 o''，轴颈中心为 o'。轴承和轴颈的半径分别为 R_0 及 r_0。我们把 $o'o''$连心线取为 y 轴，而 x 轴则取在轴颈表面上。为了讨论问题方便，我们把轴颈在 xz 平面展成平面，这样就把 x 轴拉直了，如图 9-17(b)所示。由于轴颈是以角速度 ω 旋转的，因此在图 9-17(b)中轴颈就以等速 u_0 向左(与 x 轴相反的方向)运动，$u_0=\omega r_0$，同时把轴承也按它与轴颈的实际间隙等值地展成一个静止曲面，如图 9-17(b)所示。在轴承与轴颈之间充满着润滑油，坐标系 xoy 在图 9-17 中是不动的。

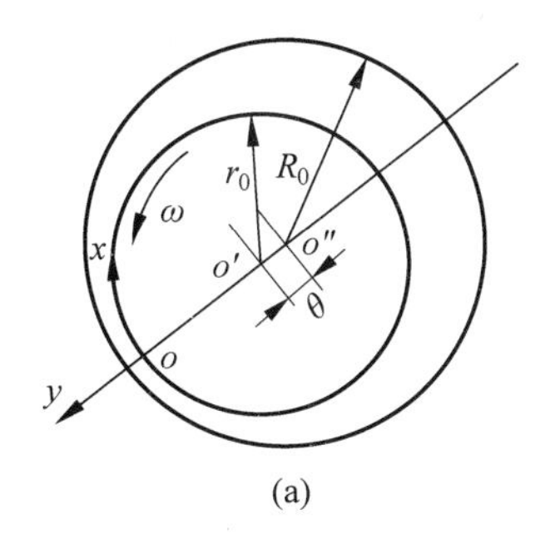

(a)

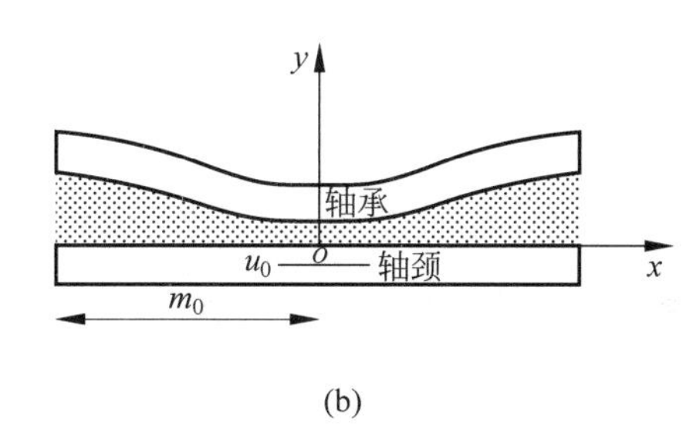

(b)

图 9-17 滑动轴承

我们讨论问题是在如下一些假定下进行的。这些假定通常是与实际情况符合的。

(1) 使用的润滑油符合牛顿黏性定律。

(2) 轴承与轴颈间的流动是层流。

(3) 稳定流。

(4) 轴承与轴颈间的间隙很小，间隙变化也很小。

(5) 质量力相对于压力和摩擦力来说可忽略不计。

(6) 流体不可压缩。

(7) 在轴颈或轴承表面与流体表面间不产生滑动。

(8) 是二元流动(即流体仅在 xoy 平面中流动，这种假定除轴承两端以外都符合)。

根据假定(2)、(6)，流动是不可压缩流体的层流，故纳维-斯托克斯方程式(9-35)适用。而且可以根据上述假定加以简化。根据假定(4)，间隙变化很小，故加速度很小可忽略，又根据假定(3)是稳定流，故式(9-35)第一式等号右边各项皆等于零。根据假定(5)，X、Y、Z 可

忽略。按假定(4),间隙变化很小,故 u_y 很小,可忽略不计。根据假定(8)是二元流动,故 z 不影响流动情况 $u_z=0$, $\partial u_x/\partial z=\partial^2 u_x/\partial z^2=0$。根据假定(4),间隙变化很小,故 u_x 沿 x 方向的变化较之 u_x 沿 y 方向的变化来说忽略不计。即$\dfrac{\partial u_x}{\partial x}$及$\dfrac{\partial^2 u_x}{\partial x^2}$比$\dfrac{\partial u_x}{\partial y}$及$\dfrac{\partial^2 u_x}{\partial y^2}$要小很多,可忽略不计。

归纳起来,下述各项皆等于 0:X、Y、Z、$\dfrac{\mathrm{d}u_x}{\mathrm{d}t}$、$\dfrac{\mathrm{d}u_y}{\mathrm{d}t}$、$\dfrac{\mathrm{d}u_z}{\mathrm{d}t}$、$u_y$、$u_x$、$\dfrac{\partial u_x}{\partial x}$、$\dfrac{\partial^2 u_x}{\partial x^2}$、$\dfrac{\partial u_x}{\partial z}$、$\dfrac{\partial^2 u_x}{\partial z^2}$。因此,式(9-35)可简化为

$$\begin{aligned}
&-\frac{1}{\rho}\frac{\partial p}{\partial x}+v\frac{\partial^2 u_x}{\partial y^2}=0 &\qquad& \frac{\partial p}{\partial x}=\mu\frac{\partial^2 u_x}{\partial y^2}\\
&\frac{1}{\rho}\frac{\partial p}{\partial y}=0 &\text{即}\qquad& \frac{\partial p}{\partial y}=0\\
&-\frac{1}{\rho}\frac{\partial p}{\partial z}=0 &\qquad& \frac{\partial p}{\partial z}=0
\end{aligned}\tag{9-102}$$

由于速度 u 只有 u_x 一个分量,故 u_x 可用 u 来代替。又由于 u 只沿 y 方向变化(x、z 不引起 u 变化),因此$\dfrac{\partial^2 u_x}{\partial y^2}=\dfrac{\mathrm{d}^2 u}{\mathrm{d}y^2}$。同理,$p$ 也仅是 x 的函数$\left(\dfrac{\partial p}{\partial y}=\dfrac{\partial p}{\partial z}=0\right)$,故$\dfrac{\partial p}{\partial x}=\dfrac{\mathrm{d}p}{\mathrm{d}x}$,式(9-102)可写成

$$\frac{\mathrm{d}p}{\mathrm{d}x}=\mu\frac{\mathrm{d}^2 u}{\mathrm{d}y^2}\tag{9-103}$$

对 y 积分两次得

$$u=\frac{1}{2\mu}\frac{\mathrm{d}p}{\mathrm{d}x}y^2+C_1y^2+C_2\tag{9-104}$$

为确定积分常数,用下述边界条件:当 $y=h$ 时,$u=0$;当 $y=0$ 时,$u=u_0$,代入式(9-104)可得:$C_2=-u_0$,$C_1=\dfrac{u_0}{h}-\dfrac{1}{2\mu}\dfrac{\mathrm{d}p}{\mathrm{d}x}h$。所以,式(9-104)变成

$$u=\frac{1}{2\mu}\frac{\mathrm{d}p}{\mathrm{d}x}(y^2-hy)+\frac{u_0}{h}(y-h)\tag{9-105}$$

这就是轴承油膜中的速度分布公式。为了更清楚地了解式(9-105)的特性,我们可以把速度 u 看成是两个速度的合成:$u=u_1+u_2$。

其中

$$u_1=\frac{u_0}{h}(y-h)\tag{9-106}$$

$$u_2=\frac{1}{2\mu}\frac{\mathrm{d}p}{\mathrm{d}x}(y^2-hy)\tag{9-107}$$

u_1 是随 y 直线分布的,这可看成在 $\mathrm{d}p/\mathrm{d}x=0$,仅仅由于轴颈以 $-u_0$ 的速度运动引起的速度。u_2 则是随 y 作抛物线分布,这可看成轴颈不动,单纯由于 $\mathrm{d}p/\mathrm{d}x\neq 0$ 而引起的速度分布(与 9.2 节流体在壁面相对移动的平行缝隙中的流动时的速度分布是类似的)。

下面再分析 $\mathrm{d}p/\mathrm{d}x$ 的计算公式。先定性地分析 p 的变化情况。由于轴承间隙实际上

是环形，因此沿着环形间隙压力 p 一定是先变大然后变小，当回到起点时，压力 p 又恢复原来起点的 p 值。因此 p 一定在某处达到最大值 p_{max}，如图 9-18 所示。$p=p_{max}$ 时，$\mathrm{d}p/\mathrm{d}x=0$，设 $p=p_{max}$ 处的间隙高度 $h=h_m$，为了求得 $\mathrm{d}p/\mathrm{d}x$ 的表达式，我们先分析单宽（沿 z 轴方向单位宽度）轴承间隙中的流量 q：

$$q=\int_0^h u\,\mathrm{d}y$$

把式(9-105)代入上式有

$$\begin{aligned}q&=\int_0^h\left[\frac{1}{2\mu}\frac{\mathrm{d}p}{\mathrm{d}x}(y^2-hy)+\frac{u_0}{h}(y-h)\right]\mathrm{d}y\\&=\frac{1}{2\mu}\frac{\mathrm{d}p}{\mathrm{d}x}\int_0^h(y^2-hy)\mathrm{d}y+\frac{u_0}{h}\int_0^h(y-h)\mathrm{d}y=-\frac{1}{12\mu}\frac{\mathrm{d}p}{\mathrm{d}x}h^3-\frac{u_0h}{2}\end{aligned}$$

在 $h=h_m$ 时，$\mathrm{d}p/\mathrm{d}x=0$，故由式(9-105)得 $u=\dfrac{u_0}{h_m}(y-h_m)$，此式是直线方程。

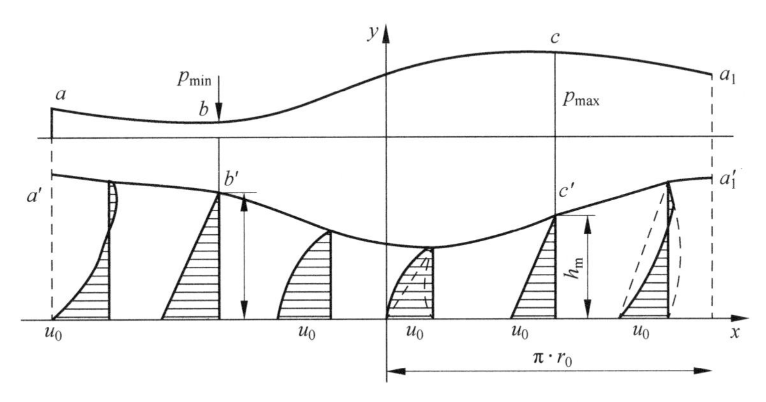

图 9-18　轴承间隙中的速度及压力分布

当 $y=0$ 时，$u=-u_0$，故平均速度为 $-u_0/2$。所以

$$q=-h_m\cdot\frac{u_0}{2}$$

因为流体是不可压缩的，q 沿轴承间隙不变，故

$$\frac{1}{12\mu}\frac{\mathrm{d}p}{\mathrm{d}x}h^3+\frac{1}{2}u_0h=\frac{1}{2}u_0h_m$$

$$\frac{\mathrm{d}p}{\mathrm{d}x}=6\mu u_0\frac{h_m-h}{h^3}\tag{9-108}$$

这就是 $\mathrm{d}p/\mathrm{d}x$ 的计算公式，也称为雷诺方程。

由式(9-108)可以看出，当 $h>h_m$ 时，$\mathrm{d}p/\mathrm{d}x<0$，故 p 逐渐减少，如图 9-18 中 ca 段、ab 段所示。而当 $h<h_m$ 时，$\mathrm{d}p/\mathrm{d}x>0$，故压力逐渐增加，具体的压力分布曲线如图 9-18 中 bc 段所示（实际轴承中 a 与 a_1 是同一点）。

至于速度分布，则也随 $\mathrm{d}p/\mathrm{d}x$ 的不同而有变化。在 $h>h_m$ 范围内，$\mathrm{d}p/\mathrm{d}x<0$，又由于 $y\leqslant h$，故 $(y^2-hy)<0$，故按式(9-107)知 $u_2>0$。同时由于 $y\leqslant h$，故由式(9-106)知 u_1 是永远小于 0 的，所以在 $h>h_m$ 范围内，u_1 与 u_2 是反向的，故速度分布如图 9-18 中的 $c'a'$，

$a'b'$段所示。当 $h<h_m$ 时，$dp/dx>0$，故 $u_2<0$，u_1 与 u_2 同向，速度分布如 $a'b'$ 所示。

9.5.2 滑动轴承油膜中的压力分布

雷诺方程式(9-108)给出了压力梯度的表达式，现在将式(9-108)积分得出压力沿轴颈圆柱表面上的压力分布，为此，我们又把直线坐标改成圆柱坐标，如图 9-19 所示。

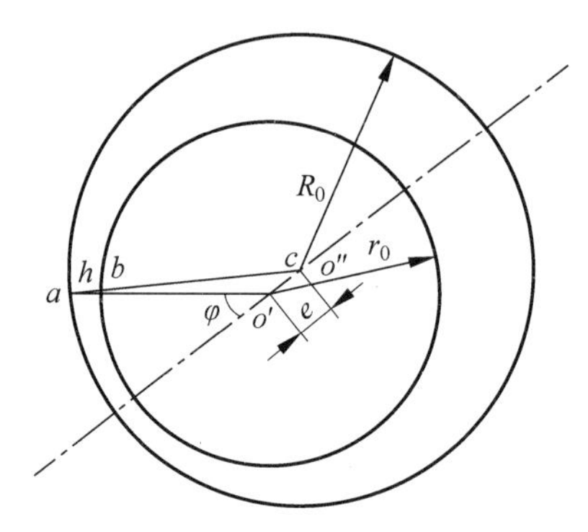

图 9-19 滑动轴承

$$x=r_0\varphi$$

$$dx=r_0 d\varphi$$

以 a 为中心，以 r_0 为半径作弧与 ao''相交于 c，则

$$ao'=ac$$

一般 $o'o''=e$ 总是很小的，故可足够精确地认为 $o''c=e\cos\varphi$，由几何上可看出

$$\begin{aligned} h &= ab = ao' - bo' = ac - bo' \\ &= (ao'' - co'') - bo' \\ &= (R_0 - e\cos\varphi) - r_0 \end{aligned}$$

令

$$R_0 - r_0 = \delta, \quad K = \delta/e$$

则上式可写成

$$h = e(K - \cos\varphi) \tag{9-109}$$

$h=h_m$ 时，φ 用 φ_m 表示，则

$$h_m = e(K - \cos\varphi_m) \tag{9-110}$$

把上两式代入式(9-108)得

$$\frac{dp}{dx} = \frac{1}{r_0}\cdot\frac{dp}{d\varphi} = 6\mu u_0 \frac{e(K-\cos\varphi_m) - e(K-\cos\varphi)}{e^3(K-\cos\varphi)^3}$$

$$\frac{1}{r_0}\cdot dp = \frac{6\mu u_0}{e^2}\left[\frac{K-\cos\varphi_m}{(K-\cos\varphi)^3} - \frac{1}{(K-\cos\varphi)^2}\right]d\varphi$$

故

$$dp = \frac{6\mu u_0 r_0}{e^2}\left[\frac{K-\cos\varphi_m}{(K-\cos\varphi)^3} - \frac{1}{(K-\cos\varphi)^2}\right]d\varphi$$

积分可得

$$p = p_0 + \frac{6\mu u_0 r_0}{\delta^2} \frac{K}{2K^2+1} \cdot \frac{\sin\varphi}{K-\cos\varphi}\left(1+\frac{K}{K-\cos\varphi}\right) \tag{9-111}$$

式中，p 为对应于某一个 φ 处的压力，p_0 为 $\varphi=0$ 时的压力，一般 p_0 等于大气压。从式(9-111)还可看出 $\varphi=180°$时，p 也等于 p_0。

在 $0<\varphi<180°$时，$\sin\varphi>0$，故 $p>p_0$，而在 $180°<\varphi<360°$时，$\sin\varphi<0$，故 $p<p_0$。按式(9-111)可作出轴颈表面的压力分布，如图 9-20 所示，其压力分布对 $o'o''$连心线来说是反对称的，因此整个轴颈上压力的合力是垂直于 $o'o''$的。

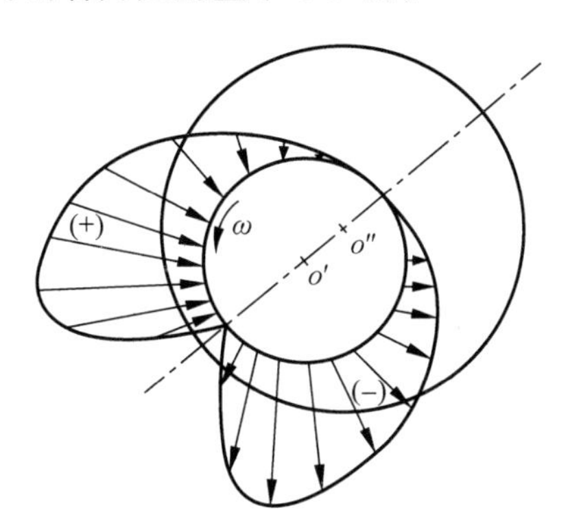

图 9-20　轴颈压力分布图

9.5.3　滑动轴承的摩擦力及摩擦力矩

只要知道轴颈表面的切应力 τ_0，则摩擦力矩就很容易算出来。按牛顿黏性内摩擦定律，$\tau=\mu \mathrm{d}u/\mathrm{d}y$，令 $y=0$ 就代表轴颈表面的切应力

$$\tau_0 = \mu \left.\frac{\mathrm{d}u}{\mathrm{d}y}\right|_{\lambda=0}$$

对式(9-105)微分可得

$$\frac{\mathrm{d}u}{\mathrm{d}y} = \frac{1}{2u}\frac{\mathrm{d}p}{\mathrm{d}x}(2y-h)+\frac{u_0}{h}$$

$$\left.\frac{\mathrm{d}u}{\mathrm{d}p}\right|_{\lambda=0} = -\frac{1}{2\mu}\frac{\mathrm{d}p}{\mathrm{d}x}h+\frac{u_0}{h}$$

$$\tau_0 = \frac{\mu u_0}{h} - \frac{1}{2}h\frac{\mathrm{d}p}{\mathrm{d}x}$$

把式(9-108)代入上式则得

$$\tau_0 = \mu u_0 \frac{4h-3h_{\mathrm{m}}}{h^2} \tag{9-112}$$

把式(9-109)、式(9-110)代入式(9-112)可得

$$\tau_0 = \frac{\mu u_0}{e}\left[\frac{4}{K-\cos\varphi} - \frac{3(K-\cos\varphi_{\mathrm{m}})}{(K-\cos\varphi)^2}\right] \tag{9-113}$$

因 $\cos\varphi=\cos(-\varphi)$，故坐标为 φ 处的切应力 $\tau_{\mathrm{o}\varphi}$，与坐标为 $-\varphi$ 处的切应力 $\tau_{\mathrm{o}-\varphi}$ 的大小

是相等的，如图 9-21 所示，但它们在 $o'o''$方向的分量则方向相反。故 τ_0 对 $o'o''$来说是反对称的，所以在轴颈表面上的切应力在 $o'o''$方向的合力等于 0。

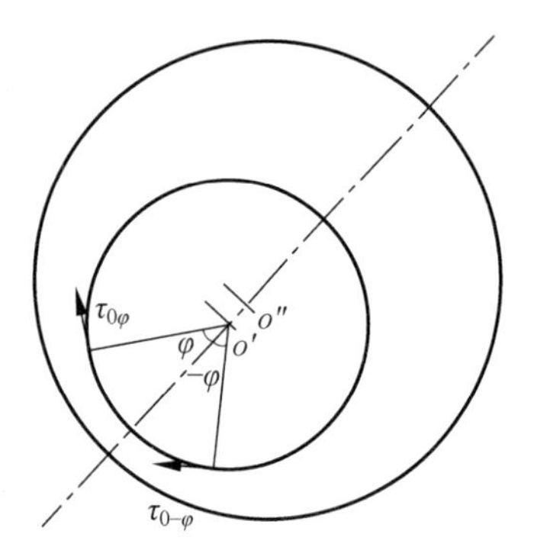

图 9-21　轴颈上的切应力

将单位宽度轴颈上的 τ_0 对 o'的力矩沿圆周方向积分就可求得单位宽度轴颈的摩擦力矩为

$$M=\int_0^{2\pi}\tau_0\cdot\gamma_0\mathrm{d}\varphi\cdot\gamma_0$$

$$=\frac{\mu u_0\gamma_0^2}{e}\int_0^{2\pi}\left[\frac{4}{K-\cos\varphi}-\frac{3(K-\cos\phi_{\mathrm{m}})}{(K-\cos\phi)^2}\right]\mathrm{d}\varphi$$

积分结果为

$$M=\frac{4\pi\mu u\gamma_0^2}{e}\cdot\frac{K^2+2}{(2K^2+1)\sqrt{K^2-1}} \tag{9-114}$$

这就是单位宽度轴颈所消耗的摩擦力矩。

9.5.4 滑动轴承的承载能力

油膜作用在轴颈上的所有力(压力 p 及切应力 τ_0)的合力应当与轴颈所受的负载力平衡，这样轴颈的位置才能稳定。把 p 及 τ_0 的合力称为该轴颈的承载能力。

由于 p 及 τ_0 都是对 $o'o''$反对称的，它们的合力在 $o'o''$方向的分量等于 0，故只有在垂直于 $o'o''$方向有承载能力，或者说：当轴颈受负载后转动达到稳定时，其偏心的方向是与负载力的方向垂直的。

轴颈单位宽度承载能力为 p 及 τ_0，将垂直于 $o'o''$方向的分量 $p\sin\varphi$ 及 $-\tau_0\cos\varphi$ 在圆周上积分：

$$R=\int_0^{2\pi}p\gamma_0\mathrm{d}\varphi\sin\varphi-\int_0^{2\pi}\tau_0\gamma_0\mathrm{d}\phi\cos\varphi$$

把式(9-111)、式(9-113)代入上式积分得

$$R=\frac{\mu u_0\gamma^2}{e^2}\cdot\frac{12\pi}{(2K^2+1)\sqrt{K^2-1}} \tag{9-115}$$

在一般问题中，μ、u_0、γ_0、δ 对一给定的轴颈来说是已知的，负载 R 也是给定的，因此根据式(9-115)就可算出 e 及 K，再根据式(9-114)算出摩擦力矩 M，则消耗于轴承摩擦的功率 $N=M\omega$ 就可求出。

例 9-2　已知轴承直径 $D=200\text{mm}$，宽 50mm，轴颈与轴承之间的间隙 $\delta=0.15\text{mm}$，所用润滑油为 20 号机械油，油温 50℃，运动黏度 $\nu=0.19\text{cm}^2/\text{s}$，密度 $\rho=850\text{kg/m}^3$，轴的转速为 60r/min，负载 $R_1=10\,000\text{N}$，支撑于两个轴承之间，如图 9-22 所示。试确定轴承的摩擦力矩及所消耗的摩擦功率。

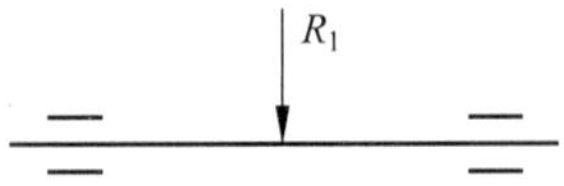

图 9-22

解：每一轴承的负载为$\dfrac{R_1}{2}=5000\text{N}$ 所以，单宽轴承上的负载

$$R=\frac{5000}{0.05}=10^5(\text{N/m})$$

油的黏性系数

$$\mu=850\times0.19\times10^{-4}=1.62\times10^{-2}(\text{Pa}\cdot\text{s})$$

线速度

$$u_0=\omega\gamma_0=2\pi\times\frac{60}{60}\times0.1=0.628(\text{m/s})$$

$e=\dfrac{\delta}{K}$，故式(9-115)成为

$$R=\frac{\mu u_0\gamma^2}{\delta^2}\frac{12\pi K^2}{(2K^2+1)\sqrt{K^2-1}}$$

即

$$\frac{K^2}{(2K^2+1)\sqrt{K^2-1}}=\frac{R\delta^2}{12\pi\mu u_0\gamma_0^2}=\frac{10^5\times\left(\frac{0.15}{1000}\right)^2}{12\pi\times1.62\times10^{-2}\times0.628\times0.1^2}=0.587$$

方程求解得 $K=1.18$，所以 $e=\dfrac{0.15}{1.18}=0.127\text{mm}$。代入式(10-114)得单宽扭矩

$$M=\frac{4\pi\times1.62\times10^{-2}\times0.628\times0.1^2}{\left(\frac{0.15}{1000}\right)/1.18}\times\frac{1.18^2+2}{(2\times1.18^2+1)\sqrt{1.18^2-1}}=14.4\left(\frac{\text{N}\cdot\text{m}}{\text{m}}\right)$$

两个轴承总扭矩

$$M'=2\times0.05\times14.4=1.44(\text{N}\cdot\text{m})$$

消耗的功率

$$N=M'\cdot\omega=1.44\times2\pi=9.04(\text{W})$$

思考题与习题

9-1　本章中连续性方程微分形式成立的其他前提条件还有什么？

9-2　比较本章中理想流体伯努利方程推导过程和第 4 章推导过程的异同。

9-3　平行壁面间层流运动的解给 N-S 方程添加了哪些限制条件？

9-4　圆管层流运动的解给 N-S 方程添加了哪些限制条件？

9-5　比较本章中圆管层流运动的解和第 4 章推导得到的解的异同。

9-6　什么是附面层或边界层？其形成的原因和条件是什么？

9-7　附面层流动有哪些主要特征？

9-8　附面层厚度是如何定义的？

9-9　油膜润滑讨论中设定了哪些假设条件？

9-10　试总结平板壁面阻力计算的影响因素有哪些？

9-11　证明不可压缩流体在二维流道内的速度分布为

$$u=U_{\max}\left(\frac{y}{b}-\frac{y^2}{b^2}\right)$$

式中，$U_{\max}$ 为流道中心最大速度，b 为流道宽度。

9-12 接上题,试求:(1) 黏性切应力分布和壁面切应力;

(2) 作用在单位质量流体上的摩擦力及其单位时间内所做的功。

9-13 考虑沿半无穷平板的层流边界层,如果壁面处注入或吸出少量流体,求此时这类流动的动量积分关系式。

9-14 飞机在 10km 的高空飞行,为求机翼的阻力,可将其简化为平板,已知飞行速度为 50m/s,翼展 20m,平均宽度为 2m,则飞机保持此航行速度需要多大功率?

第10章

计算流体力学基础

流体的运动学和动力学行为服从质量、动量和能量守恒定律，经典流体力学给出了其严格的数学形式描述——控制方程，如黏性流动的纳维-斯托克斯方程（Navier-Stokes方程，简称N-S方程）。通过对控制方程的求解可以定量地获得流体流动中的速度、压力、温度等信息。但遗憾的是绝大多数控制方程为复杂的非线性偏微分方程组，难以通过数学推导求得其解析解。伴随着流体力学的发展，人们探索采用各种数学手段求其近似解，这就是广义的流体力学数值计算。从20世纪60年代起，计算流体力学（computational fluid dynamics，CFD）作为流体力学的一个新的分支逐渐形成。近几十年，CFD迅速发展，已成为当今流体力学中最活跃、最有生命力的研究领域之一。

10.1 流体力学的研究方法

流体力学的研究和分析手段一般包括理论分析、实验研究和数值计算。

（1）理论分析：理论分析着眼于通过数学方法求解流体流动的连续性方程、动量方程和能量方程，以获得精确解析解。由于实际流动和非线性微分方程的复杂性，除极少部分问题外，多数问题是得不到理论解析结果的，或不得不对实际问题和方程进行大量假设和简化，才能获得近似解析解，使得理论方法的工程应用受到局限。但不能因此而忽视理论分析的作用，事实上，理论分析一直指导着实验研究和数值模拟领域的发展，相互验证，相互促进。

（2）实验研究：实验研究无疑是研究流体流动最基本的重要方法，在一些目前仍未获得适当数学描述的流动过程研究中甚至是唯一的研究手段，如复杂湍流、湍流燃烧、某些多相流问题等。实验方法可以直接对流动参数进行测量，结果相对可靠，但传感器的安装、实验样机的制作等也会对流场产生影响，且实施困难、费用高、周期长，尤其是能够获得的数据信息量十分有限，局限性较大，目前多用于新现象的探索和对数值模拟结果的验证与确认。

（3）数值计算：数值模拟是在计算机上求解流体力学与气体动力学基本方程的学科，通过数值求解各种简化或非简化的流体动力学基本方程以获取流动数据。由于具有对流场精细和定量的描述能力和对任何流动变量、任何时刻、任何局部流场的重现能力等优点，数值计算可以作为研究工具用于对流动机理的分析，且不乏在数值计算中发现新的物理现象而被后来的实验证实的实例，也可以作为设计工具用于工程实践，在航空、汽车、能源等，甚至生物科学和体育运动领域都取得了令人满意的成果。但一方面由于数值模拟需以合适的数学模型方程为前提，另一方面在计算方法、手段和能力上还有很多不足，因此数值模拟的实际应用范围还很有限。

上述三种方法各有所长，在实际问题研究中应有机结合、互为指导、互为验证、互为补充。

10.2 计算流体力学理论基础

简单地说，CFD 就是基于流体流动的控制方程，通过数值求解方法获得流体流动的数值解。

10.2.1 控制方程

从本质上讲，CFD 是在流体动力学控制方程的基础上建立起来的。控制方程是物理学守恒定律的数学表达式，这些物理学定律包括：流体质量守恒定律、牛顿第二定律和热力学第一定律。在数学方程确定之后，将其描述成特别适合于 CFD 求解的方程形式。另外，还要根据流动的物理特性确定边界条件及其数学表达式。这里仅就二维不可压缩流体给出控制方程，并进行必要说明。

(1) 连续性方程：连续性方程是流体质量守恒定律的描述，即以空间和时间为坐标的任一控制体内的质量变化率等于穿过控制体表面的质量流量。二维不可压缩流体的连续性方程为：

$$\frac{\partial u}{\partial x}+\frac{\partial v}{\partial y}=0 \tag{10-1}$$

该式的物理意义在于在二维不可压缩流体流动中，如果$\partial u/\partial x>0$，表明流体在 $x+\Delta x$ 处的速度大于它在 x 处的速度，即在 x 方向上流出控制体的流体多于进入控制体的流体。则按式(10-1)必有$\partial v/\partial y<0$，流体在 $y+\Delta y$ 处的速度小于它在 y 处的速度，以保持质量守恒。

(2) 动量方程：根据牛顿第二定律，力的平衡可描述为作用在控制体内流体上的合力等于流体质量和加速度的乘积。则二维不可压缩流体流动的动量方程为：

$$\begin{cases}\underbrace{\frac{\partial u}{\partial t}}_{\text{局部加速度}}+\underbrace{u\frac{\partial u}{\partial x}+v\frac{\partial u}{\partial y}}_{\text{对流项}}=\underbrace{-\frac{1}{\rho}\frac{\partial p}{\partial x}}_{\text{压力梯度}}+\underbrace{\nu\frac{\partial^2 u}{\partial x^2}+\nu\frac{\partial^2 u}{\partial y^2}}_{\text{扩散项}} \\ \underbrace{\frac{\partial v}{\partial t}}_{\text{局部加速度}}+\underbrace{u\frac{\partial v}{\partial x}+v\frac{\partial v}{\partial y}}_{\text{对流项}}=\underbrace{-\frac{1}{\rho}\frac{\partial p}{\partial y}}_{\text{压力梯度}}+\underbrace{\nu\frac{\partial^2 v}{\partial x^2}+\nu\frac{\partial^2 v}{\partial y^2}}_{\text{扩散项}}\end{cases} \tag{10-2}$$

式中的局部加速度项用以表明流动速度随时间的变化，对流项对应速度随位置的变化。另外，压力梯度项反映流动惯性力，扩散项反映流体的内摩擦力。

(3) 能量方程：能量守恒方程是从热力学第一定律推导出来的，控制体内流体能量的变化率等于流体吸收热量的变化率和流体做功变化率的总和。二维能量守恒方程为：

$$\underbrace{\frac{\partial T}{\partial t}}_{\text{局部加速度项}}+\underbrace{u\frac{\partial T}{\partial x}+v\frac{\partial T}{\partial y}}_{\text{对流项}}=\underbrace{\frac{k}{\rho C_p}\frac{\partial^2 T}{\partial x^2}+\frac{k}{\rho C_p}\frac{\partial^2 T}{\partial y^2}}_{\text{扩散项}} \tag{10-3}$$

式中，局部加速度项可以理解为给定点温度随时间的波动；对流项为空间一点到另一点温度的不同。假设流体流过管道，对管道进行加热，当流动速度非常低时，热量传导到管内流体，流体温度升高，这是热扩散项占主导。如果管内流体的速度非常高，流体的热量就会被较低温度的流体带走，只有管道内表面附近的流体温度较高，体现了对流项的效应。

(4) 湍流附加方程：工程流体问题绝大多数都是湍流流动，因此，湍动区域不光是学术界所感兴趣的理论问题，工程师们在解决日常问题时也需要了解湍流的作用。众所周知，层流流线的微小扰动最终都会引起流动变得混乱和随机，这就是湍流产生的条件。扰动可能因入口自由流体的扰动而产生，或者由表面粗糙度而引发，这些扰动沿流动方向会放大，在这种情况下将会产生湍流。湍流在何处发生依赖于惯性力与黏性力的比值，也就是雷诺数。在低雷诺数条件下，惯性力小于黏性力，自然产生的扰动都耗散掉了，流体流动仍保持层流状态。在高雷诺数条件下，惯性力足够大来增强扰动，于是就会发生流体从层流向湍流的转变。此时，就算给定常数边界条件，流体流动本质上依然呈现非稳定状态，表现为时间和空间上的随机脉动运动，流体中含有大量不同尺度的旋涡。由于湍流在空间上的尺度多重性和时间上的高频脉动性，使得对湍流的模拟十分困难。

在理论上，湍流的控制方程依然是 N-S 方程组，但由于湍流在时间和空间上的宽范围尺度，直接求解 N-S 方程组需要较小的网格和时间尺度，即巨大的计算资源。针对许多实际问题，目前的计算能力还无法完成对 N-S 方程组的直接模拟(direct numerical simulation，DNS)。所以，工程计算中一般采用雷诺平均 N-S 方程(RANS)方法处理湍流的数值计算问题。

RANS 方法的基本思路是将满足动力学方程的湍流瞬时运动分解为平均运动和脉动运动两个部分，然后把脉动运动部分对平均运动的贡献通过雷诺应力项来模化，也就是通过湍流模式来封闭 RANS 使之可以求解。所谓湍流模式理论就是依据湍流的理论知识、实验数据或直接数值模拟的结果，对雷诺应力做出各种假设，即假设各种经验的或半经验的本构关系，从而使湍流的 RANS 封闭。

值得一提的是人们也没有放弃只对控制方程进行离散、但不做任何平均或近似而直接求解的湍流模拟方法，即我们通常所说的 DNS。通过这种方法，流动中所有流体的运动尺度都可被求解，但由于计算量非常巨大，工程上鲜有应用。还有另一种方法，将湍流流动看成由大小两个不同级别旋涡群构成的运动。由于大旋涡运动通常比小旋涡流动更具活力，是流动特性的主要传递者，因此，在计算时对大涡进行精确模拟而对小涡进行某种近似处理的方法得到广泛认同，即为大涡模拟(large eddy simulation，LES)。尽管大涡模拟仍然耗费时间，但比起 DNS 则节省了很多时间。

(5) CFD 控制方程的通式。

以上推导给出的控制方程，虽然形式不同，但是这些方程都有许多共同之处。如果我们引入一个通用变量 ϕ，并用它表示不可压缩流动守恒形式的所有流动方程，包括温度和湍动量方程，方程通常可以写为：

$$\frac{\partial \phi}{\partial t}+\frac{\partial (u\phi)}{\partial x}+\frac{\partial (v\phi)}{\partial y}+\frac{\partial (w\phi)}{\partial z}=\frac{\partial}{\partial x}\left[\Gamma\frac{\partial \phi}{\partial x}\right]+\frac{\partial}{\partial y}\left[\Gamma\frac{\partial \phi}{\partial y}\right]+\frac{\partial}{\partial z}\left[\Gamma\frac{\partial \phi}{\partial z}\right]+S_\phi \tag{10-4}$$

此方程通常作为有限差分法和有限体积法求解的出发点。对于各种输运变量，方程的代数表达式被具体化，然后进行求解。通过将输运变量 ϕ 分别赋值为 1、u、v、w、T、k、ε，并选择恰当的扩散系数 Γ 值和源项 S_ϕ，我们可以得到如表 10-1 中的质量、动量、能量和湍流量的守恒偏微分方程的特定形式。

表 10-1　直角坐标系下不可压缩流体控制方程的一般形式

Φ	Γ_Φ	S_Φ
1	0	0
u	$\nu+\nu_T$	$-\dfrac{1}{\rho}\dfrac{\partial p}{\partial x}+S'_u$
v	$\nu+\nu_T$	$-\dfrac{1}{\rho}\dfrac{\partial p}{\partial y}+S'_v$
w	$\nu+\nu_T$	$-\dfrac{1}{\rho}\dfrac{\partial p}{\partial z}+S'_w$
T	$\dfrac{\nu}{Pr}+\dfrac{\nu_T}{Pr_T}$	S_T
k	$\dfrac{\nu_T}{\sigma_k}$	$P-D$
ε	$\dfrac{\nu_T}{\sigma_\varepsilon}$	$\dfrac{\varepsilon}{k}(C_{\varepsilon1}P-C_{\varepsilon2}D)$

方程(10-4)也称为变量 ϕ 的输运方程。方程描述了流体流动中所发生的各种物理输运过程：方程左端为局部加速度项和对流项，等于方程右端的扩散项（Γ 为扩散系数）和源项（S_ϕ）。为了获得各方程的一致表达形式，将各方程中不同的各项统一放在右端的源项之中。可以注意到，动量方程中的附加源项 S'_u，S'_v 和 S'_w 是由压力梯度项、非压力梯度项以及其他对流体运动产生影响的可能源项（重力等）组成，而能量方程中的附加源项 S_T 可能包含了流体区域内的热源和冷源。

(6) 控制方程的物理边界条件。

连续性、动量、能量和湍动量方程控制了流体的流动与传热。不管流动是经过高层建筑还是大桥，是穿过亚声速风洞，还是在计算机内复杂电子装置狭窄流道中，控制方程都一样。虽然控制方程都一样，但这些算例的流场却有很大的差别，其原因就在于定义的边界条件不同。边界条件，有时是初始条件，直接决定了控制方程的特解。这在 CFD 中非常重要，因为控制方程的任何数值解都来源于合适边界条件的数值表达式。以下介绍 CFD 中的几种常用边界条件。

黏性流动中的无滑移(no-slip)边界条件应用在固体壁面上。壁面和贴壁流体的相对速度为零，如果壁面是静止的，当流体流过壁面时，壁面处流体所有速度分量都为零，即：

$$u=v=w=0 \tag{10-5}$$

流动的流入边界条件应用于流入边界处。就大多数流动而言，对于任何输运变量 ϕ，控制方程的求解需要在流入边界上至少给定一个速度分量。对于流道流动而言，这就要求对如 x 方向的速度设定 Dirichlet 边界条件：

$$u=f \quad 及 \quad v=w=0 \tag{10-6}$$

式中，f 可以定义为常量或者流体在入口表面处的速度分布。计算时，只要 f 是连续的，Dirichlet 条件就可以被准确应用。

对于充分发展的流动，其速度分量在流道横截面上的法向上没有变化。出口断面上的剪切力设为零，这就给出了流出边界条件：

$$\frac{\partial u}{\partial n}=\frac{\partial v}{\partial n}=\frac{\partial w}{\partial n}=0 \tag{10-7}$$

式中，n——出口断面的法线方向。此条件就是通常所知的 Neumann 边界条件。

类似地，壁面上关于温度的无滑移条件为：如壁面材料温度为 T_{w}，与壁面相接触的流体层温度也为 T_{w}。对于壁面温度已知的给定问题，运用 Dirichlet 边界条件，流体温度为：

$$T=T_{\mathrm{w}} \tag{10-8}$$

如果壁面温度未知（向壁面传热或从壁面散热，温度是时间的函数），在壁面上可以利用 Fourier 传热定律来设定必要的边界条件。如果用 q_{w} 代表瞬时壁面热流量，根据 Fourier 定律有：

$$q_{\mathrm{w}}=-\left(k\frac{\partial T}{\partial n}\right)_{\mathrm{w}} \tag{10-9}$$

此处，壁面温度 T_{w} 的变化与传递给壁面的热流量 q_{w} 通过壁面材料的热响应相对应。对于没有热量传至壁面的情况，将此壁面温度定义为绝热壁面温度 T_{adia}。根据方程(10-9)和 $q_{\mathrm{w}}=0$，对应的边界条件为：

$$\left(\frac{\partial T}{\partial n}\right)_{\mathrm{w}}=0 \tag{10-10}$$

10.2.2 数值求解

控制方程的数值求解过程如图 10-1 所示，包括两个步骤。第一步是将偏微分方程及其辅助（边界和初始）条件转换为离散的代数方程组，即离散阶段。也就是把原来在空间和时间上连续的物理量（如速度、压力等）的场，用一系列有限个离散点（称为节点）上的值的集合来代替，通过一定的原则建立起这些离散点上变化量之间关系的代数方程（称为离散方程）。求解过程的第二步是用数值方法来求解代数方程组。这里着重讨论典型稳态流体问题中出现的代数方程组。这些控制方程只包括空间导数，可用有限差分法或有限体积法进行离散。

1. 控制方程的离散

1）有限差分法

有限差分法是偏微分方程数值解法中最早出现的方法。据说由欧拉于 1768 年提出，用于手工方法获得微分方程的数值解。网格上每一个节点都用来描述流体流动区域，通过泰勒级数展开生成控制方程偏导数的有限差分逼近方程。而后，用有限差分逼近方程代替这些导数方程，得到每个节点上的代数方程。原则上，有限差分法适应于任何类型的网格系统。但是，由于它对网格规则性有很高的要求，因此通常用于结构化网格。图 10-2 所示为

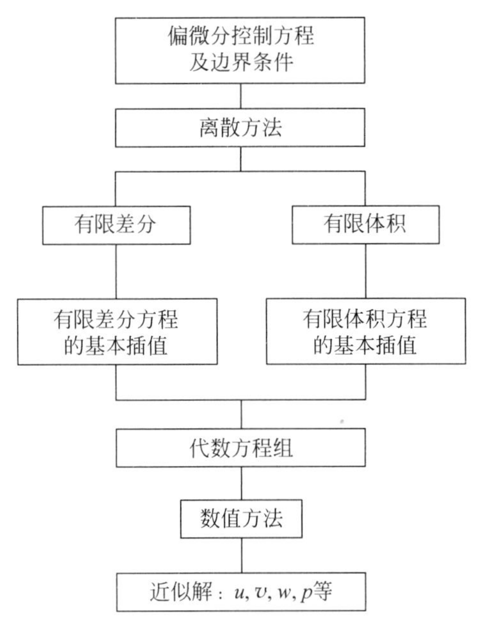

图 10-1 数值求解过程框图

有限差分法中广泛应用的等距一维及二维直角坐标网格。在这两种网格系统中，每个节点都由一组坐标唯一确定，二维空间的网格线交点值用(i,j)表征，而三维空间则用(i,j,k)表征。相邻节点的坐标值则可在此节点的基础上加减一个单位得到偏微分方程的解析解，解是封闭形式表达式，它提供了流场中流动变量的连续变化值。而数值解只能提供几何区域内的离散点，比如图 10-2 网格系统中网格节点（空心点）上的值。为了便于说明有限差分法，假定 x 轴上网格间距相等，用 Δx 表示，y 轴上网格间距也相等，用 Δy 表示。Δx 或 Δy 的间隔也可以不等，数值计算可以在转换的空间中进行，而自变量在转换空间中是等间距的，转换空间的等间距与实际空间的不等间距相对应。这样，在任何情况下均可假设有限差分方法中所描述的每一坐标方向上都是等间距的。

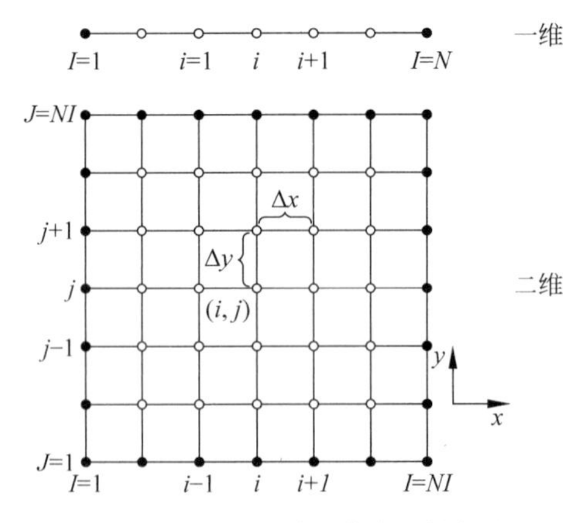

图 10-2 有限差分法直角网格描述

（实心点表示边界节点，空心点表示计算节点）

描述控制方程偏导数的基础是泰勒级数展开。例如，根据图 10-2，如果在点(i,j)处存在流动变量 ϕ，那么变量在点$(i+1,j)$处可以用点(i,j)处的泰勒级数展开表示：

$$\phi_{i+1,j}=\phi_{i,j}+\left(\frac{\partial\phi}{\partial x}\right)_{i,j}\Delta x+\left(\frac{\partial^2\phi}{\partial x^2}\right)_{i,j}\frac{\Delta x^2}{2}+\left(\frac{\partial^3\phi}{\partial x^3}\right)_{i,j}\frac{\Delta x^3}{6}+\cdots$$

相似地，变量在点$(i-1,j)$处也可以用点(i,j)处的泰勒级数展开表示：

$$\phi_{i-1,j}=\phi_{i,j}-\left(\frac{\partial\phi}{\partial x}\right)_{i,j}\Delta x+\left(\frac{\partial^2\phi}{\partial x^2}\right)_{i,j}\frac{\Delta x^2}{2}-\left(\frac{\partial^3\phi}{\partial x^3}\right)_{i,j}\frac{\Delta x^3}{6}+\cdots$$

如果泰勒级数展开式的项数无限大，并且当 $\Delta x\rightarrow 0$ 时级数收敛，则以上方程就是变量 $\phi_{i+1,j}$ 和 $\phi_{i-1,j}$ 的精确数学表达式。将上述两式相减，就得到 ϕ 的一阶偏导数的近似表达式：

$$\left(\frac{\partial\phi}{\partial x}\right)=\frac{\phi_{i+1,j}-\phi_{i-1,j}+(\Delta x^3/3)(\partial^3\phi/\partial x^3)}{2\Delta x}$$

或

$$\left(\frac{\partial\phi}{\partial x}\right)=\frac{\phi_{i+1,j}-\phi_{i-1,j}}{2\Delta x}+O(\Delta x^2)\quad（中心差分）\tag{10-11}$$

式中，$O(\Delta x^n)$表示有限差分近似的截断误差，用来衡量近似的准确度，以及确定当节点间距减少时误差的减少速率。中心差分的截断误差为二阶，因此为二阶精度。也可以得到一阶导数的其他差分形式，即：

$$\left(\frac{\partial\phi}{\partial x}\right)=\frac{\phi_{i+1,j}-\phi_{i,j}}{\Delta x}+O(\Delta x)\quad（向前差分）\tag{10-12}$$

及

$$\left(\frac{\partial\phi}{\partial x}\right)=\frac{\phi_{i,j}-\phi_{i-1,j}}{\Delta x}+O(\Delta x)\quad（向后差分）\tag{10-13}$$

向前差分和向后差分形式均为一阶近似精度。一般来说，对于给定的 Δx 值，向前差分和向后差分的精度要低于中心差分精度。也可以直接从导数的定义进一步探讨有限差分近似的意义。图 10-3 给出了方程(10-11)，方程(10-12)及方程(10-13)的几何解释。在节点 i

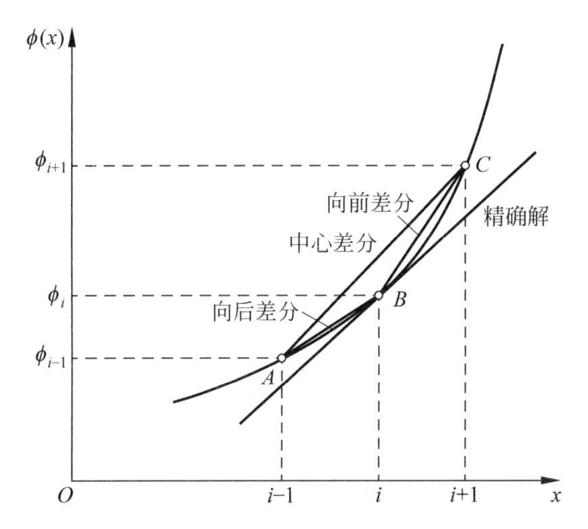

图 10-3　用有限差分表示一阶导数$\partial\phi/\partial x$

处 x 方向上的一阶偏导数$\partial\varphi/\partial x$ 就是曲线 $\phi(x)$上该点的切线，即图中标出的“精确解”线。在节点 i 处的切线可以用通过曲线上临近点 $i+1$ 与 $i-1$ 的连线 AC 近似，即为中心差分。向前差分可以通过节点 i 与 $i+1$ 的连线 BC 来确定，而向后差分则可通过节点 $i-1$ 与 i 的连线 AB 来确定。从图中可知，某些近似方法优于其他近似方法。如由连线 AC 表示的中心差分更接近于精确线；也可看出，在节点 i 附近增加一些节点时，近似精度得到改进，也就是说，网格细化可以提高近似精度。

y 方向偏导数的差分可以按照完全同样的方法获得。同一阶导数一样，二阶导数也可以通过泰勒级数展开获得，将变量在点$(i+1,j)$处和点$(i-1,j)$处用点(i,j)处的泰勒级数展开式求和，可得到：

$$\left(\frac{\partial^2\phi}{\partial x^2}\right)=\frac{\phi_{i+1,j}-2\phi_{i,j}+\phi_{i-1,j}}{\Delta x^2}+O(\Delta x^2) \tag{10-14}$$

与泰勒级数在空间上的展开方程相似，泰勒级数在时间上的展开方程也可用类似的方法得到。由于数值解很可能与离散时间间隔Δt 同步变化，因此对空间的一阶导数进行的有限差分同样适用于对时间的一阶导数。对时间的向前差分近似方程为：

$$\left(\frac{\partial\phi}{\partial t}\right)=\frac{\phi_{i,j}^{n+1}-\phi_{i,j}^{n}}{\Delta t}+O(\Delta t)\quad\text{（向前差分）} \tag{10-15}$$

上述方程引入了时间的一阶截断误差 $O(\Delta t)$。对时间导数更精确的近似可通过考虑时间项中 $\phi_{i,j}$ 的其他离散值来获得。

2）有限体积法

有限体积法可以直接对物理空间内守恒方程的积分形式进行离散。该方法最初是由 McDonald(1971)、MacCormack 与 Paullay(1972)提出的，用来求解二维时域欧拉方程，后来由 Rizzi 和 Inouye(1973)拓展到三维流动问题的求解。计算区域被划分成一系列的有限数目的相邻控制体单元，每个控制体单元内相关物理量用守恒方程精确描述，并计算控制体质心上各变量的值。然后根据质心值，利用插值方法来得出控制体表面上各变量的值。选定合适的求积公式来近似面积分和体积分，这样每个控制体积就可以得到包含邻近节点组成的代数方程。

有限体积法是针对控制体而非网格节点，所以可以适应任何类型的网格。与有限差分法一样，有限体积法最初也必须定义一个数值网络来离散所要研究的流动区域。现在通过结构化或非结构化网格来描述有限体积法中的网格使用。以如图 10-4 所示的典型二维结

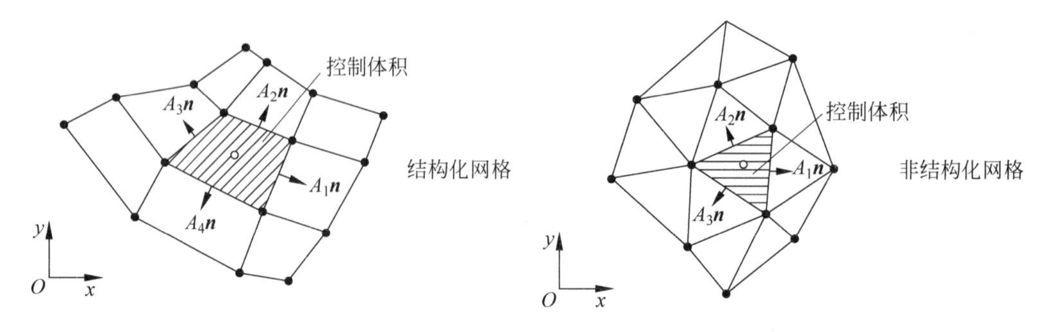

图 10-4　有限体积法中结构化网格和非结构化网格的表示
（实心点表示网格顶点；控制体中心的空心点表示数值计算的节点）

构化网格(四边形)和非结构化网格(三边形)为例,说明有限体积法对偏微分方程的离散。有限体积法的基础是控制体的积分,在一个控制体内,每一单元的边界表面积与通用流动变量 ϕ 的一阶与二阶导数的离散直接相关。图 10-4 中,控制体积表面法向方向(n)的表面积在直角坐标系 x 方向和 y 方向上的映射分别为 A_i^x 和 A_i^y。如果控制体表面的外法向矢量与直角坐标方向一致,则映射面积为正,反之为负。

对体积分应用高斯散度定理,沿 x 方向 ϕ 的一阶导数可近似为:

$$\left(\frac{\partial \phi}{\partial x}\right)=\frac{1}{\Delta V}\int_V \frac{\partial \phi}{\partial x}\mathrm{d}V=\frac{1}{\Delta V}\int_A \phi\,\mathrm{d}A^x \approx \frac{1}{\Delta V}\sum_{i=1}^{N}\phi_i A_i^x \tag{10-16}$$

式中,ϕ_i——单元表面上的变量值;

N——单元体积的边界表面数量。

方程(10-16)适用于任何类型的能够用数值网格来描述的有限体积单元。对于如图 10-4 所示的二维结构化四边形单元网格,单元有 4 个边界面,因此 N 为 4。对于三维六面体单元,N 为 6。同样,ϕ 在 y 方向的一阶导数可用同样的形式进行表达:

$$\left(\frac{\partial \phi}{\partial y}\right)=\frac{1}{\Delta V}\int_{\Delta V} \frac{\partial \phi}{\partial y}\mathrm{d}V=\frac{1}{\Delta V}\int_A \phi\,\mathrm{d}A^y \approx \frac{1}{\Delta V}\sum_{i=1}^{N}\phi_i A_i^y \tag{10-17}$$

二维连续性方程重写如下:

$$\frac{\partial u}{\partial x}+\frac{\partial v}{\partial y}=0$$

下面说明如何使用有限体积法进行离散。二维结构化网格单元控制体积如图 10-5 所示。控制体质心由点 P 表示,控制体被相邻的其他控制体包围。相邻控制体的质心,分别表示为 E(东侧)、W(西侧)、N(北侧)、S(南侧)。P 点与 E 点之间的控制体表面为 A_e^x,与其他点之间的控制体表面分别表示为 A_w^x,A_n^y 和 A_s^y。应用方程(10-16)和方程(10-17)可得如下的适用于结构化和非结构化网格的表达式:

$$\frac{1}{\Delta V}\int_V \frac{\partial u}{\partial x}\mathrm{d}V=\frac{1}{\Delta V}\int_A u\,\mathrm{d}A^x \approx \frac{1}{\Delta V}\sum_{i=1}^{4}u_i A_i^x=\frac{1}{\Delta V}(u_\mathrm{e}A_\mathrm{e}^x-u_\mathrm{w}A_\mathrm{w}^x+u_\mathrm{n}A_\mathrm{n}^x-u_\mathrm{s}A_\mathrm{s}^x)$$

$$\frac{1}{\Delta V}\int_V \frac{\partial v}{\partial y}\mathrm{d}V=\frac{1}{\Delta V}\int_A v\,\mathrm{d}A^y \approx \frac{1}{\Delta V}\sum_{i=1}^{4}v_i A_i^y=\frac{1}{\Delta V}(v_\mathrm{e}A_\mathrm{e}^y-v_\mathrm{w}A_\mathrm{w}^y+v_\mathrm{n}A_\mathrm{n}^y-v_\mathrm{s}A_\mathrm{s}^y)$$

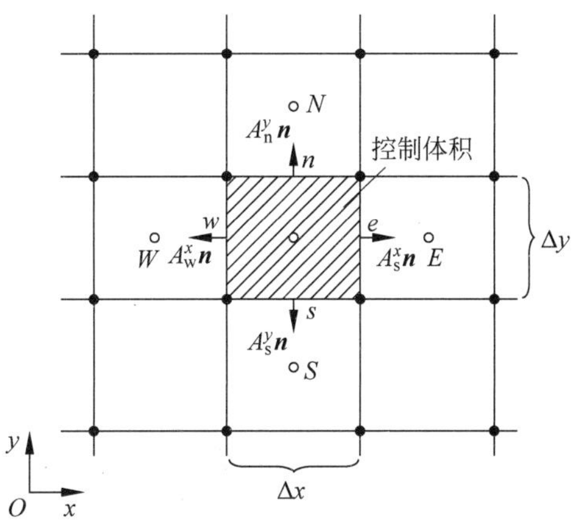

图 10-5　二维连续性方程的控制体积

对于结构化均匀网格，沿 x 方向的投影面 A_n^x 和 A_s^x 为零，同理，沿 y 方向的投影面 A_e^y 和 A_w^y 也为零。表面速度 u_e，u_w，v_n 及 v_s 位于相邻控制体质心间距的 1/2 处，因此，我们就可以从控制体质心速度值得到表面速度，即：

$$u_e=\frac{u_P+u_E}{2};\quad u_w=\frac{u_P+u_W}{2};\quad v_n=\frac{v_P+v_N}{2};\quad v_s=\frac{v_P+v_S}{2}$$

将上述表达式代入速度一阶导数的离散式中，则连续方程的最终离散形式可以表示为：

$$\left(\frac{u_P+u_E}{2}\right)A_e^x-\left(\frac{u_P+u_W}{2}\right)A_w^x+\left(\frac{v_P+v_N}{2}\right)A_n^y-\left(\frac{v_P+v_S}{2}\right)A_s^y=0$$

从图 10-5 可知，$A_e^x=A_w^x=\Delta y$ 和 $A_n^y=A_s^y=\Delta x$，那么上述等式可重写为：

$$\left(\frac{u_P+u_E}{2}\right)\Delta y-\left(\frac{u_P+u_W}{2}\right)\Delta y+\left(\frac{v_P+v_N}{2}\right)\Delta x-\left(\frac{v_P+v_S}{2}\right)\Delta x=0$$

化简得：

$$\left(\frac{u_E-u_W}{2}\right)\Delta y+\left(\frac{v_N-v_S}{2}\right)\Delta x=0 \tag{10-18}$$

也可表示为另一种形式：

$$\frac{u_E-u_W}{2\Delta x}+\frac{v_N-v_S}{2\Delta y}=0 \tag{10-19}$$

对于规格网格排列而言，点 P、E、W 之间的距离都等于 Δx，类似地，点 P、N、S 之间的距离为 Δy。如果采用有限差分法中的中心差分格式对连续性方程进行离散，在点 P 处可以得到同样的方程离散形式。有限差分法中心差分格式为二阶精度，因此可以推断有限体积法可获得的近似精度也为二阶精度。相对于有限差分法，有限体积法主要有两方面的优点：一是从物理学的观点来看，具有良好的守恒特性；二是可以用简单的方式对复杂物理区域进行离散，不需要将方程变换到计算领域中的广义坐标系下。

二阶导数的离散形式与一阶导数的离散形式是一样。控制方程中扩散项沿 x 方向的二阶导数可写为：

$$\left(\frac{\partial^2\phi}{\partial x^2}\right)=\frac{1}{\Delta V}\int_{\Delta V}\frac{\partial^2\phi}{\partial x^2}\mathrm{d}V=\frac{1}{\Delta V}\int_A\frac{\partial\phi}{\partial x}\mathrm{d}A^x\approx\frac{1}{\Delta V}\sum_{i=1}^{N}\left(\frac{\partial\phi}{\partial x}\right)_i A_i^x$$

y 方向上的二阶导数类似表达式也可容易得到：

$$\left(\frac{\partial^2\phi}{\partial y^2}\right)=\frac{1}{\Delta V}\int_{\Delta V}\frac{\partial^2\phi}{\partial y^2}\mathrm{d}V=\frac{1}{\Delta V}\int_A\frac{\partial\phi}{\partial y}\mathrm{d}A^y\approx\frac{1}{\Delta V}\sum_{i=1}^{N}\left(\frac{\partial\phi}{\partial y}\right)_i A_i^y$$

可见，为了获得近似的二阶导数，需要分别求解控制体表面上的一阶导数 $(\partial\phi/\partial x)_i$ 和 $(\partial\phi/\partial y)_i$。控制体表面一阶导数的近似值通常由相邻单元的离散 ϕ 值决定。

2. 代数方程的数值解法

通过对偏微分方程的离散，可以得到一组线性或非线性的代数方程。方程组的复杂程度和多少取决于流动问题的维数和几何形状。不论是线性还是非线性方程，都要求求解代数方程的数值方法具有高效性和鲁棒性。求解代数方程组的基本方法有两类：直接方法和迭代方法。

1）直接方法

求解线性代数方程组最基本的方法之一是高斯消元法。该算法是基于逐步将多元方程组进行消元简化。我们假设方程组可以写成如下形式：

$$\boldsymbol{A}\phi = \boldsymbol{B}$$

式中，ϕ——节点未知变量；

矩阵 $\boldsymbol{A}$——代数方程组的非零系数矩阵，其形式如下：

$$\boldsymbol{A} = \begin{bmatrix} A_{11} & A_{12} & A_{13} & \cdots & A_{1n} \\ A_{21} & A_{22} & A_{23} & \cdots & A_{2n} \\ A_{31} & A_{32} & A_{33} & \cdots & A_{3n} \\ \vdots & \vdots & \vdots & & \vdots \\ A_{n1} & A_{n2} & A_{n3} & \cdots & A_{nn} \end{bmatrix}$$

而矩阵 $\boldsymbol{B}$ 包括变量 ϕ 的已知值，如，给定的边界条件或为源项或为消亡项。

从上式中可见，矩阵 $\boldsymbol{A}$ 的对角元素可以用 $A_{11}, A_{22}, \cdots, A_{nn}$ 来描述。该算法的核心就是要消去对角线下面的元素，使该矩阵变为上三角矩阵。也就是说用零来代替 $A_{21}, A_{31}, A_{32}, \cdots, A_{nn-1}$。消元过程的第一步从矩阵 $\boldsymbol{A}$ 中的第一列元素 $A_{21}, A_{31}, \cdots, A_{n1}$ 开始。第二行减去第一行的 A_{21}/A_{11} 倍，第二行的所有元素以及方程右边 $\boldsymbol{B}$ 矩阵的元素随之做出相应改变。应用相似的方法对矩阵 $\boldsymbol{A}$ 中第一列的其他元素 $A_{31}, A_{41}, \cdots, A_{n1}$ 进行处理，使 A_{11} 以下的所有元素都变为零。对矩阵第二列也进行相应的操作（对所有 A_{22} 以下的元素），一直对第 $n-1$ 列都进行该操作。

完成该消元操作后，原来的 $\boldsymbol{A}$ 矩阵变成一个上三角矩阵：

$$\boldsymbol{U} = \begin{bmatrix} A_{11} & A_{12} & A_{13} & \cdots & A_{1n} \\ 0 & A_{22} & A_{23} & \cdots & A_{2n} \\ 0 & 0 & A_{33} & \cdots & A_{3n} \\ \vdots & \vdots & \vdots & & \vdots \\ 0 & 0 & 0 & \cdots & A_{nn} \end{bmatrix}$$

$\boldsymbol{U}$ 矩阵中所有元素除第一行外都与原矩阵 $\boldsymbol{A}$ 不同，该算法的这一过程称作向前消元过程。系数矩阵为上三角阵的方程组就能用回代（back substitution）过程来求解。此时 $\boldsymbol{U}$ 矩阵第 n 行就只包含一个变量 ϕ_n，并且可由下式求得：

$$\phi_n = \frac{B_n}{U_{nn}}$$

如果 ϕ_n 为已知，则可以求出方程中的 ϕ_{n-1}。按照以上方法，可依次求出每个变量 ϕ_i。ϕ_i 的一般形式可表达为：

$$\phi_i = \frac{B_i - \sum_{j=i+1}^{n} A_{ij}\phi_j}{A_{ii}} \tag{10-20}$$

不难看出，向前消元过程需要较大的计算量，回代过程需要较少的计算步骤，因此计算成本较低。对于有大量未知变量的全矩阵（full matrix），高斯消元法计算量大，但与其他现有方法相比仍然具有优势。

2）迭代方法

直接方法，如高斯消元法，能被用来求解任意方程。然而，大多数 CFD 问题中通常要求解大量非线性方程，运用这种方法计算成本通常太高，这时就要选择迭代方法了。在迭代方法中，先估计一个初值，然后根据方程逐步改进计算结果，直到收敛到某一精度。如果迭代次数较少就能获得收敛解，迭代求解效率将高于直接方法。对 CFD 问题而言，通常都是这种情况。

最简单的迭代方法是雅可比方法。让我们再来看看上一节中方程 $\boldsymbol{A}\phi=\boldsymbol{B}$，每个节点未知变量 ϕ 的一般形式可写成：

$$\sum_{j=1}^{i-1}A_{ij}\phi_j+A_{ii}\phi_i+\sum_{j=i+1}^{n}A_{ij}\phi_j=B_i \tag{10-21}$$

方程中，雅可比方法假定变量 ϕ_j（非对角元素）的第 k 步迭代结果为已知，节点变量 ϕ_i 的第 $k+1$ 步迭代值为未知。求解 ϕ_i：

$$\phi_i^{(k+1)}=\frac{B_i}{A_{ii}}-\sum_{j=1}^{i-1}\frac{A_{ij}}{A_{ii}}\phi_j^{(k)}-\sum_{j=i+1}^{n}\frac{A_{ij}}{A_{ii}}\phi_j^{(k)} \tag{10-22}$$

迭代开始时假设节点变量 ϕ_i 的初值（$k=0$）。对 n 个未知数，重复使用方程（10-22），完成第一次迭代（$k=1$）。在第二次迭代时（$k=2$），将 $k=1$ 时的迭代结果代入方程（10-22）来获得新迭代值。迭代过程不断重复直到获得收敛的期望解。

高斯-赛得尔对雅可比方法做了更直接的改进，将最新获得的变量 $\phi_j^{(k+1)}$ 值直接代入方程（10-22）右边。此时，在方程右侧第二项 $\phi_j^{(k)}$ 值被当前值 $\phi_j^{(k)}$ 替代，相当于方程（10-22）变为：

$$\phi_i^{(k+1)}=\frac{B_i}{A_{ii}}-\sum_{j=1}^{i-1}\frac{A_{ij}}{A_{ii}}\phi_j^{(k+1)}-\sum_{j=i+1}^{n}\frac{A_{ij}}{A_{ii}}\phi_j^{(k)} \tag{10-23}$$

比较以上两个迭代过程，高斯-赛得尔迭代法比雅可比迭代方法快两倍。通过重复使用方程（10-22）和方程（10-23），当 $\phi_j^{(k+1)}-\phi_j^{(k)}$ 小于某一可接受误差的预定值时，迭代过程终止。减小可接受误差值，解将更为准确，但应注意这将花费更多的迭代次数。

10.3 计算流体力学应用入门

随着商业软件以及自编计算程序越来越容易得到、使用越来越多，当今的 CFD 使用者与以往的使用者有显著不同。过去，使用 CFD 的人常常被流体流动的数学方程和数值方法所困扰，而现在他们有更多的精力可以关注流动过程和机理。但即使这样，基础的知识和技能还是必不可少的，最好的方式是在应用中激发兴趣，不断积累和提高。

10.3.1 CFD 软件

现今的 CFD 使用者可以从互联网上下载大量可用的 CFD 共享软件或免费软件。而且，为开发结果精确、计算稳定、计算速度快、灵活性好、以及用户图形界面友好的商用 CFD 软件，开发商也投入了大量的时间、人力和财力，使得 CFD 更加易于处理非常复杂的流体流动问题。表 10-2 是目前比较常用的一些商用 CFD 软件的列表。

CFD 可以生成生动的图形结果,并且其极好的彩色输出效果使图形的生动性得到强化,这种有效的数值结果显示功能使 CFD 成为一种非凡的设计工具。计算流体力学软件诸如 ANSYS-CFX、ANSYS-FLUENT、STAR-CD 以及其他商业 CFD 软件,均可提供功能强大的可视化工具功能。当然,还有很多优秀的独立使用的计算机图形软件,读者也可以选择这些软件来处理自己的 CFD 应用问题。表 10-3 列出了一些现有的图形软件。当然,也可以借助 MATLAB 等科学计算工具进行数据处理和图形的显示。

表 10-2 某些流行商业 CFD 软件包网址

开 发 商	软 件	网 址
ANSYS	CFX	http://www.ansys.com/
ANSYS	FLUENT	http://www.fluent.com/
CD-Adapco	STAR-CD	http://www.cd-adapco.com/
CFD Research Corporation	CFD-ACE	http://www.cfdrc.com/
CHAM	PHOENICS	http://www.cham.co.uk/
Flow Science	FLOW3D	http://www.flow3d.com/

表 10-3 流行计算机图形软件的相关网址

开 发 商	软 件	网 址
Advanced Visual Systems	AVS,Gsharp, Toolmaster	http://www.avs.com/
Amtec Engineering	Tecplot	http://www.amtec.com/
CEI	EnSight	http://www.ceintl.com/
IBM (free,apparently)	OpenDx	http://www.opendx.org/
Intelligent Light Numerical	Fieldview	http://www.ilight.com
Algorithms Group (NAG)	Iris Explorer	http://www.nag.co.uk/
Visual Numerics	PV-Wave	http://www.vni.com/

10.3.2 CFD 分析的一般过程

应用 CFD 分析工程问题的一般过程包括以下步骤:

(1) 几何模型创建:首先要根据所研究问题,分析涉及流动区域的几何形状,确定目标流动区域,即计算区域,然后进行几何模型创建。一般的 CFD 软件均提供几何建模的功能或模块,如 ANSYS 中的 Design Modeler。也可以使用通用 CAD 软件如 Pro/E、UG、SolidWorks 等完成模型建立。

(2) 网格划分:对计算区域进行网格划分,即将计算区域离散成一个个网格点或网格单元。一般的 CFD 软件中均提供网格划分功能,如 ANSYS-CFX 中的 CFX-Mesh,FLUENT 中的 GAMBIT 等。专门用来划分网格的软件有 ANSYS-ICEMCFD、HYPERMESH 等。

(3) 前处理:在离散的网格上构造逼近流动控制方程的近似离散方程;确定分析类型、时间步长、边界条件、初始条件和流动条件等。

(4) 求解计算:求解近似离散方程,得到网格点上物理量的近似解,如压力、密度、速度等近似值。

(5) 后处理显示：对所得到的近似解进行处理，显示流动图像，如压力、速度、密度、温度的分布图或动画，具体可根据分析目的采用坐标图、云图和矢量图等。

10.3.3 应用实例

CFD 所涉及的工程问题多种多样，但分析的主要环节是一致的，这里以滚动转子压缩机泵腔内的制冷剂流动过程为例来阐述 CFD 在工程领域的应用。

1. 滚动转子压缩机

美国 Vilter 公司在 20 世纪 30 年代首次推出滚动转子压缩机，20 世纪 70 年代日本在引进美国相关技术的基础上进行了研究，包括采用高精度的加工和检测手段，零部件的加工精度达到微米级，使该产品的性能有了很大程度提高。滚动转子压缩机主要应用于家用空调，目前，我国已成为该产品全球最大的研发和制造基地。在滚动转子压缩机的技术发展过程中，CFD 方法起到了极大的推动作用，商用 CFD 软件 STAR-CD 曾为该类压缩机的模拟进行了针对性的软件模块开发，日本的三洋、日立等企业都曾开展过相关的模拟仿真和设计工作。

1）滚动转子压缩机的结构原理

图 10-6 是滚动转子压缩机及其泵体的示意图。它主要由封闭壳体、安装在壳体内的泵体、电动机，以及与壳体连接的气液分离器构成。气液分离器是吸气通道，制冷剂气体经气液分离器流入泵腔，在泵腔内完成压缩并被排出，然后经由消音盖(图中未指出)和壳体内流动空间排出压缩机外。

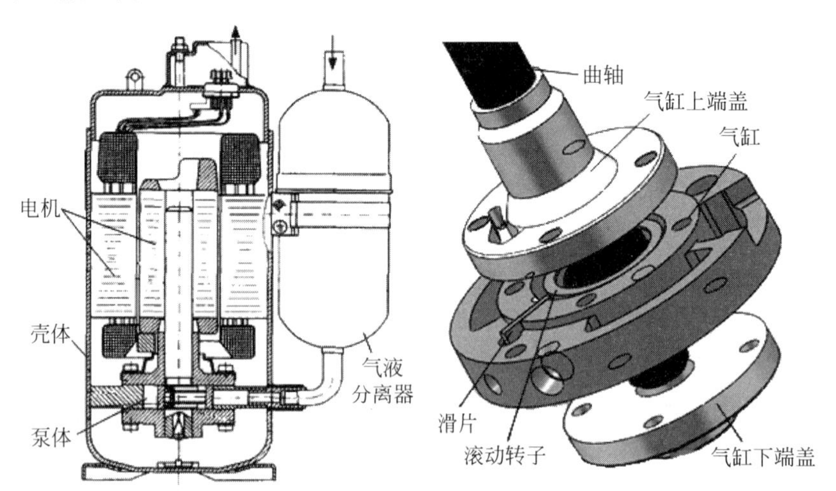

图 10-6 压缩机及泵体结构示意图

滚动转子压缩机泵体由气缸、偏心曲轴、滚动转子、气缸上端盖、气缸下端盖、滑片及滑片弹簧等组成。气缸上开有吸气孔，由气缸上的切口和气缸上端盖或下端盖的通孔构成排气孔，排气孔口设有簧片排气阀。滚动活塞安装在偏心曲轴上，气缸内表面、滚动活塞外表面及气缸上、下端盖表面构成了月牙形的工作腔，如图 10-7 所示，依靠弹簧推动的滑片沿气缸径向运动将月牙形工作腔分成两个部分,与吸气口相通的部分为吸气腔,在排气口一侧的为压缩腔。当偏心曲轴在电动机驱动下绕气缸中心连续旋转时,吸气腔、压缩腔的容积周期变化,实现了吸气、压缩、排气及余隙容积膨胀等工作过程。

2) 压缩机的理论循环

研究压缩机的理论循环,首先假设吸气和排气过程中没有阻力损失和气流脉动;压缩机不存在余隙容积和间隙泄漏,气体被压缩后全部排出气缸;吸气和排气过程中无热量传递,压缩过程为绝热压缩。图 10-8 给出了压缩机气缸工作的 p-V 图,气缸内的压力变化可表示为:

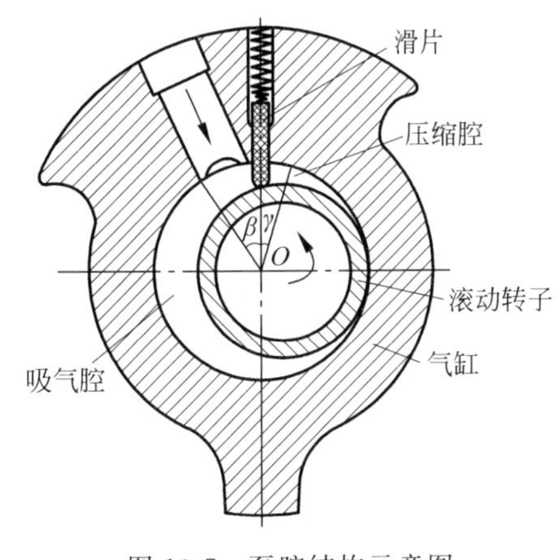

图 10-7　泵腔结构示意图

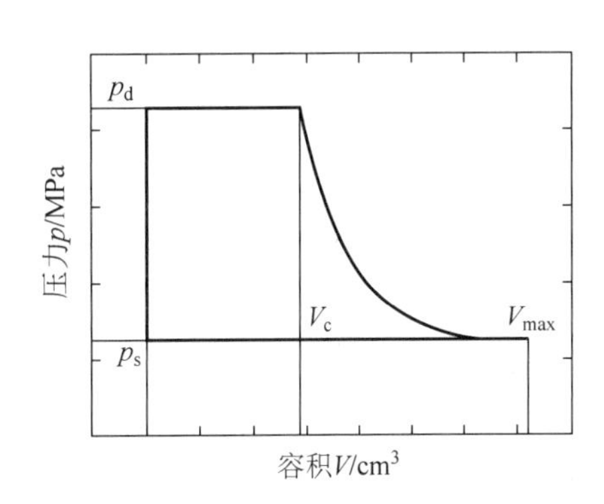

图 10-8　理论循环 p-V 图

吸气过程基元 V 由 0 变化到 V_{max}:

$$p = p_s \tag{10-24}$$

压缩过程基元 V 由 V_{max} 变化到 V_c:

$$p = p_s\left(\frac{V_{max}}{V}\right)^k \tag{10-25}$$

排气过程基元 V 由 V_c 变化到 0:

$$p = p_d \tag{10-26}$$

式中,V_{max}——基元的最大容积;

V_c——排气开始的基元容积;

p_s——吸入气体压力;

p_d——排气压力;

k——绝热压缩指数。

p-V 图所包围的面积就是气体压缩所消耗的压缩功。

3) 容积效率

容积效率定义为压缩机实际排气量与理论排气量之比,排气量可以为体积排气量或质量排气量。设滚动转子压缩机的理论排气容积为 $V(m^3)$,转速为 n(r/min),v_s 为制冷剂在吸气状态下的比容(m^3/kg),则理论质量流量为:

$$q_{mth} = Vn/v_s \tag{10-27}$$

而实际质量流量为:

$$q_{m}=\eta_{V}Vn/v_{s} \tag{10-28}$$

η_V 即为容积效率，一般可表示为：

$$\eta_{V}=\lambda_{v}\lambda_{T}\lambda_{p}\lambda_{l} \tag{10-29}$$

式中，λ_v——考虑结构容积损失和余隙容积损失的容积系数。如图 10-7 所示，影响容积效率的容积系数包含两方面的因素：一是转子转过最初 β 角时使上一转吸入的气体被推回到吸气管道而产生回流；二是转子转过$(2\pi-\gamma)\sim2\pi$时，余隙容积内残存的高压气体向吸气腔膨胀。

λ_T——反映吸气过程中结构部件对气体加热作用的温度系数。泵腔和一段吸气通道内壁温度较高，对吸入气体有加热作用，加热后的气体比容增加，使压缩开始时压缩腔内的气体折算到吸气状态时有所减少，造成容积损失。

λ_p——考虑吸气流动损失及波动的压力系数。压缩机工作过程中由于进气通道流动阻力的存在，导致压缩开始时吸气腔的压力低于或高于压缩机入口压力而产生容积损失。

λ_l——被压缩后的高压气体通过泵腔间隙向吸气侧泄漏引起的泄漏系数。由于泵腔内冷冻机油的存在及制冷剂与冷冻机油的相互溶合，使泵腔间隙处的泄漏流动过程比较复杂。

4）压缩机效率

性能系数是评价压缩机技术经济性的重要指标，性能系数(COP)是压缩机消耗单位功率所产生的制冷量，即制冷量 Q 与电动机输入功率 P_{el} 之比：

$$\mathrm{COP}=\frac{Q}{P_{el}} \tag{10-30}$$

其中，

$$Q=\Delta h q_{mth}\eta_{V}$$

$$P_{el}=\frac{P_{ad}}{\eta_{i}\eta_{me}\eta_{mo}}=\frac{P_{ad}}{\eta_{e}\eta_{mo}}=\frac{P_{ad}}{\eta_{t}} \tag{10-31}$$

式中，Δh——单位质量制冷剂的焓值差(kJ/kg)，可根据制冷剂压焓图查得相应工况焓差；

q_{mth}——理论质量流率(kg/min)；

η_i——包括了泵体内热交换等功率损失的指示效率；

η_{me}——用来评价机械摩擦损失大小的机械效率；

η_{mo}——电机效率；

η_e——压缩机轴效率；

η_t——压缩机总效率；

P_{ad}——理论压缩功率(W)。

等熵压缩过程时有：

$$P_{ad}=p_{s}q_{mth}\eta_{V}v_{s}\frac{k}{k-1}\left(\varepsilon^{\frac{k-1}{k}}-1\right)\frac{n}{60} \tag{10-32}$$

式中，p_s——压缩机的吸入压力(Pa)；

k——绝热指数；

ε——压缩比。

因此有：

$$COP=\frac{\Delta h}{p_s v_s \frac{k}{k-1}(\varepsilon^{\frac{k-1}{k}}-1)\frac{n}{60}}\eta_i\eta_{me}\eta_{mo} \tag{10-33}$$

由上式可以看出，容积效率 η_V 直接决定了制冷量；而在制冷剂、运行工况和电动机效率 η_{mo} 确定的情况下，压缩机的 COP 仅取决于指示效率 η_i 和机械效率 η_{me}。显然，造成容积损失的各因素同样也对指示效率构成影响，为分析方便，定义影响指示效率的容积系数为 λ_{iv}，温度系数为 λ_{iT}，压力系数为 λ_{ip}，泄漏系数为 λ_{il}，其他因素造成的指示效率损失为 λ_O，则指示效率可表示为 $\eta_i=\lambda_{iv}\lambda_{iT}\lambda_{ip}\lambda_{il}\lambda_O$。

5）压缩机评价实验工况

压缩机的设计和性能评价要依据一定的工况条件，国家标准《房间空气调节器用全封闭型电动机-压缩机》(GB/T 15765—2006)中对压缩机的实验评价工况进行了规定，该条件也是压缩机设计分析的依据，具体如表 10-4 所示。

表 10-4 实验标准工况

冷凝温度/℃	54.4±0.3
蒸发温度/℃	7.2±0.2
过冷度/℃	8.3±0.2
吸气温度/℃	35±0.5
环境温度/℃	35±0.5

依据表 10-4 的实验条件，以 R22 为制冷剂的压缩机试验中吸气压力 $p_s=0.625$MPa，排气压力 $p_d=2.147$MPa。

2. 滚动转子压缩机的 CFD 模拟

以上介绍了滚动转子压缩机的结构原理、主要性能指标和设计评价的标准条件，CFD 模拟的目的就是要分析制冷剂气体在压缩机内的流体力学和热力学过程和细节，分析影响性能指标的各因素及其影响程度，从而寻找改善的途径和方法。以下阐述滚动转子压缩机的 CFD 模拟过程。

1）几何模型创建

滚动转子压缩机内部的流动空间较为复杂，这里仅以泵腔内的流动为分析目标。实际泵腔内的流动过程也非常复杂，有制冷剂和冷冻机油的两相流动，且在高低压腔和间隙处存在制冷剂与冷冻机油的相溶过程，因此，考虑泵腔内的流动以制冷剂为主，将模型简化为单纯制冷剂的流动，而泄漏主要以滚动活塞外表面和气缸内表面的径向间隙为主，模型中仅考虑该径向间隙处的制冷剂泄漏。值得一提的是，针对工程实际问题的 CFD 模拟对实际问题的简化是成功与否的关键环节之一。经过以上简化，滚动转子压缩机泵腔部分的几何模型如图 10-9 所示。P_1、P_2 为设置的观察点。

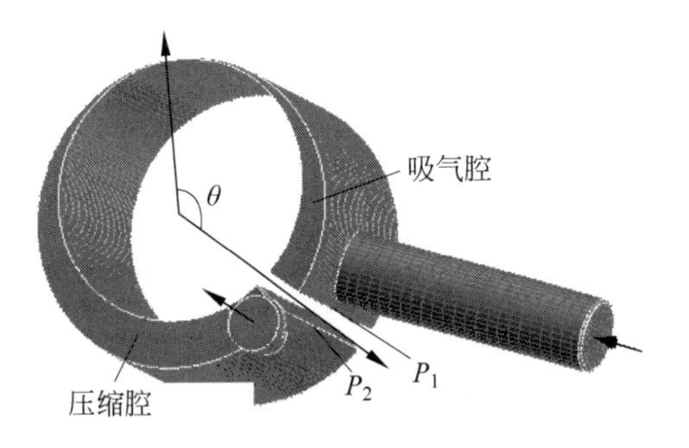

图 10-9 泵腔几何模型

2）网格划分

简化后的泵腔流动区域包括工作腔、吸气孔和排气孔，其中工作腔的形状和容积不断变化，且变化的幅度较大，有些尺寸参数的变化范围跨越了几个数量级，因此，要求工作腔区域要有较好的网格质量。吸气孔区域基本为圆柱体，几何形状并不复杂，但在吸气孔与工作腔的衔接部位为两圆柱面相贯，不容易生成高质量的网格。排气孔区域的几何空间形状较为复杂，而且同样存在与工作腔壁面的衔接问题。为解决以上问题，将泵腔的流动区域划分为三个部分，在工作腔生成规则的C型六面体网格；吸气孔和排气孔采用四面体网格，然后将三个流动区域通过交界面技术连接，如图10-10所示。

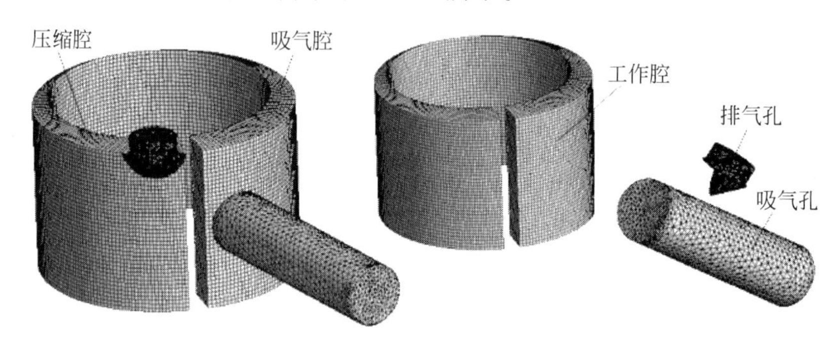

图10-10 流动区域的计算网格

3）动网格方法

压缩机工作时，吸气腔和压缩腔的几何形状和容积不断变化，因此工作腔上的计算网格必须适应几何空间的变化而采用动网格方法，这是滚动转子压缩机数值模拟不同于一般问题的突出特点。目前应用较多的网格更新方法有弹性平滑法、动态分层法和局部网格重划法等，但总的来说动网格方法还不够成熟，正在不断发展中。本例中基于弹性平滑法的思想，通过程序控制工作腔变形区域所有网格节点的坐标实现了网格更新。具体来说就是泵腔的几何空间变形有固定的物理规律，因此，网格上的节点坐标可以依据空间变形规律通过计算得到，不断地根据空间变形来改变网格节点坐标，可以实现计算网格空间的变形以适应实际泵腔工作中的形变，如图10-11所示。

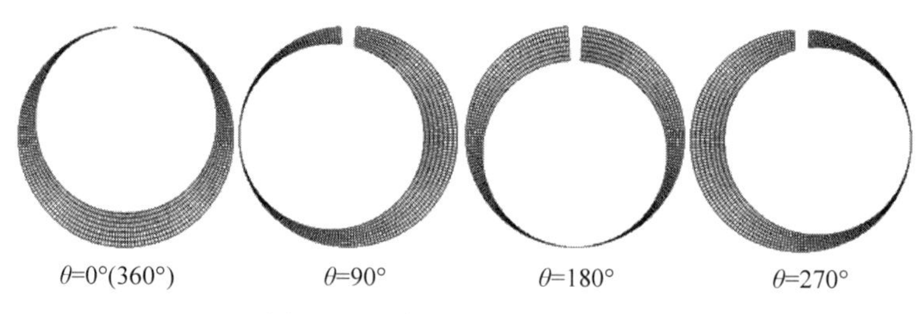

图10-11 某平面上的网格变形

4）前处理

泵腔内制冷剂气体的流动过程是三维空间上的瞬时可压缩湍流流动。制冷剂为R22，商业CFD软件大都会提供其物性方程，直接进行选用就可以。忽略由压缩机入口到泵体入口和由泵体排气口到压缩机排气口流道内的压力损失，按表10-4在泵体入口和出口施加压力边界条件；不考虑制冷剂气体与泵体壁面间的热交换，设置壁面为无滑移绝热边界；另外，假设压缩机以 2950r/min 恒转速运行，并据此设计时间步长；P_1、P_2 的压力观测点分别位于吸气腔开始和压缩腔结束处，用以观察吸气腔和压缩腔的压力变化。数值模型的设置汇总于表 10-5。

表 10-5　数值模型基本设置

项　　目	条　　件	项　　目	条　　件
制冷工质	R22	壁面边界	无滑移绝热
流动区域	泵腔	湍流模型	RNG κ-ε
入口压力	0.625MPa	时间步长	60/(2950×300)s
入口温度	35℃	径向间隙	$\theta=270°$时，20μm
出口压力	2.147MPa		

5）数值求解

数值求解采用商用 CFD 软件的求解器进行自动求解，对离散方法进行设置，一般工程定量分析的精度要求残差收敛设置为 1×10^{-4}。

3. 模拟结果分析

在完成 CFD 成功求解计算后，可以在后处理中对模拟结果进行显示分析。这是 CFD 分析流程的最后一步。这里列举滚动转子压缩机数值模拟的主要结果如下：

1）数值模拟与理论工作循环的比较

在数值模拟模型中，从观测点 P_1、P_2 可以得到吸气腔和压缩腔的瞬时压力变化，由此可以分析压力随气缸容积的变化关系。图 10-12 给出了理论工作循环和模拟工作循环的 p-V 对比图。由图可见，吸气和压缩过程两者符合较好，而在排气过程中，模拟循环的压力高于理论循环且在排气临近结束时存在压力尖峰。模拟的流动区域与压缩机泵腔的实际形状是一致的，排气时排气口部的空间存在流动阻力且在排气临近结束时存在排气封闭（接近封闭）腔，因此必然导致数值模拟中排气腔压力高于理论值，且存在由于封闭腔过压缩而产生的压力尖峰。另外，数值模型中还包含实际存在的余隙容积、吸气口几何结构等影响因素，且观测的压力为瞬时压力。综合考虑数值模型和理论循环的差别，图 10-12 中的模拟循环与理论循环是相符合的。

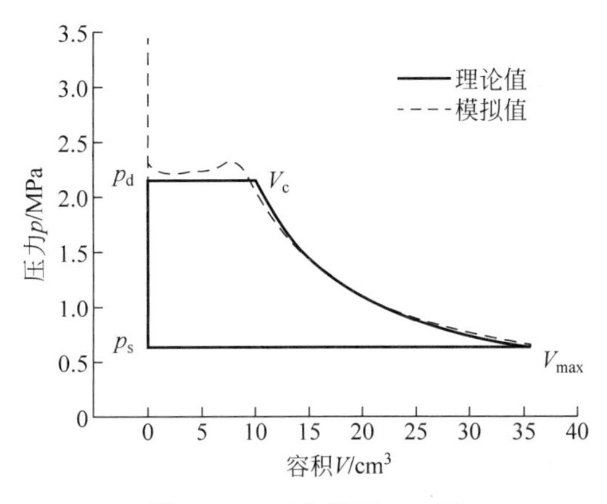

图 10-12　工作循环 p-V 图

2）数值模拟的泵腔效率

图 10-13 给出了数值计算得到的泵腔出口处瞬时质量流率随转动角度的变化，则平均质量流率 q_m(kg/s)可按式(10-34)计算，并根据理论质量流率求出容积效率 $\eta_V=0.974$，在影响容积效率的因素中，模型中仅包含了余隙容积和泵腔结构对容积效率的影响，所以有容积系数 $\eta_V=\lambda_v=0.974$。

$$q_m=\frac{15}{\pi^2 n}\int_0^{2\pi} q_{im}(\theta)\mathrm{d}\theta \tag{10-34}$$

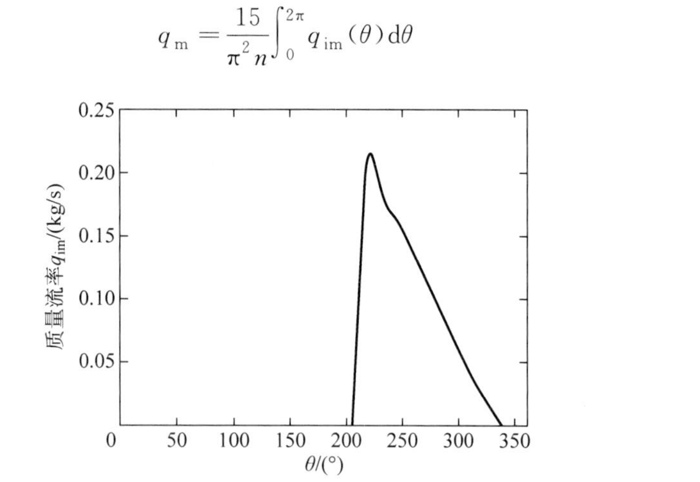

图 10-13 瞬时质量流率随转动角度的变化

数值计算模型中可得到滚动转子外表面所受的气体力作用下的气体阻力矩，图 10-14 给出了滚动转子所受气体阻力矩 M_g/(N·m)随转动角度的变化，指示功率 P_i 可由式(10-35)计算，并根据理论压缩功率求得指示效率 $\eta_i=0.9399$。由于模型中仅包含了余隙容积和泵腔结构对指示效率的影响，所以有 $\eta_{iV}=\eta_i=0.9399$。

$$P_i=\frac{n}{60}\int_0^{2\pi} M_g(\theta)\mathrm{d}\theta \tag{10-35}$$

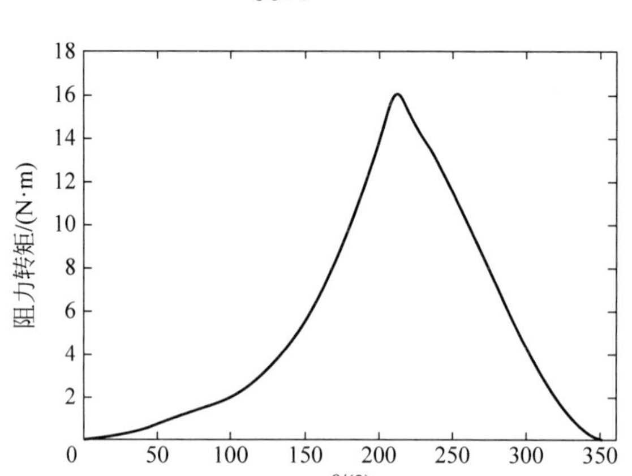

图 10-14 瞬时阻力矩随转动角度的变化

3）泵腔内的流动过程

泵腔内的流动是三维尺度上的瞬态流动，数值模拟的结果提供了丰富的流动信息，可以更直观地对流动过程进行研究。图 10-15 是转子转过 $\theta=0°、45°、90°、135°、180°、225°、270°$

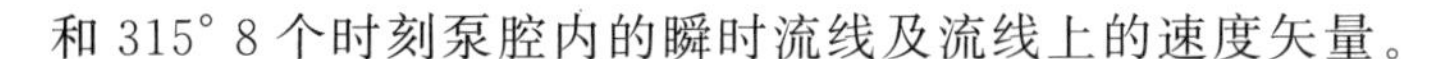
和 315° 8 个时刻泵腔内的瞬时流线及流线上的速度矢量。

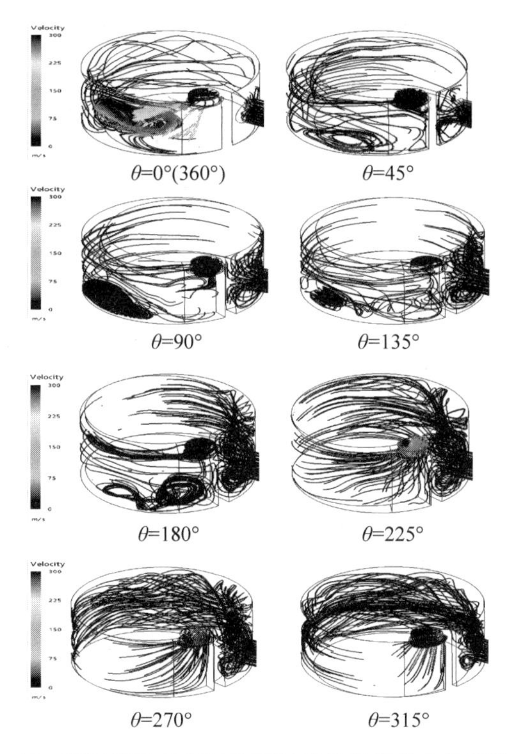

图 10-15　不同转动角度时的瞬时流线及流线上的速度矢量

随着滚动转子的转动，吸气腔增大，吸气腔内的流线呈螺旋状且沿泵腔高度方向大致对称。这种对称的螺旋涡流动随着转子的转动而延展，在吸气腔的深处逐渐平缓。

图 10-12 中 V_c 所对应的角度大约为 210°，当 θ 小于 210°时，压缩腔内的气体被压缩，压缩腔内形成几处明显的旋涡流动。除气体流入排气口形成的旋涡外，在靠近滑片壁面附近和在压缩腔的下部产生明显的旋涡。随着转子转动，这些旋涡的位置、形态和大小不断变化。当 θ 大于 210°时，泵体处于排气状态，排气腔流线由腔内向排气口集中。当 $\theta=0°$ (360°)时是上一次吸气、压缩、排气结束，又一次工作循环开始的时刻，可见余隙容积内的高压气体向吸气腔的流动尚未结束，冲入吸气腔的气体与来自入口方向的流体相冲突，形成复杂的旋涡状态，阻碍了吸气腔气体的流动；而在吸气口处，在滚动转子的推动下存在流向进气通道的流线，即回流现象。

4. CFD 模拟实际应用的讨论

由上述实例可见，通过 CFD 方法能够对工程实际问题进行定量的、详细的分析，并在此基础上进行设计和优化。这也是 CFD 作为研究工具和设计工具在航空、汽车、生物科学、化学、环境工程、能源，甚至体育等领域得到广泛应用的原因。就本例而言，除上述模拟结果外，进一步通过对制冷量、输入功率等指标与实验值的对比，模拟误差都在 10%以内。另外通过改变模型条件，可以对泵体温度、吸气通道阻力、排气通道阻力等影响性能的因素进行评价，这些都体现了 CFD 方法在研究流体流动方面的优越性、先进性。但是 CFD 方法在具体应用中还有一些问题需要特别注意：

(1) 注重CFD建模分析的总体规划：由于分析物理目标的多样性、复杂性，CFD方法也不是普适的、万能的，针对具体问题必须坚持具体分析，从总体上进行规划，并进行适当简化，以获得足够精确而又高效率的模型。

(2) 注重空间尺度和时间尺度对模型精度的影响：空间尺度主要考虑网格密度，过于稀疏的网格难以获得高精度的结果，而网格密度过大则会对计算资源有过高要求，求解时间过长。一般应对网格无关性进行评价，探求增加网格密度对计算结果的影响程度，当继续增加网格数量对计算结果的影响不大时，可以认为网格密度已经能够满足计算精度的要求。时间尺度主要是时间步长的设置，它对收敛性、结果的准确性和总体计算时间都有影响，需要合理设定。

(3) 注重模型的检验和验证：目前还没有通用准则保证数值模拟结果一定可靠，还必须以实验观察或测定来验证其可靠性，这对于个别情况下因模型方程不当而在数学上存在多解或非真实解时尤为重要。

(4) 注意与其他物理过程的耦合应用：随着计算机技术的飞速发展，计算机辅助工程(CAE)方法也不断进步。流固耦合、多场耦合的分析方法已经出现并快速发展，因此，CFD方法的学习和应用应考虑与其他物理过程的耦合，以更好地研究和分析实际的物理过程，为科学研究和工程设计提供有力的支持。

思考题与习题

10-1 CFD的应用领域举例。如何用CFD做设计工具研究工具？

10-2 应用于计算域上的边界条件有哪些？边界条件的重要性体现在哪里？

10-3 完整的CFD分析流程如何？有限差分法和有限体积法的离散过程是怎样的？

10-4 高斯消元法的求解过程。

10-5 迭代法的求解过程。

参 考 文 献

[1] 宋锦春.液压与气压传动[M].4版.北京：科学出版社，2019.

[2] 周士昌.工程流体力学[M].沈阳：东北工学院出版社，1987.

[3] 吴望一.流体力学(上册)[M].北京：北京大学出版社，1982.

[4] 潘文全.工程流体力学[M].北京：清华大学出版社，1988.

[5] 陈卓如.工程流体力学[M].北京：高等教育出版社，1992.

[6] 梁智权.流体力学[M].重庆：重庆大学出版社，2002.

[7] 张兆顺，崔桂香.流体力学[M].3版.北京：清华大学出版社，2015.

[8] 盛敬超.液压流体力学(重排本)[M].北京：机械工业出版社，1980.

[9] 李诗久.工程流体力学[M].北京：机械工业出版社，1989.

[10] 张也影.流体力学[M].北京：高等教育出版社，1985.

[11] 孔珑.工程流体力学[M].4版.北京：中国电力出版社，2014.

[12] 姜继海，宋锦春，高常识.液压与气压传动[M].3版.北京：高等教育出版社，2019.

[13] Jiyuan Tu，Guan Heng Yeoh，Chao qun Lin. COMPUTATIONAL FLUID DYNAMICS—A Practical Approach[M]. MA，United States：Butterworth—Heinemann，2007.

[14] Jiyuan Tu，Guan Heng Yeoh，Chao qun Liu. 王晓冬，译.计算流体力学：从实践中学习[M].沈阳：东北大学出版社，2014.

[15] E. John Finnemore，Joseph B. Franzini. 流体力学及其工程应用(原书第10版)[M].钱翼稷，等译.北京：机械工业出版社，2013.

[16] 邹高万，贺征，顾璇.粘性流体力学[M].北京：国防工业出版社，2013.

[17] 章梓雄，董曾南.粘性流体力学[M].2版.北京：清华大学出版社，2011.

[18] 阎超，钱翼稷，连祺祥.粘性流体力学[M].北京：北京航空航天大学出版社，2005.

[19] 朱克勤，许春晓.粘性流体力学[M].北京：高等教育出版社，2009.

[20] 董曾南，章梓雄.非粘性流体力学[M].北京：清华大学出版社，2003.

[21] 王学芳，叶宏开，汤荣铭，等.工业管道中的水锤[M].北京：科学出版社，1995.

[22] 赵学端，廖其奠.粘性流体力学[M].2版.北京：机械工业出版社，1993.

[23] 袁聪.液压锥阀空化射流数值模拟与流场可视化研究[D].沈阳：东北大学，2019.